建筑与环境模型制作

典型实例

陈 璐 著

机 械 工 业 出 版 社

本书作者凭借多年教学经验、设计成果和制作经验，较系统地论述了建筑与环境模型制作的目的、价值、类型和评价标准。通过对别墅和办公楼两大民用与公用建筑为代表的模型制作，详细地介绍了其制作的形象创意、形象表达，使用材料、工具，制作程序和成型工艺，以及环境模型的制作要求和规划原则、制作技术等。书中还列举了独创的且从未在任何书籍提到的新的楼盘形态房模型制作和景区房自然材料模型制作。书中还凭借艺术表现力，用不同的绘画材料和技法，徒手绘制每一典型范例的形象创意效果图，以及40多张新的精品赏析彩图，对读者有一定的参考和观赏价值。

本书可作为建筑设计院校、艺术设计院校的教学用书，也可作为建筑设计院、环境景观（园林）设计院（公司）、模型制作公司等单位的管理和业务人员，以及模型制作爱好者的培训用书、参考书或工具书。

图书在版编目（CIP）数据

建筑与环境模型制作典型实例/陈璐著. —北京：机械工业出版社，2014.12

ISBN 978-7-111-49643-4

Ⅰ.①建…　Ⅱ.①陈…　Ⅲ.①模型（建筑）-制作　Ⅳ.①TU205

中国版本图书馆CIP数据核字（2015）第049907号

机械工业出版社（北京市百万庄大街22号　邮政编码100037）
策划编辑：周晓伟　　责任编辑：周晓伟
版式设计：赵颖喆　　责任校对：陈延翔
封面设计：鞠　杨　　责任印制：刘　岚
涿州市京南印刷厂印刷
2015年6月第1版第1次印刷
184mm×260mm·16.5印张·4插页·421千字
0001-3000册
标准书号：ISBN 978-7-111-49643-4
定价：49.80元

凡购本书，如有缺页、倒页、脱页，由本社发行部调换
电话服务　　网络服务
服务咨询热线：010-88361066　　机工官网：www.cmpbook.com
读者购书热线：010-68326294　　机工官博：weibo.com/cmp1952
010-88379203　　金书网：www.golden-book.com
封面无防伪标均为盗版　　教育服务网：www.cmpedu.com

前　言

任何一种建筑模式的产生和发展，都是与人类新的生活方式密切相关的。现代建筑形象技术，反映了科学技术的不断进步和多姿多彩的、不断丰富的人类生活。由于建筑类型的扩大，新技术、新材料的发展，以及人类对资源、环境可持续发展的关注，给了建筑设计更大的想象力和创造力，建筑造型也由此产生了许多新的风格和变化。而要表达和张扬建筑的表象、美学和使用价值，最有效的手段是制作建筑模型。建筑模型不仅具有很强的视觉冲击力和识别性，让人们在精美的模型面前折服和达成共识，更重要的是可以避免重大工程项目的各种风险，给项目的成功打好基础。精美、逼真的建筑模型，是建筑设计方案中的必须“产品”，也是人们第一认知的建筑成果。所以，建筑模型的制作显得尤为重要。

要制作出高品质的建筑模型，需要有聪慧创意能力和高超技艺的人才。而目前社会上这方面的人才相当紧缺，这与持续发展的经济形势很不适应。因而国内外所有建筑设计院校，包括艺术院校，为了培养设计人才，都把模型制作列为必修课程，设计师也把模型制作作为“看家本领”。但现在的问题是，几乎没有一本比较系统地集模型制作理论、创意、制作技艺及图例为一体的著作。

本书作者凭借多年教学经验、设计成果和制作经验，较系统地论述了建筑与环境模型制作的目的、价值、类型和评价标准。本书通过对别墅和办公楼两大民用与公用建筑为代表的模型制作，详细地介绍了其制作的形象创意、形象表达，使用材料、工具，制作程序和成型工艺，以及环境模型的制作要求和规划原则、制作技术等。书中还列举了独创的且从未在任何书籍提到的新的楼盘形态房模型制作和景区房自然材料模型制作。书中的典型范例，都是作者边写、边做、边摄影，且一一说明，几经易稿，日臻完善。所以，其艺术性、实用性是本书的一大亮点，能更多地给读者提示和启迪，对提高设计和制作人员的形象创新思维和动手能力很有帮助。书中还凭借艺术表现力，用不同的绘画材料和技法，徒手绘制每一典型范例的形象创意效果图，以及40多张新的精品赏析彩图，对读者有一定的参考和观赏价值。

本书可作为建筑设计院校、艺术设计院校的教学用书，也可作为建筑设计院、环境景观（园林）设计院（公司）、模型制作公司等单位的管理和业务人员，以及模型制作爱好者的培训用书、参考书或工具书。

本书在编写过程中，得到曹宝荣、吴茂林、陈同纲、谢中南、施斌等同志的大力帮助，在此表示由衷的感谢。书中如有不足之处，敬请广大读者指正。

著　者

目　录

第一章

建筑与环境模型制作基础知识

第一节 概　　述

一、建筑功能与模型定义

1. 建筑功能

建筑在美学领域内被誉为“凝固的音乐”。世界上一些具有代表性的建筑的居住功能，往往被它的艺术美、象征功能和时代精神所代替。纵观人类历史，人们无不被各个时代的典型建筑所折服，都以这个时期的建筑作为一个时期时代精神的体现。当人们来到一个国家和地区时，往往在对这个国家和地区建筑风格感到惊叹的同时，也会将这些建筑作为有别于其他国家和地区的一种形象标志。

一些历史悠久的令人迷醉的建筑，历来是社会各界关注的热点。因为这些建筑是各个时期建筑设计师施展才华、奉献社会的见证，也是他们为了事业呕心沥血、竭尽全力的结晶。这些建筑集中体现了一个时代整个设计界的思潮、流派、风格和时代特征，同时也体现了建筑设计师对建筑设计标准、规范不断进行探索和研究的成果。这些成果虽然都来源于建筑设计和建筑实践领域，但同时也对其他设计领域产生重要影响。

建筑设计是个大课题，设计师必须具备严肃的工作态度、严谨的工作方法和严格的工作要求等方面的素质。建筑设计中的模型制作既是设计师的重点表现手段，也是设计工作的重要内容。

图 1-1 所示是一座私家别墅建筑模型，但它的各个界面高低、起伏、大小和位置及周边环境等形制，都充分表现出一种艺术美和节奏感。

图 1-2 所示是一座民宅建筑模型，它体现了当今人们追求的一种现代建筑风格。

图 1-3 所示的私家别墅建筑模型既体现了它的物质使用功能，又体现出它的精神审美功能。

图 1-4 所示是采用精湛技艺制作的一座小别墅建筑模型，从整体和局部的精美形态都可以看出设计师严肃的工作态度、严谨的工作方法和精妙的手工技艺。

图 1-5 所示是一座私家别墅建筑模型，通过对建筑形制、小环境规划的精心制作，使需要说明的建筑功能、结构、审美等内容得到了充分表达。

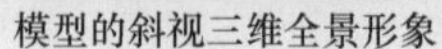

模型的斜视三维全景形象

模型的正视全景形象

图 1-1　具有节奏感的私家别墅建筑模型

模型的右侧近斜视三维全景形象

模型的背视全景形象

图 1-2　现代风格的民宅建筑模型

模型的正视全景形象

模型的斜视三维全景形象

图 1-3　审美与实用相结合的私家别墅模型

2. 建筑与环境模型的定义

建筑与环境模型和其他模型一样，是根据生活中的实物、设计图或设想，按比例、生态环境和其他特征，用不同的加工技术制成的同实物相似的实体。由于用途、加工的可行性和设计的意图不同，模型的用材也多种多样，一般选用木材、石膏、混凝土、工程塑料、纸、金属等材料制成。模型主要有展示、观赏、绘画、摄影、试验、观察和建筑施工等用途。

图 1-4　采用精湛技艺制作的建筑模型

图 1-5　设计意图得到充分表达的私家别墅建筑模型

图 1-6 所示是纯手工制作的私家别墅建筑与环境纸质模型。此模型根据创新设计图，按 1∶100 的比例，使用模型卡纸、瓦楞纸、即时贴等材料制成，供决策方论证、展示和施工时使用。

由此可见，建筑与环境模型同其他模型一样，制作前应有明确的指导思想。这里的指导思想也是模型的内涵，主要包含四方面内容：一是模型制作的根据，来自实物、设计图或设想；二是模型制作的尺寸，是按照实物或设计图的比例进行；三是模型制作的材料，按用途和加工的可行性原则进行选择，常用材料一般为工程塑料、纸、木材等；四是模型的用途，主要是展示、观察、建筑施工等。

图 1-7 所示为学生宿舍楼建筑与环境模型。此模型根据实物，按 1∶200 的比例，使用 PVC 制作而成。其中环境规划是按照新的设计图，使用多种材料制成。

模型的正视形象

模型的右视形象

模型的背视形象

模型的左视形象

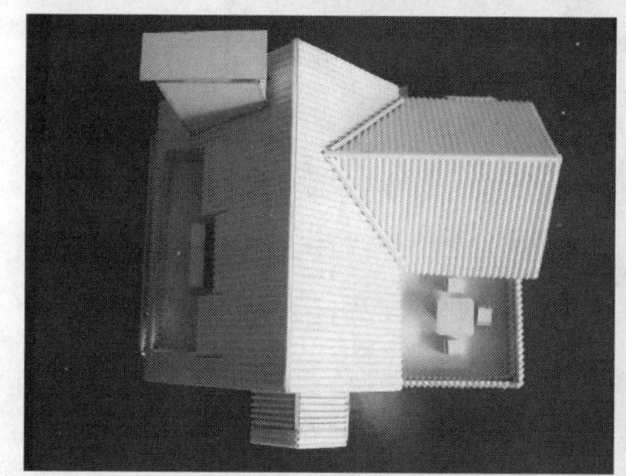

模型的俯视形象

模型的右斜视形象

模型的左斜视三维全景形象

图 1-6　纯手工制作的私家别墅建筑与环境纸质模型

图 1-7　学生宿舍楼建筑与环境模型

图 1-8 所示是根据加工可行性，选择模型卡纸进行手工制作的具有新设计思想的建筑与环境模型，供展示使用。

模型的正面斜视三维全景形象

模型的背面斜视三维全景形象

图 1-8　具有新设计思想、手工制作的小别墅建筑与环境纸质模型

二、制作建筑与环境模型的目的与价值

1. 模型制作的目的

建筑与环境模型不但要有形态特征、功能价值和艺术美的视觉冲击力，而且要符合社会各方特别是投资方的现实需求。建筑与环境模型的这些品质要求与其他类型模型不同，要求建筑设计师必须发挥聪明才智，把头脑中创意的虚幻建筑形象，凭借灵巧的双手，选用适宜制作的材料和工具、设备，按需要的体量比例，制作出可视真实的立体形象。通过建筑与环境模型的制作，使未来建筑的功能、结构、体量、色彩、材质、肌理、纹理、空间感等各个要素得到充分体现，并被完全认识。从而为建筑设计的成功铺平道路，也为建筑施工提供依据，更让投资方对未来建筑的可靠性、安全性达到心理预期。

具体地讲，建筑与环境模型与一般模型相比，更加突出如下五个方面：

一是更加突出人的主观能动作用。从建筑与环境模型中不难看出模型设计者、制作者所具有的形象创新能力和精湛技术能力。

二是更加突出脑与手互动的再创性。一件品质优良的建筑与环境模型，绝不是照葫芦画瓢，而是充分发挥人的智慧，创造性地进行制作，通过灵巧的双手，更好地完善设计思想。

三是更加突出需要新材料、新工具、新设备和新技术的支撑。模型的品质除了取决于人为因素，还必须要有新材料、新工具、新设备和新加工技术来保证。

四是更加突出建筑内部和外部的各项内容。模型的形态不仅要符合设计形态，而且要符合未来现实形态，并比现实中的“真实”形态更集中、更概括、更典型。

五是更加突出为设计和风险承担做保证。这是建筑与环境模型制作的原动力，也是模型制作的根本和唯一目的。因为任何建筑与环境都需要通过投入大量人力、物力、财力和时间，去实现建筑的使用功能、审美功能和安全功能。这就必须要事先经过模型制作，并进行论证设计、评估风险和研究如何避免风险。图 1-9 所示为一幢私人资金大投入的别墅建筑与环境模型，凭借此模型就可以对建筑设计和建筑施工进行论证。

模型的远视全景形象

模型的近距离俯视形象

图 1-9　可为建筑设计和施工进行论证的私家别墅建筑与环境模型

2. 模型的价值

建筑与环境模型之所以始终受到社会和有关方面的热情关注，是由其自身价值决定的。一方面在于建筑模型是为高额资金投入决策和建筑的安全性服务，另一方面在于建筑模型的内容形象地展示了建筑物的时代性、观赏性、可行性和实用性。它不仅包含政治、经济、文化、宗教等内涵，而且体现高科技和新材料的支撑。古往今来，人们不可能事前先建造一个庞大实体来完整地表达这些内容，只能先做个小样（模型）来表达。并以此为基础来进行考量，决定是否进入下阶段的投入和施工实践工作。

建筑与环境模型的价值，具体体现在以下方面：

（1）真实性　这是建筑与环境模型的第一价值，实际上这也是未来建筑的一次“亮相”，能够让人亲眼目睹到未来建筑，并对建筑的形制特征有一个初步了解，使人产生感性认识，从而由此得到理性认可。

建筑与环境模型的真实性主要有四点：一是必须具备视觉的识别性，使人见而不忘；二是供人在感性的基础上作出理性判断；三是对相似、相近、相对的微观视觉形态进行再创造，使得模型的真实性比现实生活中的真实更集中、更概括、更夸张、更具典型性；四是体现人在心灵冲动、激情澎湃的创作高潮时，自觉地、能动地把生活中的积累赋予模型之中，从而使得客观存在和主观意识在互动状态下产生的真实更具完整性。

由此可见，建筑模型并不一味追求原版真实和原生态真实，否则，制作的模型将会黯然失色。图 1-10 所示是一座别墅建筑模型，从模型中很容易识别出该建筑的体量、结构和空间使用功能等真实特征。图 1-11 所示是真实感很强的桥梁建筑模型，但这里的“真实”并不是原版原样的真实，而是比现实的真实更集中、更概括、更夸张、更具有典型性。

（2）实用性　模型的实用性在于向人们提供建筑空间、功能、结构、技术、预算甚至建筑理念等信息，让人获得一种物质和精神上的满足和需求，引导建筑计划和方案的决策和实施。

图 1-10　具有建筑体量、结构等真实特征的私家别墅建筑模型

建筑与环境模型不同于一般的造物活动，不能给人亲身体验和直接感受，但却能让人的思想和心灵有身临其境之感。

模型的实用性价值有三个方面：一是具备形态元素的完整性和可读性，便于有关各方进行决策；二是建筑模型的实用性和真实性只是个载体，并不是模型本身具有的实用性价值，而是通过形象力量使人感受到的实用价值；三是无须通过人的肢体等感官验证，就能直接获取实用性信息。图 1-12 所示虽是人们无法实量体验的模型，但人们却能由此充分识别这幢大厦的建筑空间、功能、结构、技术以及建筑风格等实用性信息。图 1-13 所示是一座私家别墅建筑与环境模型，人们通过这一实用性载体，能获得物质和精神上的满足，虽然不能通过肢体亲身体验，但却能由此产生建造这幢建筑的决心。

模型的正视形象

模型的俯视形象

图 1-11　具有形态概括、夸张等特征的桥梁建筑模型

（3）艺术性　如果说实用性、真实性并不是模型的直接反映，那么模型的艺术性则是模型本质和直接的反映，这也是模型普遍受到青睐的重要原因之一。

建筑模型的艺术特点主要有如下表现：

一是艺术美感的直接流露。一件模型的艺术美感直接流露，会提升未来建筑形象，让人

模型的远视全景形象

模型的近距离斜视三维全景形象

图 1-12 具备形态元素可读性的高层建筑模型

直接得到一种精神需要的满足。因为人们在获得建筑物挡风避雨、阻寒隔热、居住安全等物质功能后，往往会产生对建筑物的精神功能需求，这是不断提升的人的“自我”需求。纵观近代建筑从一个火柴盒般的蜗居建筑，逐渐被今天具有时代感、形式感和流行风格的建筑所代替，又老又旧的形制、原生材料和原始工艺，逐渐被新材料、新技术、新工艺和新颖张扬的室内外装潢风格所取代。特别是近一个时期以来，各地城镇新型建筑、都市摩天大楼拔地而起，鳞次栉比。这些已经成为社会发展、人们生活品质不断提高的重要标志和成果，人们从中获得的不仅是物质美的满足，而且是建筑物直接流露的艺术美的享受。图 1-14 所示是一幢住宅建筑模型，原来的“火柴盒”已演变为极具现代艺术形式美感的住宅建筑。

图 1-13 可供鉴别建筑实用性的私家别墅建筑与环境模型

图 1-14 具有现代艺术形式美感的住宅建筑模型

二是艺术美感的恒定性。人们对建筑艺术美感的认识，来源于模型的艺术性价值。模型能直接反映出建筑不同于其他人造物，建筑的艺术美感往往会派生出某种艺术风格、流派和特有的审美，具有恒定性价值。这种派生力量主要取决于建筑的比例、节奏、韵律、均衡等形式美感。在建筑模型制作中通过能动界面的分割比例、线和面的造型节奏、韵律与力的平衡度等形式美感，使未来建筑艺术美感恒定性获得充分表现。图 1-15 所示建筑模型的界面分割、比例及与环境的组合，充分显示出艺术美感的恒定性。

模型俯视三维形象

模型左侧斜视三维形象

图 1-15　具有艺术美感的标志性建筑模型

三是艺术美感的抽象性。人造物体除了以手工技艺制作的用于观赏的单件工艺品、艺术品外，所有批量化的人造物体，都需要由点、线、面构成抽象的几何形态。建筑更是独具个性的，由点、线、面构成的抽象几何形态。制作建筑模型不仅要使抽象的、纯理性的几何形态给人有感情的、有美感的艺术性，而且要使具有不同审美标准和审美情趣的人达成一个共识，成为永远追求的目标。

四是艺术美感的再创价值。建筑设计的艺术性认识决定了建筑模型的艺术性，但这并不是建筑模型艺术性价值的完整反映。因为现实中人的审美，除了因时、因地不同，还会因人的思想、行为、情感和修养的不同产生各种不同的审美观点。因此，模型的制作者一方面要通过模型充分体现建筑设计的艺术性，同时还需要在模型制作的始终，独具匠心和巧妙地对建筑设计的几何形态进行量化，作出虚与实、主与次、繁与简、夸张与削弱的艺术处理，再进行整体与细部、主视面与次视面的艺术处理。这样的模型才能使人产生视觉流动、视觉情趣和视觉快感，营造出独特的艺术氛围，从而发挥模型的“物化艺术审美的再创价值”。图1-16 所示是一座别墅建筑模型，它的各个界面不是自然形态构成的，而是由几何形态构成的抽象形态。在模型的制作过程中进行虚与实、繁与简、夸张与削弱等再创处理，既充分表达了审美水准和审美情趣的多样化，又体现了模型艺术的再创价值。

（4）新颖性　模型的新颖性，既取决于建筑形象的创意，又取决于模型制作的新技术、新材料和新体量。此外，在模型制作中采用独特精湛的手工艺术，比程序化机加工更具有“新、奇、艳、喜、真”的个性价值。特别是经过模型制作者在心灵驱动下独到的艺术处理，能使得模型具有与众不同的新颖性，且比实物建筑显得更充实、更丰富，也更具视觉冲击力。图 1-17 所示是一幢用木质材料制作的独具个性和新颖的丛林中小屋模型。图 1-18 所示是一幢采用手工艺术制作的现代建筑模型。此模型比机加工模型更具有“新、奇、艳、喜、真”的价值。

（5）可行性　建筑与环境模型不是依照个人意愿和志趣制作的纯手工工艺品或纯实用品，而是用无声语言回答如下五个方面的问题：一是建筑的功能、结构、材料、技术、预算等是否合理可行；二是建筑的形态、色彩和周围环境等是否和谐，是否具有审美价值；三是建筑对本地域、地理、地质范围的抗震、抗自然灾害所提供的安全系数是否可靠可行；四是建筑与国家政策、法规和城市、城镇、城乡等的规划是否一致；五是根据有资金回报和无资金回报的不同情况，决定资金投入多少和如何投入等问题。

图 1-16 纯几何形态的别墅建筑模型

图 1-17 小木屋建筑与环境模型

模型的正面右侧三维全景形象

模型的细部形象

图 1-18 采用手工艺术制作的现代建筑模型

以上诸多问题，不仅受到建筑的使用者、建筑者、设计者、行政主管部门的关注，而且受到社会其他方面和有关人士的关注。只有通过模型，用无声的形象语言进行科学、可靠的可行性解说，人们才会有信心和决心，主管部门也才会下达批文，建筑才会进入实质性的施工阶段。图 1-19 所示是一座可进行可行性解读的室内游戏场所剖视模型，通过该模型，可论证这座建筑诸多功能的可行性。

图 1-19 可进行可行性解读的室内游戏场所剖视模型

（6）主动性 建筑与环境模型制作的主动性表现在两个方面：一是设计院和设计师为了取得有关各方的共识，需要与委托设计的单位或个人进行沟通，并借助模型说明建筑的设计思想、设计要求和设计方案等；二是设计院和设计师为验证设计的可靠可行，往往会

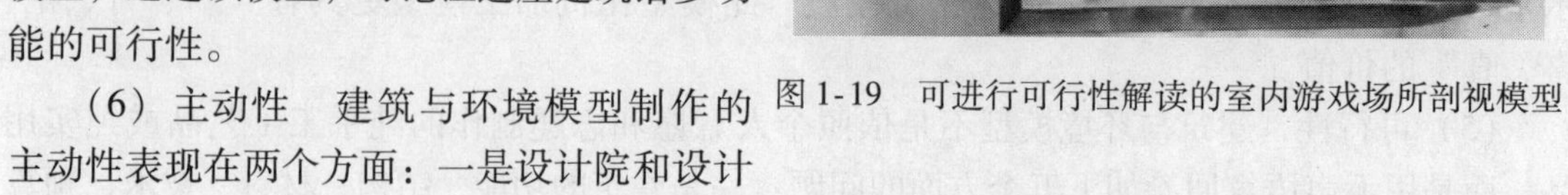

通过模型的制作实践，不断发现问题和进行修正，以把设计风险在内部消除。因此，建筑与环境模型不仅能替代设计发言，且能够避免设计风险，这体现了模型制作具有的主动性价值。图1-20所示是一座艺术教学大楼的建筑模型。该建筑如果不事先制作模型，设计师包括投资方是不会同意和下决心的，只有通过对这件模型的全方位审视，有关各方才会产生共同语言。

模型左侧斜视全景形象

模型正面远视全景形象

模型背面斜视三维形象

模型俯视全景形象

图1-20　可进行全方位审视的艺术教学大楼建筑模型

图1-21所示是一座私家别墅建筑与环境模型，设计方通过模型制作与投资方取得了共同语言。

模型远距离正视全景形象

模型近距离右侧斜视三维形象

图1-21　私家别墅建筑与环境模型

第二节　建筑与环境模型的类型与制作程序

一、模型类型

1. 分类原则

建筑与环境模型的分类，一般按照以下原则：

一是多元化原则。建筑模型价值的多元化，决定了建筑模型类型的多元化。要根据模型功能、材料、制作成型工艺、形象等多角度、多方位的原则进行分类。

二是主、副体原则。在建筑与环境模型中，建筑模型为主体，同时也是环境模型的主题；而环境模型作为副体，包括建筑的配景物件和衬景物件，都对建筑起到陪衬、烘托作用。

三是共构整体原则。建筑与环境模型分别是独立个体，但更是互动互补、和谐协调、风格统一的整体。

2. 按模型的使用功能分类

按此方式分类可分为单项使用功能类型和多项使用功能类型，但这两者之间又相互交叉，有时也很难区分。为了便于说明问题，这里以单项使用功能为例进行介绍。单项使用功能建筑模型大体分为 11 类。

（1）民用建筑与环境模型　包括私家住宅的单元别墅、连体别墅和公寓楼等。由于一个地方的城市规划、城镇规划和开发商的指导思想往往不尽相同，因此模型制作既要强调外观形象的多变个性，又要突出建筑的风格特征。图 1-22 所示是一座民用建筑与环境模型，虽然各自有独立性，但在地盘中能和谐协调，共同构成一个整体。图 1-23 所示是一幢具有西方风格的民用单元别墅建筑与环境模型。

（2）公用建筑与环境模型　其中最有代表性的是行政办公楼。这类建筑不以资产回收盈利为目的，强调建筑造型的整体形象和地域风格；建筑物的形态有简有繁，具有时代性、严肃性和庄严性的特点。这类建筑一般多建在城市主城区，与周围环境有鲜明的可比性。图 1-24所示是一幢占地面积大而楼层不多的地方政府行政办公楼模型，建筑整体具有现代感，采用的是中心对称形式，再加上楼前飘扬的五星红旗，营造了建筑的庄严氛围。

图 1-22　民用建筑与环境模型

（3）公共建筑与环境模型　这类模型包括车站、码头、机场、学校、展览馆等。这类建筑具有外形现代、用材新颖和建筑的科技含量高，以及交通便捷等特点。公共建筑一般在体量上不求向高端延伸，只向周围拓展，往往形成以玻璃和复合材料为主材的钢架结构的大跨度空间，具有透光、透气的特点。这类建筑外环境一般都配有大广场和主干道。图 1-25 所示是学校教学楼建筑与环境模型，不仅具有鲜明的时代性，且形制新颖。

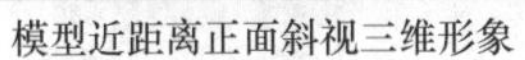

模型近距离正面斜视三维形象　　模型远距离全景形象

图 1-23　具有西方风格的民用单元别墅建筑与环境模型

模型的局部剖视形象　　模型的正上方斜视三维形象

图 1-24　中心对称、严肃而庄严的行政办公楼模型

图 1-25　具有时代形象特征的学校教学楼建筑与环境模型

（4）写字楼建筑与环境模型　这类建筑以企业集团、公司的商务活动楼为代表，多建在城市主干道两侧或城市中心区域。这类建筑的个性特征往往与城市规划相吻合。这类高耸简洁的摩天大楼是城市现代建筑的主角，成为城市经济、文化和现代文明的主视物。此类模型在形式上变化不多，也不华丽，却不失为现代设计风格和设计思潮的亮点和力作。写字楼投资大、科技含量高，是城市建筑的热点，因而也是建筑模型制作的重点。图 1-26 所示是

一幢具有现代设计风格和思潮，同时又有现代新技术、新材料支撑的写字楼模型。

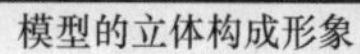

模型的立体构成形象

模型的新材料、新技术形象

图 1-26　现代风格的写字楼模型

（5）商业建筑与环境模型　这类模型以商业大厦为主要代表，多建在交通便利的都市中心区，是市场繁华、贸易发达和人流汇聚的场所。它的高层建筑一般皆为陈式化，楼面分层使用，有些空间划分突出个性需求，具有鲜明的识别性。地面层外界面的门头设计、橱窗设计、灯箱广告设计、大屏幕设计等各具特点，是人流的视觉中心区。此类模型的楼前广场和整体形象，是都市现代化的主旋律、主唱者。图 1-27 所示模型裙楼的橱窗设计、大屏幕灯箱广告设计体现了现代城市的商业氛围，一看便知这是一件商业大厦模型。

分体制作的商业大厦主楼模型

分体制作的商业大厦裙楼模型

组装成型的商业大厦建筑模型

图 1-27　具有典型特征的商业大厦建筑模型

（6）酒店建筑与环境模型　酒店往往不建在都市中心。这类建筑的特点是内部空间标准规范，并提供多项内容的一条龙服务，在当地享有一定社会知名度和品牌效应。另外，这类建筑独具个性，显得豪华气派，在周围建筑中争奇斗艳，因而能带动周边的繁华场面。但由于酒店建筑投资大、体量大、占地多、环境规划要求高，一定程度上体现了所在都市的级别和规模，因而制作此类模型应考虑多种因素，建筑的各个方面都应符合规定和要求。

图1-28所示为使用工程塑料、手工技艺制作的酒店建筑与环境模型。

（7）文体场所建筑与环境模型　这类模型以娱乐场所、运动场所建筑为代表。文体场所强调建筑的风格和时代性，与其他建筑相比，更突出艺术性和建筑物的个性。这类建筑中，有些是设计师做了大胆尝试的，具有奇异性特征，其中的一些建筑可能会成为设计师的代表作品。这些建筑的一个共同点是具有现代简洁的形态，但也不乏细部的精心刻画；文体建筑的周围环境往往以广场为主要形式。图1-29所示为大跨度穹隆顶的体育场馆建筑与环境模型。

图1-28　酒店建筑与环境模型

图1-29　体育场馆建筑与环境模型

（8）公益建筑与环境模型　这类建筑包括博物馆、公园、城市广场和城市标志性建筑。公益建筑不以金钱回报为目的，却给人带来观赏、休闲的场所，营造出安逸、舒适的环境。这类建筑风格虽然多样化，但不排斥传统元素特征；建筑体量不高但较庞大，地域环境具有高度协调性。图1-30所示为大众休闲活动具有公益性质的公园小庭院建筑与环境模型。

（9）纪念碑、堂、馆建筑与环境模型　这类建筑多建设在事发地或特选的高处或宽广处，往往因地制宜，精心规划。这类建筑形象高大。一些特殊的堂馆，保留了原生态特点，起着教育人、启迪人、警示人的作用。这类建筑没有过多华丽的“装饰语言”，一般采用简洁明快的表达方式，使人产生肃穆景仰的情感，精神为之振奋。因此，这类建筑的政治价值超越经济、文化价值。这类模型制作的形态与环境，一般多以中心轴线两边对称的艺术形式展开，使人对建筑神情专注，心生敬畏。图1-31是中心轴线两边对称的纪念碑建筑与环境模型。

（10）宗教建筑与环境模型　这类建筑是一个国家、一个地区的信仰语言，历来是建筑的重点。虽比不上其他建筑的庞大体量，但却是其他建筑风格和建筑形式的领军者。当然，不同宗教建筑与环境的体量、形态各有区别，但是都强调标志性、程式化和中心对称的艺术形式法则，并营造足够的教化语言，让环境给人以神秘、威严的感觉，使人的心灵从中获得启迪。中国宗教建筑不同于西方宗教建筑多建在都市里，而是建在名山大川、风水宝地或都市边缘区域。这类建筑占地面积大，运用丰富的进深层次和不变的传统元素，营造了一种定格形象和神秘、肃然、无邪、优雅的环境。它们既是顶礼膜拜者的虔诚朝圣之地，也是旅游者朝拜、游玩的场所，旅游者在心灵得到净化的同时，也获得文化、艺术的享受。图1-32所示为宗教建筑与环境模型。

图 1-30　公园小庭院建筑与环境模型

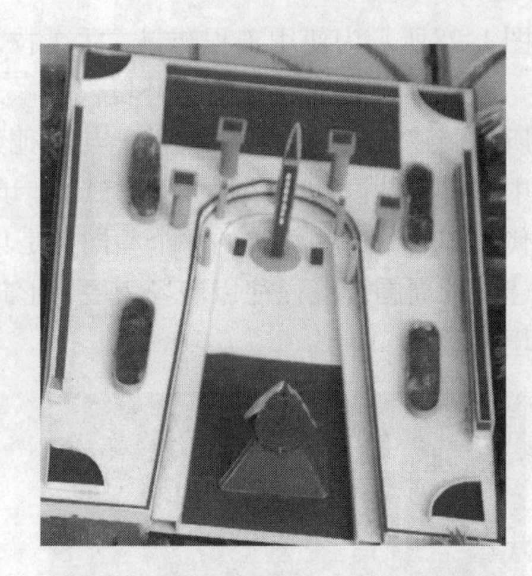

图 1-31　纪念碑建筑与环境模型

（11）宫殿建筑与环境模型　这样的建筑为数不多，在一个时期内一个国家的只有一处，但却是一个国家的重点建筑，位于国家都城中最佳之地。这类建筑物质功能往往被象征功能所代替，不仅投资巨大，所用材质好，建造时期长，且建筑形态的法制和规范严格。这类建筑虽然已逐渐退出历史舞台，但原有魅力不减。图 1-33 所示为具有典型特征和形制程式化的宫廷大殿建筑与环境模型。

图 1-32　宗教建筑与环境模型

图 1-33　宫廷大殿建筑与环境模型

3. 按模型的制作材料分类

按此种方式，建筑与环境模型可分为 6 种类型：

（1）纸质模型　这类模型选用的是专卖店供给的多规格模型卡纸和配备的黏合剂，多以手工制作为主，使用简便的手工工具快捷制作而成。这种模型一般在提供方案选择和表达建筑空间功能与审美价值时使用。图 1-34 所示为私家别墅建筑与环境均用优质模型卡纸搭配其他纸质制作的模型。

图 1-35 所示为应用“繁”和“简”的艺术手法制作的小别墅建筑与环境纸质模型。该模型的前楼立界面、顶界面和小碎石路、草坪、栅栏等均采用“繁”的形象制作，而后楼各界面则采用“简”的形象制作，给人一种审美情趣。

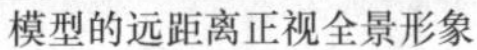
模型的远距离正视全景形象

模型的近距离正斜视三维形象

图 1-34　私家别墅建筑与环境纸质模型

（2）木质模型　这是一种采用软性木材预制的块料、板料，使用配套黏合剂或榫结构结合形式，凭借木工具和木工技艺制作的模型。由于木工技艺的手加工、机加工特点，木质纹理和肌理直接显露，且模型坚固、易保存、易运输，因而在模型制作中受到青睐。图 1-36所示是选用丰富纹理的三合板、小木条和小木块及一些辅助材料制作的小木屋建筑与环境模型。

（3）工程塑料模型　这是最常见、最通用的建筑与环境模型。其品种和型号繁多，且不断有新品种和新型号涌现。当前多选用工程塑料这个庞大家族中的有机玻璃、PVC、聚氨酯发泡材料和玻璃钢等材料制作。可根据模型形态，有针对性地选择这类材料中的管材、棒材和板材，以手加工、机加工或二者结合的方式制作完成。具体制作时要注意利用材料肌理和纹理的可变性、品种规格的丰富性和加工技术的多样性，再结合考虑模型形态的精致感、真实感、坚固感等要求，可以制作出展示模型、主体模型、标准模型、终端模型、论证模型、检测模型等。图 1-37 所示为采用不同厚度有机玻璃板材制作，并喷涂后的建筑与环境模型。

图 1-35　应用“繁”和“简”的艺术手法制作的小别墅建筑与环境纸质模型

图 1-36　小木屋建筑与环境模型

（4）自然材料模型　这是选用不易腐烂、变质、变色、变形的原生态竹、木、石及麦秆等自然材料，经洁化和干化处理后，完全采用手加工制作的模型。这种模型表面一般没有任何装饰技术“语言”，而是让自然材料的纹理和肌理直露，给人以特有的情趣化、个性化的审美享受，以充分表达人们回归自然的渴望。由于原生态自然材料来源丰富，具有运输方便、能长期保存等优点，因而被用来制作有人情味、观赏性和实用价值的庭院风格建筑、自然景点、私家别墅、休闲会馆和少数民族风格建筑等特色的模型。图 1-38 所示是使用麦秆为主材制作的自然景点内具有本土民族风情的建筑模型。

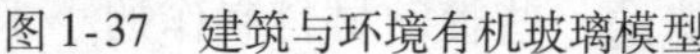

图 1-37　建筑与环境有机玻璃模型

图 1-38　使用自然材质制作的少数民族建筑模型

（5）其他材质模型　这类材质一般指金属型材、金属板材、石膏、黏土和一些复合材料以及一些代用品等。其中金属材料由于手加工难度大，需要专用设备和专门技能进行加工，多数不作为主材使用，只是根据模型局部或形态的特殊需要，作为辅助材料使用。

（6）多材质模型　这类模型品质全面，刻画精致，有丰富的视觉语言，充分而真实地表达了建筑的审美。图 1-39 所示为选用塑料、纸质、海绵、即时贴、若干代用品等多材质制作的建筑与环境模型。

经验表明，只有多种材料制作的模型才够格评为有魅力的模型。这种模型必须具有以下要素：一是材料使用巧妙；二是技艺高超；三是工作流程严谨；四是工作态度认真。

图 1-40 所示是室内设计模型。该模型采用一小块布头折叠成被褥，一小块墙纸作为床头墙，一枚小邮票成为床头板上的挂画，数根小木棒搭接成落地窗扇，并在背面粘贴花纹纸和象征光照的白颜色纸。只有采用多种材料，并凭借高超的技艺和认真工作的态度才能制作出如此有真实感的模型。

图 1-39　多材质制作的建筑与环境模型

图 1-40　多种材料制作的室内设计模型

图 1-41 所示是高层建筑室内观光空间模型。该微型模型由细金属丝、小木条、干化植物枝条、风景画报（背景材料）等多种材料，凭借手工技术制作而成，给人生机盎然、充满魅力的感觉。

图 1-42 所示是使用艺术绘画手法和多种材料以及代用品等制作的室内小酒吧间模型。

图 1-41　多种材料制作的高层建筑室内观光空间模型

图 1-42　室内小酒吧间模型

4. 按模型的制作技术分类

按此方式，建筑与环境模型可分为 3 类：

（1）手加工技术模型　这是凭借灵巧的双手和简单的工具快速完成的模型。这种模型不仅具有视觉判断的真实性和功能性，并具有特殊的艺术审美价值。与机械加工相比，这种模型制作显得更便捷、更有随机性，也更能够按设计要求制作，不受外来干扰，因而模型品质高贵、价值昂贵，是一种受人们追捧的模型。

这种模型的效果取决于设计师在长期实践中磨炼而成的技艺水平，是在频繁的手、脑巧妙互动前提下取得的。模型制作采用了虚与实、主与次、夸张与削弱等艺术手法，因而是一件有灵性的模型。建筑模型制作中的手加工技术，不但在过去，而且现在也是一项主流技术，即使未来也脱离不了。图 1-43 所示为手加工技术制作的小别墅建筑与环境模型。

（2）机加工技术模型　这是使用各式机床和专用设备制作完成的模型。设计师运用严谨的工作方法、精确的计量数据和娴熟的驾驭设备的能力，不仅使模型达到形态精确、工整、坚固、线面挺括等要求，又能使复杂的模型形态体现一致性和真实性，且可以实现批量化制作。这类模型虽然存在制作时间长、需要群体劳动、不易增补修改、成本大等问题，但却因为能制作出高品质模型而得到推崇。图 1-44 所示为机加工技术制作的学生宿舍建筑与环境模型。

（3）计算机数码技术模型　这是按编程语言对建筑界面直接进行制作或分别制作后，再经人工拼装完成的模型。这种模型制作分为雕刻机技术和自动成型技术两大类。实践证明，经过计算机数码技术制作的模型，符合形态标准、完整、精确、真实等要求。这种模型虽然存在设备昂贵和对设计师的解读能力与操作能力要求高等问题，但却是大型建筑、标志性建筑、批量建筑等模型制作中经常采用的，有实力的投资方与设计院也积极采用这种技术制作模型。图 1-45 所示为雕刻机制作的建筑与环境模型。

5. 按模型的形态特征分类

按此方式，可分为 3 类：

模型左侧斜视三维形象

模型背侧斜视三维形象

模型正面斜视三维形象

图 1-43　手加工技术制作的小别墅建筑与环境模型

（1）抽象形态模型　所有建筑模型都是抽象形态，这里专指两种。一是概念草模，它是按立体构成法则完成的纯几何形态模型，一般作为设计师心中识别或内部交流使用，不向受众解读。二是陪衬模型，它是与精加工真实模型同类同质或不同质材料制作的陪衬模型。实际上这是一个楼盘为减少投资、省去重复多件制作而补充制作的几何形态模型。陪衬模型的抽象几何形态不同于纯艺术中的抽象形态，它所简化的几何形态，虽无完整解读功能，但却能让受众可识、可读，有真实性价值，是开发商楼盘中普遍采用的模型。这两种模型都是大的几何形态，无界面细部刻画，制作快，投资少，用材简单，成型也比较便捷；可手工或机加工整体雕刻成型，也可采用局部预制件拼装成型。

图 1-44　机加工技术制作的学生宿舍建筑与环境模型

这类模型是教学中第一阶段模型，重在培养学生对几何形态进行分割、组合的能力；培养学生理解和掌握几何形态的比例关系和数据分析知识，从而提高对模型形态和数据基本精确的处理能力。图 1-46 所示是由抽象的立体几何形态构成的具有现代感的大楼建筑模型。图 1-47 所示是大型楼盘中有解读功能的几何形态陪衬模型。

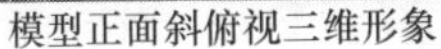
模型正面斜俯视三维形象

模型背面斜俯视三维形象

图 1-45　雕刻机制作的建筑与环境模型

（2）具象形态模型　该模型又叫标准模型、成果模型。它的体质同样是几何形态，但是这种几何形态的比例、材质、空间感、色彩和形态界面都有充分的视觉语言，在展示、评价、检验和验收中直接起到作用。

图 1-46　抽象立体几何形态的大楼建筑模型

图1-47　大型楼盘中有解读功能的几何形态陪衬模型

这里的具象形态模型不同于纯艺术的自然主义，它是在“似与不似”艺术法则支配下完成的，其具象形态具有实与虚、真与假、主与次等艺术审美的满足感。因此，任何具象形态模型都是相对的，不是绝对的。它也是教学中第二阶段模型。这一阶段要求学生在丰富的形象创意下发挥熟练的操作技术，完成具有视觉冲击力的模型，从而培养学生的创新能力和动手能力。这一阶段制作的成果模型，应作为教学成绩评定，并可作长期保存和用于学业展示。图 1-48 所示是一件有实有虚、有真有假、有主有次、“似与不似”的现代具象形态建筑与环境模型。

（3）细部概念模型　这是对模型的不可见细部进行制作的概念模型，如建筑界面剖视结构模型、建筑物地下、水下不可见的形态模型。这种模型具有抽象和具象的双重特征，不强调审美价值，只强调功能、结构合理性、安全性和高科技的应用。一般根据大型建筑和国家重点工程解读功效的需要进行制作。

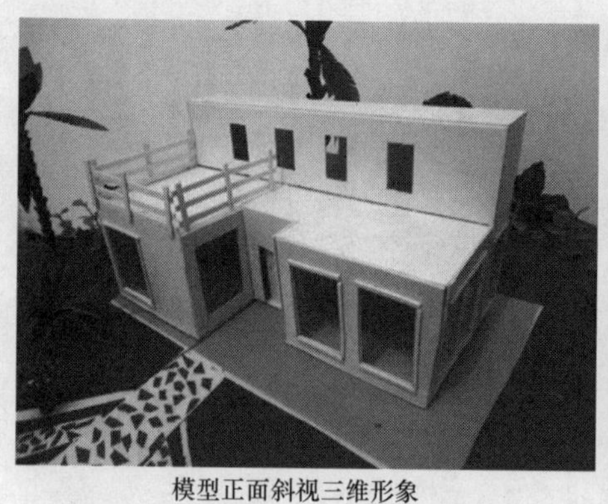
模型正面斜视三维形象

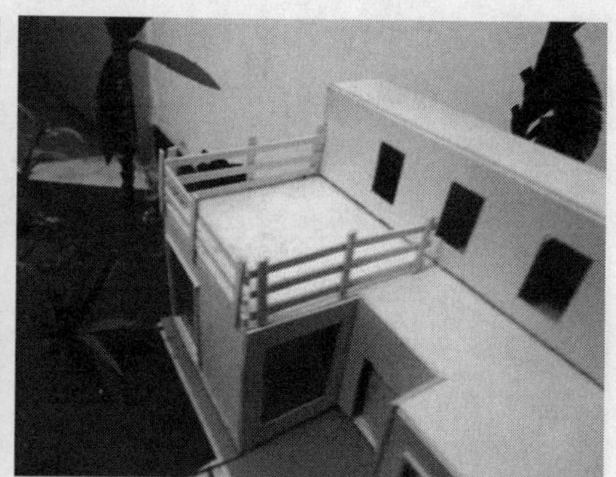
模型内空中花园的空间形象

图1-48　现代具象形态建筑与环境模型

6. 按模型的风格分类

按此方式可分为3类：

（1）中、西古典风格模型　中国古典风格建筑和环境模型中有代表性的是：一是庭院和园林风格建筑与环境模型，二是宫殿和寺庙风格建筑与环境模型，三是中国的古典民居风格建筑与环境模型。

这类模型的形态特征是，既有高大的殿、堂主体建筑，也有精巧秀美形态典型的楼、台、亭、阁、轩、廊、榭等建筑和池、塘、溪、桥、山、石、曲径、花、草、树、木等。该模型强调建筑的传统气息和顶、梁、柱、檐的造型标准，其中有精巧的斗拱、轻盈的飞檐、精美的画梁和雕柱，并配以儒家思想为主调的题额书匾和象征吉祥如意的花饰与吉祥物，且通常使用砖雕、石雕、木雕的"三雕"手法装饰内、外界面。

尤其是中国的宫殿，具有固定的强烈而鲜明的民族风格，建筑物的物质功能很大程度上已被象征功能所代替。当今社会，中国古典风格建筑与环境已经不占主流，但是仍值得人们品味。这类宫殿建筑将永远屹立于世界之林，使人们在惊叹之余肃然起敬、感慨万端。图1-49所示是一座中国北方古典民居建筑模型。

图1-50所示是具有中国元、明时代风格的宫殿建筑与环境模型。

西方古典风格建筑与环境模型，主要以欧洲的结构紧凑有序的巴洛克式建筑、尖形拱门急遽上冲的哥特式建筑和外形华丽复杂且曲线不对称的洛可可式建筑为代表。这三大建筑风格中，尤其是哥特式建筑的外饰风格流传深远，一直影响至今。但是，现代中国建筑一般不会照搬这种形制。

（2）中西结合的现代风格模型　中、西古典建筑在风格上迄今仍保留各自的特色。但在现代社会，受信息时代快速传播和信息共享共识产生的同质化趋向影响。几乎所有建筑都是用钢筋、水泥、混凝土和玻璃，在高科技支撑下，营造出的国际化、现代化的摩天大楼。这些建筑的风格虽然有别，但差别不大。它们的内空间功能都是以满足人的生活品质和工作便捷为标准；形态外表一般都用"减法"，简洁而不失气派。图1-51所示是应用高科技建材整合先进的科学技术，营造出具有全球共享形制的摩天大楼建筑与环境模型。

（3）后现代主义风格模型　这种风格的推手是建筑设计界，虽然在当今世界并非建筑

模型俯视全景形象

模型局部花窗、挂落形象

模型局部内饰物件形象

图 1-49　中国北方古典民居建筑模型

设计的主流，但是个别大型、重点、标志性建筑仍会不断地用现代理念和行为来诠释过去的设计元素。应该说，这种风格是一种念旧、怀旧而不是迷旧、用旧、搬旧。是发掘传统元素中一些本色、本质和优秀的传统文化，将其巧妙而灵活地应用于今天的建筑设计中，使其焕发出新的生命力，力求尽善尽美。图 1-52 所示为具有后现代主义风格的建筑与环境模型。

图 1-50　中国宫殿建筑与环境模型

二、制作程序

一件高品质、能体现设计水准和供人评价的模型，必须有一套可行的、严谨的制作程序作保证。不同类型的模型，由于受成本、制作时间、品质评价等因素的影响，其制作程序会有所不同。但是，不同的制作程序却会异途同归，工作程序虽不尽相同，效果却都是一样的。根据实践经验，在建筑与环境模型制作中，无论制作何种类型的模型，都有一套共同的且简便易行的程序，这个制作程序的

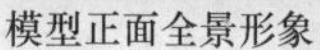

模型正面全景形象　　模型左侧斜视三维形象

图 1-51　具有全球共享形制的摩天大楼建筑与环境模型

模型的正视形象　　模型的左侧斜视三维形象

图 1-52　具有后现代主义风格的建筑与环境模型

特点是相互衔接、互补互动，循序渐进，且能迴路循环。图 1-53 所示为必须遵循的建筑与环境模型制作程序。

从以上程序可看出，首先要解决的是模型制作信息和决策，确定制作任务在安全可靠的前提下，才能进行建筑形象的创意，这是真正进入模型制作的中心内容。如果形象创意得到认可，就可以顺利进入中心工作的第二步，准备材料和工具；然后再按计划、有步骤地进行制作，直到最后通过润饰和展示，以及验收合格获得评价和肯定，才能表明任务全面完成，否则会有局部或全部返工的可能。制作实践中无论成败，都应认真总结，并从中得到新的启示。因此这里的程序图具有循环功效和普遍意义，绝不是简单的直线流程。当然，在循环图中也可能会出现“平面式迴路”和“立体式迴路”。对此，应作两个方面的应对，一是自我主动地明确判断模型的成败；二是根据自身的制作经验对模型能动地进行修补和完善。图 1-54所示为按模型制作程序完成的私家别墅建筑与环境模型。

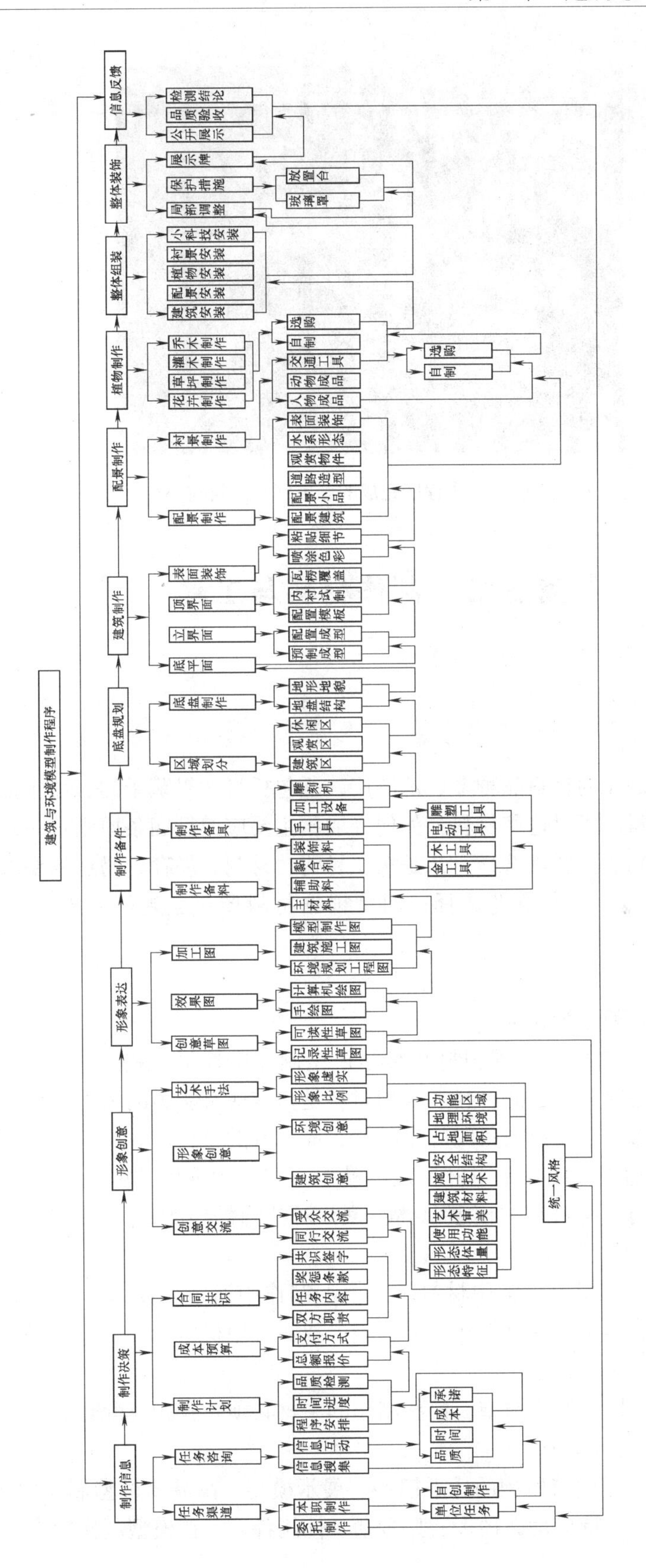

图 1-53 建筑与环境模型制作程序

图 1-54　按模型制作程序完成的私家别墅建筑与环境模型

第三节　制作材料与工具

一、制作材料

1. 选择材料的原则

建筑与环境模型制作的材料品种多、范围广，既包括自然界赋予的，也包括人为再生等一切可视、可触的材料。面对这些材料，如何择取，主要应遵循四条原则：一是根据模型的类型、形态、审美、功能等要素选择；二是按照易购、易制、易存、易运的要求选择；三是按照技术、设备、资金、人力条件选择；四是根据材料质量、规格、肌理、纹理的品质选择。

2. 使用材料的类型

使用材料的类型一般分为 3 类：

（1）现用材料与备用材料　现用材料是指模型制作中按量配购的材料。这是从省料、省钱、省库存方面考虑首先要配的材料。备用材料是指有些有实力的公司因为要长期制作模型，为解决临时购材困难，而提前备购的多品种、成批量的材料。

（2）专用材料与通用材料　专用材料是按模型不同类型分别选购的材料。这些材料品种单一，实用性强。通用材料是按模型总体类型，对共同需要的进行一次性选购的多品种材料。

（3）常用材料与稀有材料　常用材料是指模型制作中通常所需的材料。稀有材料是模型制作中的贵重材料、很少用的材料和需要特别寻找的替用材料。

3. 制作主材

按照材料选购的原则和使用类型，模型制作的主材必须要有相应配套的黏合剂。按主材划分，大体可分为 4 类：

（1）工程塑料　这是建筑模型的标准模型、展示模型、高品质模型制作中所用的主材。工程塑料是个庞大家族，特点是品种多、型号杂、性能各异。在模型制作中应有选择地使用这些工程塑料。图 1-55 所示的环境模型应用了多种工程塑料，如路灯用细塑料管制作，护栏用 KT 板制作，灌木和山、石用海绵球制作，地面用即时贴制作等。在图 1-56 所示的环境中，塑料吸管灯、塑料植物制品、即时贴路面等多品种工程塑料被多处使用。

图 1-55　多品种工程塑料制作的环境模型（一）

图 1-56　多品种工程塑料制作的环境模型（二）

按制作要求，工程塑料中主材和黏合剂经常有 3 种搭配：

① 有机玻璃：此材料由专业厂家生产，色彩丰富，规格和品种多样。这些材料根据需求可以市场选购，也可以委托供货。采用有机玻璃为主材时，应选用氯仿作黏合剂。图 1-57 所示为用厚度 1 ~2mm 的有机玻璃作主材、氯仿作黏合剂，手工制作的摩天大楼建筑与环境模型。

② PVC：此材料有标准板材和管材。有良好的弹性，可以制成弧形形态或曲形形态。与 PVC 相应配套的黏合剂是 PVC 胶。图 1-58 所示为 PVC 作主材、PVC 胶作黏合剂，手工制作的建筑与环境模型。

图 1-57　氯仿黏合有机玻璃成型的摩天大楼建筑与环境模型

图 1-58　PVC 胶黏合 PVC 板成型的建筑与环境模型

③ 聚氨酯高密度发泡材料：按制作要求，此材料由专业厂家届时供货，此材料是几何形态模型、异形模型和曲面构件形态模型的整体成型和快速成型材料。与此相配套的是由专业厂家配供的双组分黏合剂；也可用 502 胶或 101 胶作为代用黏合剂。

（2）模型纸　此材料既适用于设计草模、小体量模型，也适用于手工标准模型、方案模型和展示模型等。是教学中让学生掌握形态分析、进行创新和制作技术训练的最佳材料。模型纸品种多样、性能和质地等各不相同。此材料使用时需要配购UHU胶黏合剂。图1-59所示为用美术商店专卖的模型卡纸制作的别墅建筑与环境模型。

（3）木质材料　这是几何形态模型、景观模型、配景模型和衬景模型及底盘等选用的材料。木质材料品种繁多，质地各异，规格多样。根据需求，还可以将木质材料自行加工或委托加工成适用的规格。模型制作时多选用美术商店供应的纹理优美厚度3～5mm的软质泡桐木板或杉木板。此材料使用时需要乳胶或骨胶，如果使用骨胶时与福尔马林配用黏合。图1-60所示为用小木条、薄木板为主材，结合泡沫粒等材质制作成残雪景象的小别墅建筑与环境模型。图1-61所示为纯木质材料制作的宫殿建筑与环境模型。

图1-59　别墅建筑与环境纸质模型

图1-60　以木质材料为主材制作的小别墅建筑与环境模型

（4）自然材料　我们所用的一切材料都是向自然界索取的。这里所提的自然材料，不同于性质改变的深加工材料，而只是经过人为防腐和干化等浅加工或直接选择的不腐、不烂、不变形的原生态材料。应用这些自然材料为主材，能使得自然景点建筑、小别墅、少数民族建筑等更富有情趣化、个性化。这些材料使用时的黏合剂随材质而定，一般使用的是乳胶、玻璃胶、双组分强力胶、UHU胶等。图1-62所示为选用细竹枝、竹叶作主材制作的风景区内的休闲屋模型。图1-63所示是选用黏土为主材，经手工捏制的景区内原始部落小屋模型。

图1-61　木质宫殿建筑与环境模型

图1-62　竹质休闲屋模型

4. 制作辅材

图 1-63　黏土小屋模型

建筑与环境模型制作需要的主材，与其他模型相比，虽然少了许多，但是需要的辅材（又叫辅助材料）却很多，几乎包括所有见到的和接触到的自然材料与人为加工的再生和复合材料。

模型制作的辅助材料，根据用途可归纳为 3 个类型：

（1）装饰材料　这类材料有如下品种：

① 涂料：刷涂油漆、自喷漆、绘画颜料等。

② 腻子：法拉德腻子、原子灰腻子、自配腻子等。

③ 镶件材料：金属材料、马口铁、薄有机玻璃、赛璐珞板、即时贴等。

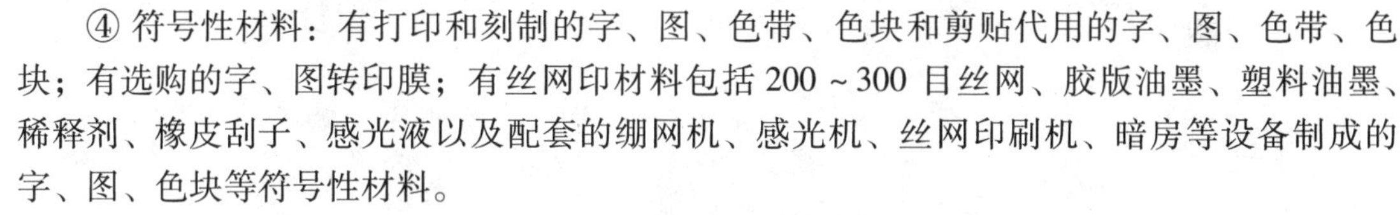

④ 符号性材料：有打印和刻制的字、图、色带、色块和剪贴代用的字、图、色带、色块；有选购的字、图转印膜；有丝网印材料包括 200 ~ 300 目丝网、胶版油墨、塑料油墨、稀释剂、橡皮刮子、感光液以及配套的绷网机、感光机、丝网印刷机、暗房等设备制成的字、图、色块等符号性材料。

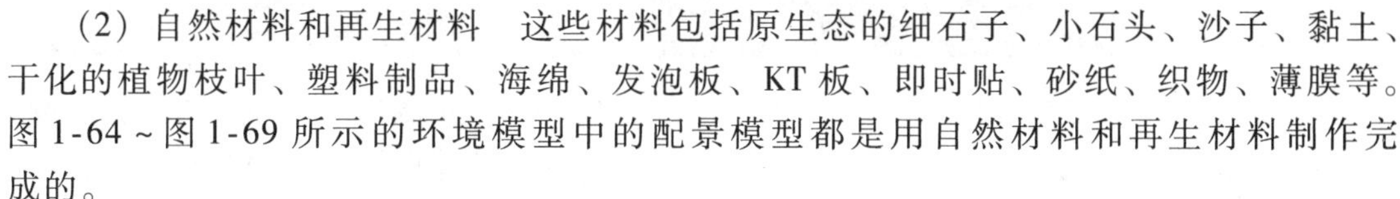

（2）自然材料和再生材料　这些材料包括原生态的细石子、小石头、沙子、黏土、干化的植物枝叶、塑料制品、海绵、发泡板、KT 板、即时贴、砂纸、织物、薄膜等。图 1-64 ~ 图 1-69 所示的环境模型中的配景模型都是用自然材料和再生材料制作完成的。

图 1-64　蜡光纸等辅助材料制作的椰子树模型

图 1-65　塑料再生制品制作的植物模型

（3）配用材料　这是在模型形态中不直接显露的材料，有双面胶、泡沫胶、玻璃胶、透明胶带、细金属丝、铁钉、砂纸、木工板、稀释剂、石膏等。

图 1-66　植绒纸制作的草坪模型

图 1-67　碎石子、海绵碎料等辅助材料制作的花丛模型

图 1-68　砂纸经喷涂制作的环境地面模型

图 1-69　用厚海绵辅助材料经手工撕后，喷涂制作成的太湖石假山模型

二、制作工具

1. 选购工具的原则

购置模型制作工具，需遵循四个原则：一是要适用于模型的类型和品质，不同的模型类型和模型品质应选购不同的工具；二是要利于操作、方便实用，模型制作工具有通用工具和专用工具，有易学、易会、易掌握的工具，也有需要长时间培训才能掌握的工具，因此选购时要按照方便实用的原则，区分情况，正确选购；三是要根据制作业务规模和经济实力量力而行，模型制作的工具品种多、价格高低相差大、技术含量不等，有耐用工具和易耗工具之分，要根据业务规模大小、多少和经济实力的强弱来选购；四是要适合教学实验和培养学生的动手能力，教学实验需要的工具应多多益善。

2. 使用工具的类型

“工欲善其事，必先利其器”。好的材料应配备好的使用工具，这是模型制作方便快捷和形态品质的保证。根据模型品质和教学实验的需要，除了每人必备 10 件以上的绘图仪器外，还需要购置下列 4 类工具，这也是专业教学中必配的工具。

（1）手工工具　分为金属手工工具、木工手工工具、雕塑手工工具 3 个种类，见表 1-1。

表 1-1　模型制作手工工具

种类	名称	规　格	数　量		备　注
			人数	件数	
金属手工工具（金属材料与非金属材料共享）	锉	扁锉、圆锉和半圆锉	1	1	这类修整工具需各规格全配，因为是易耗品，可随用随买，也可自行准备
		什锦锉	3	1	
	锯	钢锯和钢锯条	4	1	这类断料工具全购
	钳	小台钳	1	1	这类夹料、断料工具全配，属共享用具
		大台钳	10	1	
		钢丝钳、尖嘴钳和斜口钳	3	1	
	尺	卷尺和直尺	2	1	这类计量工具全配，部分工具可自备，属共享用具
		游标卡尺	2	1	
		高度游标卡尺和金属平板台	10	1	
		角尺和丁字尺	1	1	
		三角板和量角器	1	1	
	刀	美工刀、勾刀和剪刀	1	1	这类裁割工具全配，手术刀可齐配可单件配置，刻纸刀购套件，一般情况下自备
		刻纸刀和手术刀	5	1	
		玻璃刀	10	1	
		裁切纸材斜边的裁纸机	10	1	
	划针	划针	1	1	这类属于划线下料工具，铁划规全配，划针自备
		铁划规	5	1	
	起子	十字起子、一字起子和仪表起子	1	1	这类紧固工具各种规格全配
	镊子	金属镊子和竹质镊子	1	1	这类夹料工具自备
木工手工具	锯	木工锯	2	1	这类断料工具全配，钢丝锯弓可自制
		钢丝锯和手板锯	15	1	
	锤	羊角钉锤和木槌	2	1	这类锤砸工具全配
	锉	木工锉	1	1	这类修整工具自备
	凿	凿子	5	1	这类打孔工具可选购、可自制
	墨斗	墨斗、墨汁和彩粉袋	5	1	这类画线工具可选购、可自制
	斧	斧子	3	1	这类切削工具全配
	刀	木工机床钻刀、旋削切刀	5	1	这类切削工具全购或自制
	刨	光刨	3	1	这类刨料工具全配
		中刨	3	1	
		槽刨	5	1	
		外圆刨	5	1	
雕塑手工工具	刀	雕塑刀（套装）和刻刀	1	1	这类雕刻刀具全购、选购与自制
		切削刀和铲刀	1	1	

（续）

种类	名称	规　　格	数　　量		备　　注
			人数	件数	
雕塑手工工具	转盘	电动转盘	5	1	这类旋转工具全配
		手动转盘	1	1	
	锤	橡皮锤和拍板	3	1	这类砸料、拍料工具全配、自制
	刷	去灰刷和涂料刷	1	1	这类清料、涂料工具全配
	卡规	内圆卡规和外圆卡规	1	1	这类检测工具全配

（2）制作设备　模型制作设备分为9个种类，详见表1-2。

表1-2　模型制作设备

种类	名　　称	规　　格	数　　量		备　　注
			人数	件数	
金属切削机床	车床	精密车床	20	1	可购多台备用机床，共享，培训操作
	刨床	精密刨床	20	1	
	磨床	高速磨床	20	1	
	铣床	卧式铣床和立式铣床	20	1	
	多功能台式机床	多功能组合机床	20	1	
非金属切削机床	多功能木工床	平刨/台锯/电钻3合1	20	1	全备，共享 一般丝网印可全部自制，也可人工化印制
	榫孔机	制榫宽度11mm，制榫深度50mm	20	1	
	锯字机	拉花锯、拉花机、泡沫锯字机	10	1	
	刻字机	刻字机、刻绘机	20	1	
	锯角机	电动锯角机	10	1	
	空气压缩机	1.1kW空气压缩机	10	1	
打磨机床	抛光机	350W抛光机	20	1	
	砂轮机	手持砂轮机、台式砂轮机和落地式砂轮机	10	1	
焊接机床	电焊机	氩弧焊机	20	1	
	气焊机	丁烷气焊枪、打火机焊枪	20	1	
	热焊机	常温～600℃可调	20	1	
	铆接机	实心铆钉或中空铆钉、空心铆钉	20	1	
钻孔机床	台式钻床	四速台钻	20	1	
	落地式钻床	最大钻孔直径20mm	20	1	
	高速钻床	小功率120W微型精密钻床	20	1	
钣金机床	折弯机	功率400kW		1～2	
	下料机	四柱龙门裁截机		1～2	
	手动弯板机	折弯材料宽度不小于1000mm		1～2	

（续）

种类	名　称	规　格	数　量		备　注
			人数	件数	
热加工设备	烘箱	6kW 鼓风干燥箱		1～2	全备，共享 一般丝网印可全部自制，也可人工化印制
	电窑或气窑	随需要委托制造		1	
	电炉	2.5kW 调温电子炉	5	1	
	烤漆房	随需要委托制造或自制		1	
	电热丝切割机	随需要委托制造或自制	20	1	
丝网设备	制片暗房	自建设		1	
	感光机	紫外线感光机（晒版机）		1	
	绷网机	气动拉网机		1	
	印刷机	立式平面丝网印刷机		1	
雕刻机	平面雕刻机	加工工件尺寸：1200mm×250mm		1	
	立体雕刻机	加工工件尺寸：1200mm×250mm		1	
	自动成型设备	三维快速成型机、三维打印机		1	

（3）电动工具　模型制作电动工具分为6个种类，详见表1-3。

表1-3　模型制作电动工具

种类	名　称	规　格	数　量		备　注
			人数	件数	
电钻	手电钻	双重绝缘无级变速，正反转手电钻	10	1	全备共享
	冲击钻	家用冲击钻	10	1	
磨光机	打磨机	100mm 打磨机	5	1	
	抛光机	220V 专业汽车抛光机	10	1	
喷枪	喷枪	高雾化气动油漆喷枪并配空气压缩机、喷涂工作室	5	1	
切割机	手持式切割机	8 寸迷你型多功能切割机	10	1	
钉枪	气钉枪	625 蚊钉枪	5	1	
	铆钉枪	直径5.0mm 以下规格半不锈钢材质抽芯铆钉	10	1	
雕刻机	手持雕刻机	手持式雕刻机（电刻笔）、电动雕刻刀	4	1	

（4）自制工具　又叫二类工具。模型制作时，有些工具需要自制，如靠山工具（角度靠山、斜度靠山、垂直度靠山）、模板工具、成型工具等。这类工具是市场无法购买的，但又是行之有效的。这些工具随制作材质不同而自行研制，具体名称和规格随模型成型的需求确定。

3. 工具的使用说明

模型制作的工具在使用时必须注意五个问题：一是工具与设备需要进行定期和不定期的维修、保养，以保证其有效性；二是有些工具与设备的使用需要有专人培训，以保证工具与设备的安全使用；三是根据需要可建设机加工、金工、塑料、石膏、喷涂五个制作工作室，工具与设备应分工作室配制、安装与使用；四是这五种制作工作室必须符合以下条件，即工作室面积3m²/人，配备指导师傅1～2人，须配备动力电，多处安装多功能插座、排风扇、照明、空调或吊扇、工作台、木凳、储柜、展架、废物箱、清洁工具等设施与设备；五是必须制订工具与设备使用规范和人员在工作室的工作管理制度，并予上墙公布。

第二章

别墅建筑与环境纸质模型制作

第一节　概　　述

纸质模型是设计师采用专门用品商店提供的各种规格的优质纸张和自制的纸浆材料，用UHU 胶作为黏合剂，凭借头脑思维和双手互动，使用简易的手工工具和场地，创造性地制作出给人实用与美感的一种模型。

一、纸质模型的特点与要求

1. 特点

纸质模型的特点有 4 个方面：

（1）材质情感化　纸张是中国人的一大发明，也是人类造物的奇迹，给人一种特殊的喜好和感情。因此，用自然材质生产的纸张制作出的模型，之所以能吸引人们的目光，除了模型的形制，还因为纸张材质与人密不可分的情感。

纯粹纸质模型的制作过程，是设计师有意识地在情感导向功能作用下的一种情感移位和转换，即为情感的物化过程。由此可见，纸质模型是人们聚焦品鉴并达成共识的一种品质珍贵的模型。图 2-1 所示为一座别墅的纸质模型。

模型的左侧斜视形象

模型的正视细部形象

图 2-1　具有物化情感的别墅建筑纸质模型

（2）纸质模型的功能性　建筑与环境模型的功能由外观形态功能和室内空间功能构成，一般材质的建筑与环境模型制作往往是把外观形态功能作为重点来表达。而纸质模型除了完整地表达外观形态功能，也可以精细地充分表达室内区域的空间功能，进而使人识别到模型的实用和审美价值。图 2-2 所示是对细部进行精细刻画的纸质建筑与环境模型，除了形态特征得到充分表达外，还能窥视其内部空间功能。图 2-3所示是仅凭借纸质为主材，精细地制作出一间小餐厅模型的室内空间和小餐厅陈设物。

模型的正视形象　　模型的左侧斜视三维形象

图 2-2　外观形态功能和室内空间功能俱佳的别墅建筑与环境纸质模型

模型的正视形象

模型的俯视形象

图 2-3　小餐厅纸质模型

（3）纸质模型的纸材品质　纸质模型纸材有专用纸、通用纸和自制纸浆，这 3 类纸材品质具有以下特性：

① 可变性能。当前所有纸张主要由植物纤维制造，都具有非金属材料的一些特性。在自然环境和人为作用下，有的会保持原状，有的则会改变形状。这种硬度和软度性能特点完全可以保证模型的坚固性和稳定性需要。图 2-4 所示是一件利用纸质的钢性硬度和弹性软度特点制作成的别墅建筑与环境护栏模型。

② 实用性强。纸张在模型制作中有很强的实用性，是因为纸张具有四个方面实用性的品质：一是品种和规格多样，能够满足模型形态需求；二是色彩丰富，使用时可赋色、变色，满足模型光照色彩的需求；三是表面平整、厚薄一致，满足模型体量尺寸需求；四是具有肌理、纹理真实感，满足模型界面应有质感要求。图 2-5 所示是一件使用表面平整、厚薄一致的模型卡纸制作的别墅建筑与环境模型。图 2-6 所示是使用肌理、纹理和色彩都具有真

模型的正视形象

模型的左侧斜视三维形象

图 2-4　别墅建筑与环境纸质模型

实感的装饰纸制作的建筑模型。

图 2-5　模型卡纸制作的别墅建筑与环境模型

图 2-6　局部有纹理真实感的建筑纸质模型

③ 本质良好。纸材本质具有以下特点：一是不易短期变质；二是使用时环保卫生，一般无毒无味；三是便于回收，重复使用；四是深加工自制纸浆料，方便制作任何形制模型，见图 2-7。

（4）制作便捷　纸材在模型制作时有以下特点：一是货源及时、充足，随用随买；二是制作技术与工具单一，无须精良工具和专用场地；三是制作时增减料与修补方便，容易做到模型的形态和尺寸准确；四是制作效率高、省时省力、劳动强度低，仅凭手工能快速完成任务；五是成本低、报价低、回报快。图 2-8 所示为凭借简单手工工具完成的细部形态精致和整体尺寸准确的别墅建筑与环境纸质模型。

2. 要求

纸质模型制作对材质和造型的要求如下：

（1）材质要求　主要有 4 点：

① 材质的适用要求。任何纸张都有它的实用性，但并不是普遍适用。作为模型制作者，应该独具慧眼、准确识别，做到精选巧取，恰到好处。

② 纸材的品质要求。应该选购品牌与质优的纸张，不要使用长期存放变色、变脆、变霉的纸张，更不能使用吸水率强、松软、易破损的纸张。

③ 多纸材组合要求。仅用一种规格的纸张是不能完成模型制作的。

图 2-7　无毒无味并长期不变形的别墅建筑与环境纸质模型

图 2-8　使用简单手工工具完成的别墅建筑与环境纸质模型

④ 纸张的色调要求。选用有色纸材应少而精，做到整体和谐统一，并在统一中有变化的色调组合。图 2-9 所示的纸质模型虽然是多种纸材制成，但却形态简洁，色彩少而精，色调和谐统一。

（2）造型要求　纸质模型的造型有以下要求：

① 要求材料直露。既然是纸质模型，应对纸材质地直接地不加任何遮盖地完整暴露，以凸显纸质模型的特点，张扬材质和形态审美情趣。

② 对纸张的软属性进行优化。由于纸质模型的质量坚固、挺括、干净、不松动、不开裂、不变形。而模型卡纸因为比较薄，黏合时接触面少、不易吻合粘牢，因此要让纸张符合造型要求，就需要及时采用一些技术措施，优化纸的属性和品质，否则上述要求很难达到。

③ 要有精湛的制作技艺。要真正制作出高品质的纸质模型需要进行专门技术培训和长期的制作实践，不断积累经验，练就一双灵巧的、具有纯熟技艺的双手。

④ 制作中应做到头脑与双手互动。模型制作的过程是形象思维与逻辑思维完美结合的过程。任何模型制作，绝不是不用大脑思维的单一机械运动。只有通过灵敏的大脑思维和指挥，并运用灵巧的双手，才能制作出具有“材美工巧”的高品质模型。

⑤ 要注意模型的季节特征。制作纸质模型，要善于运用具有季节特征的物件和色彩，使人一眼就看出纸质模型的春夏秋冬氛围。

图 2-10 所示是让纸材本质、本色不做任何遮盖或修饰而直接显露的别墅建筑模型。

图 2-9　多种纸材制作的建筑与环境模型

图 2-10　纯纸质的别墅建筑模型

图2-11所示的小别墅建筑与环境纸质模型，通过对纸质属性的优化和精湛的手工技艺，使其具有坚固、干净等特点。

图2-11　坚固、挺括的小别墅建筑与环境纸质模型

图2-12所示是灵巧双手受聪慧大脑指挥下完成的纸质模型。

模型的正视全景形象

模型的右侧远视全景形象

图2-12　手工制作的现代别墅建筑与环境纸质模型

图2-13所示是利用细白色石英砂子黏合的冬天雪景下的小工厂建筑与环境纸质模型。

图2-13　小工厂建筑与环境纸质冬景模型

二、纸质模型的材料与工具

1. 材料

纸质模型专用材料，有如下三种类型：

（1）主材类　制作用的主材主要有四个品种：一是厚度1~2mm的白色、灰色、红色模型卡纸，以白色为主；二是厚度为2mm、楞距为3.5mm的白色、红色、蓝色、黄色瓦楞纸，以红色、蓝色为主；三是双面均有红色系、绿色系和赭石、熟褐色的蜡光纸或薄型色纸；四是表面有几何纹、砖纹、木纹、树皮纹、石

纹、沙纹、编织纹的模型卡纸或薄型纸。

（2）副材类　制作纸质模型的副材又叫辅助材料，包含了质地相同和不同的各类材料，选择范围扩展到自然界的各种材料。这些副材大体上可以分为五类：一是无色无纹样和有色有纹样的透明窗花纸、玻璃纸、薄膜等；二是白色系、绿色系、蓝色系、灰色系等即时贴和绿色系植绒纸；三是轻薄的丝网、纱、绢等织物；四是自制纸浆；五是海绵、泡沫板、木板、KT板、细铁丝、自喷漆、双面胶和不腐、不污染、不变质的原生态沙、石、土等自然材料，以及经过人为防腐、干化技术处理过的植物等材料。

（3）黏合剂类　纸质模型适用的黏合剂品种和规格繁多，有单组分和双组分不同用法。实际操作时，一般选用UHU液体胶、乳胶和双组分强力胶，但切记不可使用糨糊黏合剂。

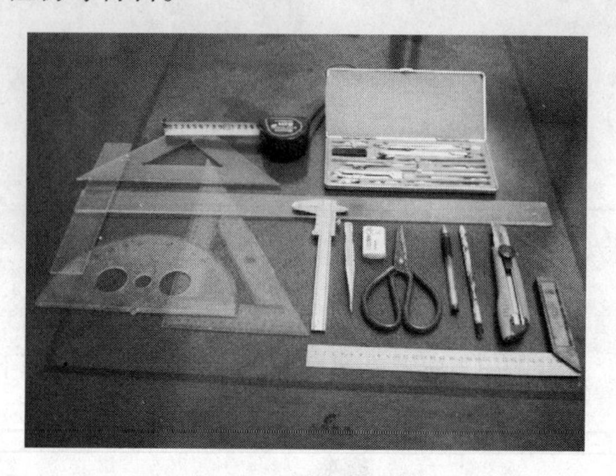

图2-14　纸质模型必备的工具

2. 工具

制作纸质模型的通用工具种类在表1-1～表1-3内已列举，这里强调以下两个问题：

（1）必备工具　是指必备工具的八大件：美工刀、剪刀、HB铅笔、镊子、卡尺、角尺、绘图仪器和绘图工具。图2-14所示为制作纸质模型必备的工具。

（2）自制自备工具　这是直接影响模型品质的，市场又不易购置的，具有一次性使用或多次使用特点的工具。这些工具称为二类工具，又叫工装夹具，需要制作者本人聪慧匠心自制自备或巧妙地利用移用品。对于更多的随用随制、用完即弃的自制品和移用品的二类工具，待制作实践中会一一列举。图2-15所示为制作纸质模型自备常用的四种二类工具。

三、纸质模型成型工艺

1. 成型流程

纸质模型成型大体上经过定基准（基准点、基准边、基准面）、定位（定位点、定位线）、对位、裁截形、黏合5个流程。

（1）定基准　指一切形态测量或截取的起算、起边的测算标准，是模型制作和工程绘图重要的也是首要的方法，也是保证材料可用性和模型尺寸、形态准确的首要条件。任何材料制作前，都必须预裁一条平直光滑的边作为基准边。后续的一切块料的测算、画线、截取，都要以这条基准边为准。

（2）定位　指精确测量并及时画出模型块料形态位置。这是模型制作的第二技法。其方法是用绘图仪器中的分规调准所需要的尺寸，将一针头扎在基准边缘，另一针头朝向角度制定的线上扎一不深不浅的小孔。用同样方法可以确定各个点，经连线完成块料的形态和位置。这种先扎小孔点后画线的“孔线法”工艺是不能用直尺和HB铅笔目测“点色法”来完成的。如果用“点色法”，那么所产生的误差和后续的累计误差就会无法控制。

（3）对位　指裁截块料边之前，用裁截工具对准已定位的位置。任何块料截取都必须预先安放对准连线位置上的三角板或丁字尺等阻截工具，又叫截料靠山。这样就为后续截边

为界面黏合时保证界面垂直角度的靠山工具

为界面黏合时保证转折直角度的靠山工具

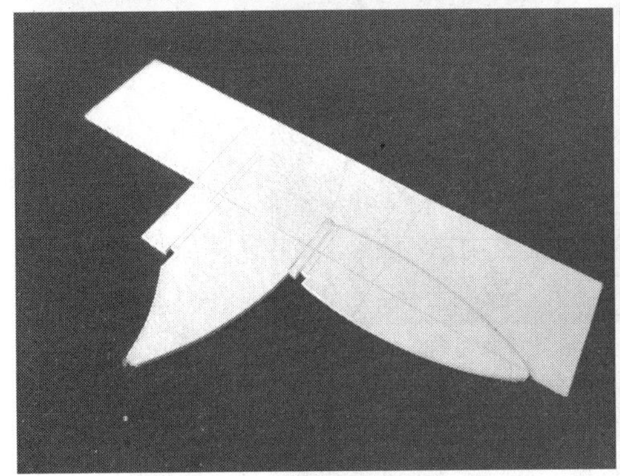

按模型需要，随用随制的模板工具

选择移用件作为靠山工具

图 2-15 制作纸质模型自备常用的四种二类工具

和尺寸准确提供了便利。

(4) 裁截形 指用美工刀裁截开某一形态的各边。规范动作一是双手互动，左手压牢阻截工具，右手拿刀逐渐裁截开。如果截边太长，阻截工具可以不动，用左手前后慢速滑动或求助他人同压阻截工具裁截块料；二是先裁截连接基准边的块料边，后裁截不与基准边相连的块料边，再依次将各边裁截开，使平面形态的块料准确成型。

(5) 黏合 是指将已裁截开各个平面的块料用黏合剂粘接成三维空间的立体形态。图 2-16所示是建筑纸质模型平面形态块料制作过程。

2. 成型类型

纸质模型成型类型根据模型形态，一般分为平面类型和立体类型。

(1) 平面类型 平面类型包括：一是平面内部成型，即平面孔状成型，如方孔、多边孔、圆孔、椭圆孔、不规则孔、盲孔等；二是平面外部边缘成型，即平面外形成型，如方形、多边形、圆形、椭圆形、不规则形等。图 2-17 所示是成型的平面内部形态和平面外部形态。

(2) 立体类型 立体类型分为三种：一是立体外界面成型，又叫立体外空间外观成型；二是立体内界面成型，又叫立体内空间内观成型，即室内成型；三是立体内外空间成型，又叫立体剖视空间成型、立体敞露空间成型。图 2-18 所示为立体形态的建筑模型。

立体三种类型的成型形态包含方形体、锥形方体、锥形圆体、圆形体、多边形体，以及

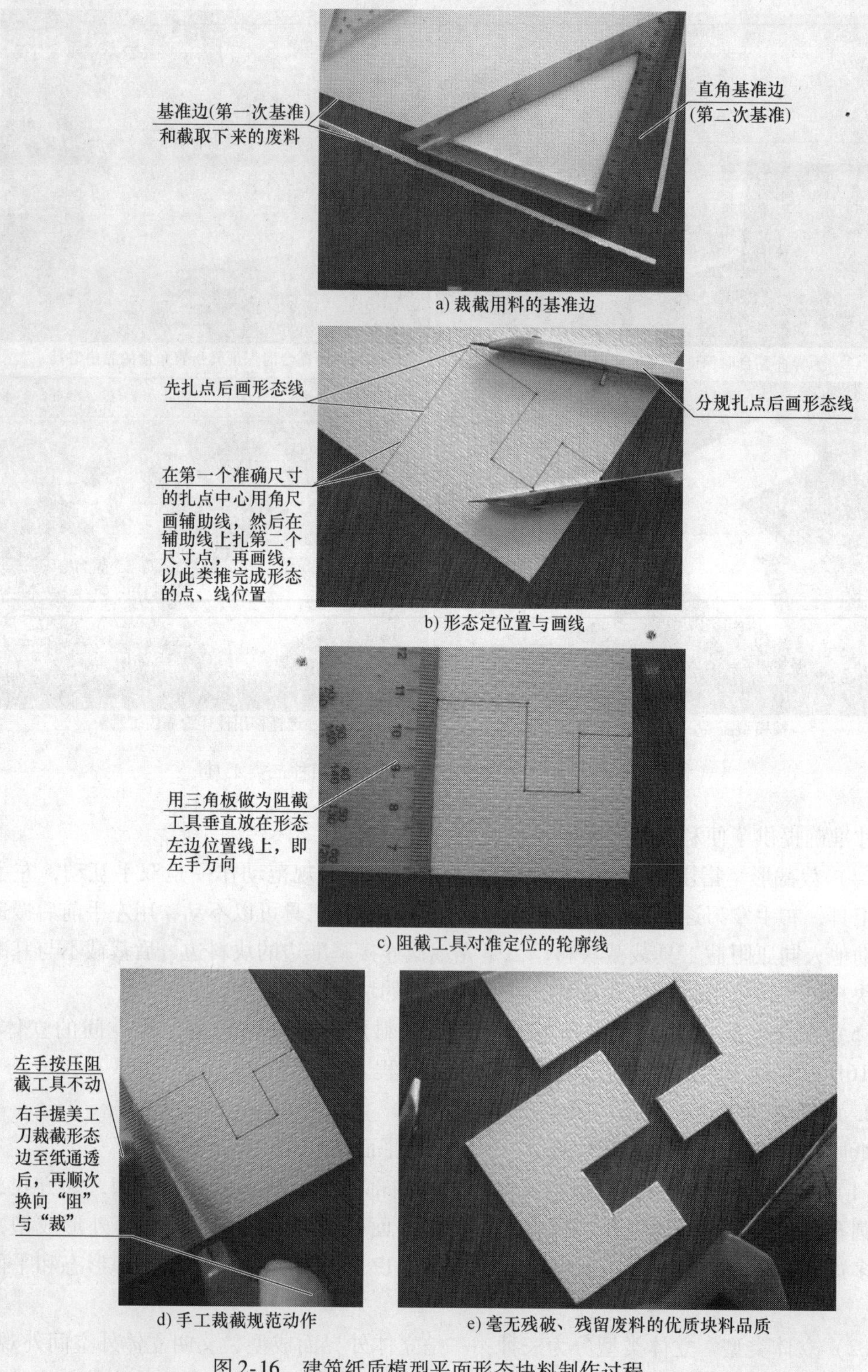

a) 裁截用料的基准边

b) 形态定位置与画线

c) 阻截工具对准定位的轮廓线

d) 手工裁截规范动作

e) 毫无残破、残留废料的优质块料品质

图 2-16　建筑纸质模型平面形态块料制作过程

不对称、不规则的异形体等。这些立体形态在外界面成型中表现为“外实内虚的空间立体”；在内界面成型中表现为“外虚内实的空间立体”。因为任何的实体即“实空间立体”

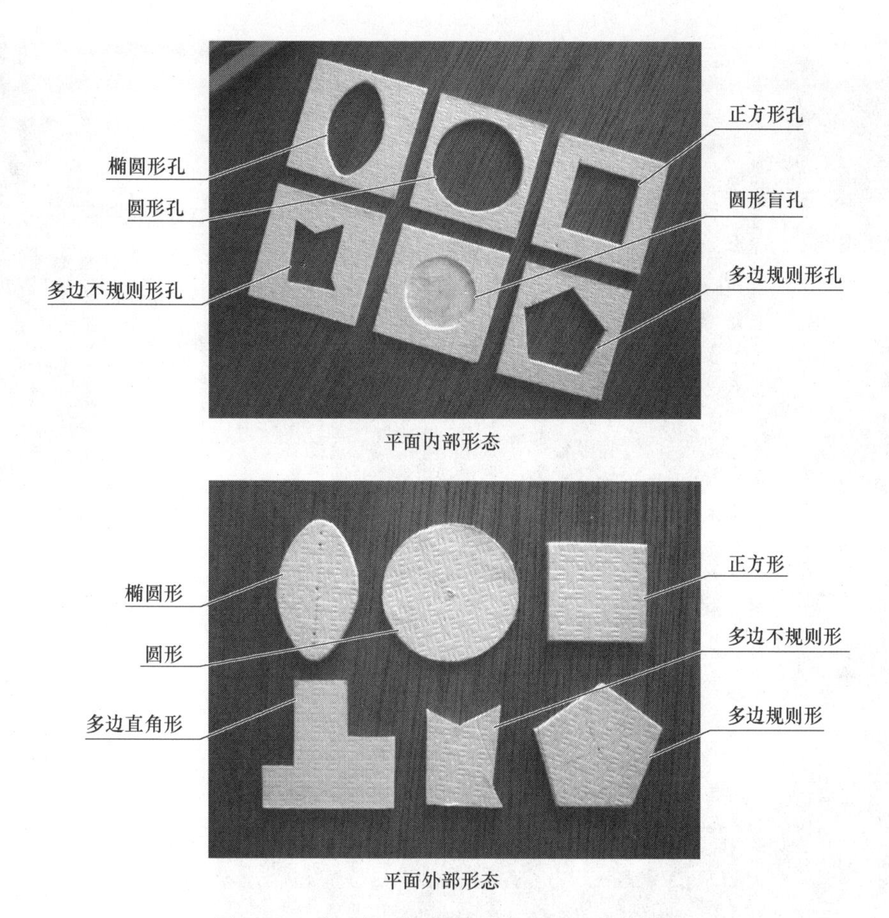

图 2-17　成型的平面内部形态和平面外部形态

（长、宽、深）都是在“虚空间立体”（形态实体外的空间）互动下识别，没有“虚空间立体”，“实空间立体”也就无法识别存在。图 2-19 表明，有“虚空间立体”存在，才可以识别出建筑与环境模型“实空间立体”的美感。因为任何物体的美感，都来自虚和实立体的空间美。

3. 平面形态成型工艺

平面形态有如下常用的 7 个成型工艺：

（1）截的工艺　它与裁的工艺有相似之处，主要注意三点：一是运刀方向与角度。要求刀向、刀面应与纸面垂直 90°，保持纸面与刀刃夹角为 5°～6°，由身前向身边运刀，保证纸张断面成 90°的垂直状态。二是运刀功效。要求第一刀用力要小，裁痕要浅，是料厚度的 1/4，这一刀迹要起到导轨作用。随着运刀次数增加，用力逐渐增大，裁痕渐深，直至将纸裁断。正确的运刀功力，能使纸张截开，但是垫板无明显刀痕。三是刀痕无残留。要求裁截内孔料末端时，刀刃应为直角 90°，或平面料 180°转向由尾变头。刀刃与纸面夹角 5°～6°用力压截，促使刀刃裁痕无残留。图 2-20 所示是平面形态成型制作中截的工艺。

（2）剪的工艺　主要注意两点：一是要悬剪成型。剪时一手提纸，一手剪纸，使纸张在动态中被剪成平直边或平滑弧边的平面形态。禁止把纸放在桌面上剪截。二是掌握剪的四个步骤：第一步先退后剪，要求第二剪在第一剪顶端退 1～2mm 后开剪向前；第二步剪短

立体外界面成型模型

立体内界面成型模型

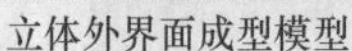

立体内外空间成型模型

图 2-18　立体形态的建筑模型

程，要求每一次剪的行程是 3～5mm；第三步连续剪，要求剪刀在剪的行程中不能间断；第四步剪成型，要求平面一气呵成，同时要使成型的纸边无剪程痕迹、错位等毛病。图 2-21 所示是平面形态成型制作中剪的工艺。

（3）切的工艺　主要是指用美工刀裁截多层纸或特厚纸的时候，用刀切成型的工艺。这里应注意两点：一是用锐刃刀切角、切多层纸或特厚纸板时，需要使用锐利刃口的宽条美工刀，与纸面夹角应大于 45°。二是切向与切迹。要求切边放在身体右边，用力使美工刀向

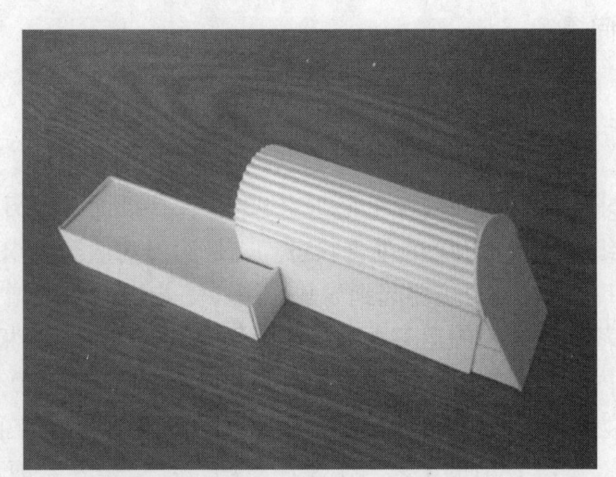

图 2-19　“实空间立体”与“虚空间立体”互动识别的建筑形态模型

刀面与纸面垂直　　刀刃与纸面的夹角为5°~7°

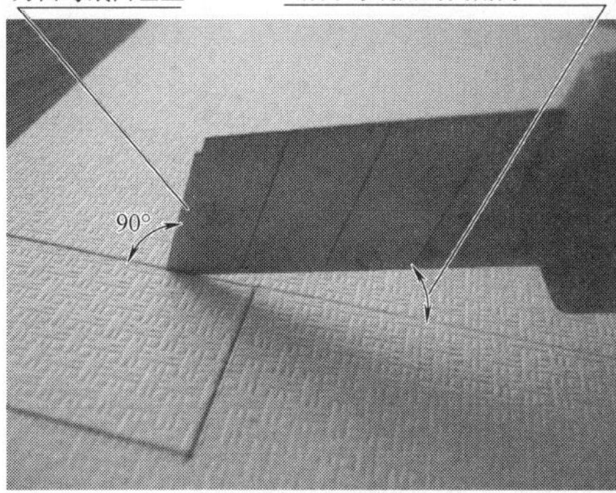

控制运刀角度

由身前向身边切裁3~4刀断料

掌握运刀功效

平面料转向180°，刀尖从扎孔处用力压裁截

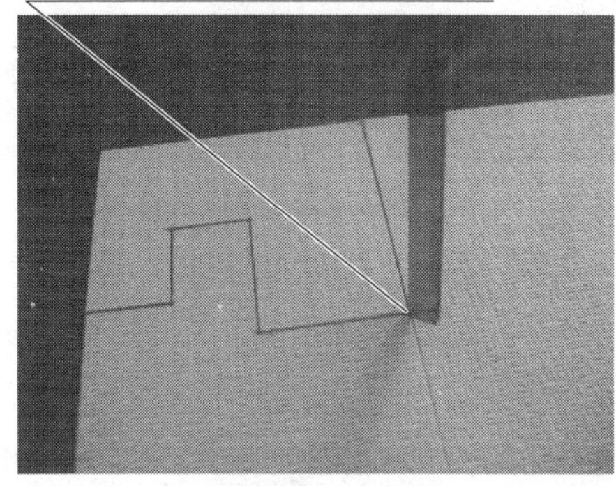

达到无残留刀痕的用刀

扎孔处无破损、无越界刀痕

成型后的质量

图 2-20　截的工艺

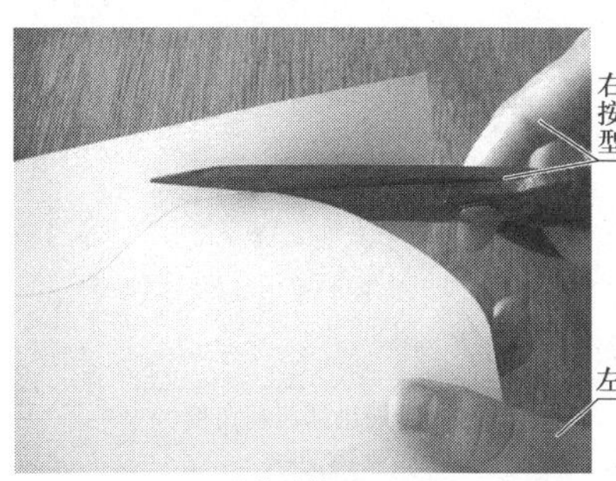

右手握剪刀，按线位剪成型

左手悬提纸

悬剪动作

在小弧度转折处剪刀从纸背面伸出剪成型

分解剪程

成型后平滑、光洁的剪边质量

图 2-21　剪的工艺

下（纸张深度）向身边（纸张近身处）切纸。操作时要注意不断地提刀不断地切纸，不间断地一次切成。这样可保证切迹平直、光滑，切口无痕迹。图 2-22 是平面形态成型制作中切的工艺。

（4）割的工艺 纸材折弯时，应凭借纯熟刀割技艺在纸张内侧割一条细长槽位，方便弯折时保持弯边外侧平直，并且使纸面不破损。这里应注意两点：一是割槽位。要求在纸的折边内侧（反向面），用锐利美工刀割成间距 1～1.5mm，这个间距也就是槽位宽度；割线深度是纸厚的 1/2～1/3，也就是槽位深度；槽长等于或大于折边长度 3～5mm。二是揭槽位废料。要求用手指甲或镊子夹住成型槽料被挑起的一头，使之成角 100°，再慢速、短程、渐进揭开；或一手提块料一手指甲夹槽料头悬揭，不断调整槽料与纸面保持 100°角左右慢速、短程、渐次揭开。槽料应厚薄一致，不破裂；槽深应均匀、平整。禁止大于 120°角，或小于 90°角揭料。图 2-23 所示是平面形态成型制作中割的工艺。

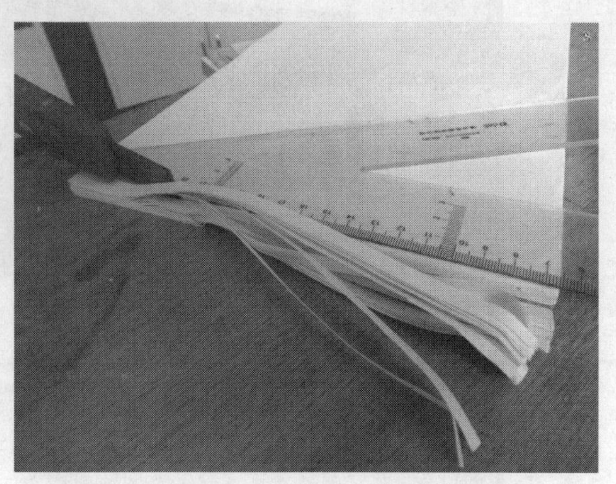

图 2-22 切的工艺

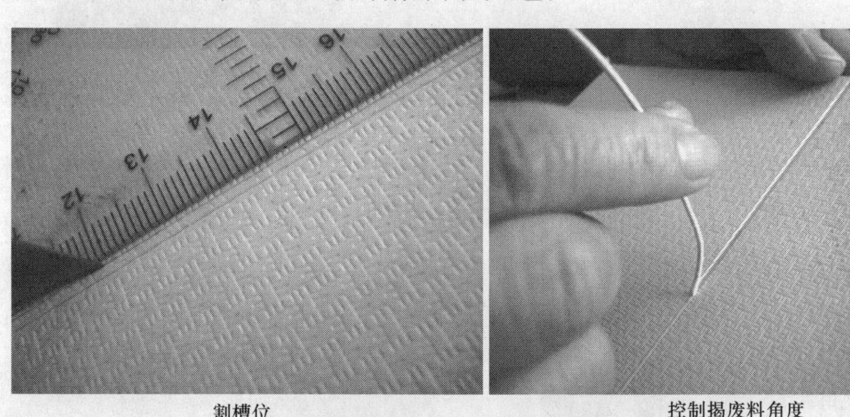

割槽位　　控制揭废料角度

成型后整齐无破裂的槽位质量

图 2-23 割的工艺

（5）撕的工艺　这是无工具配合，只凭双手撕的成型工艺。注意两点：一是撕向。要求双手分别在撕迹两侧，右手向前撕、左手向后撕，慢速、撕短程，逐渐成形，禁止右手向右与左手向左对开撕成型。二是撕位、撕迹。要保证撕位、撕迹无误，双手大拇指甲与食指甲应紧靠撕迹线，从顶端开始撕，渐撕、渐移指甲，直至两侧纸材空位成型，图 2-24 所示是平面形态成型制作中撕的工艺。

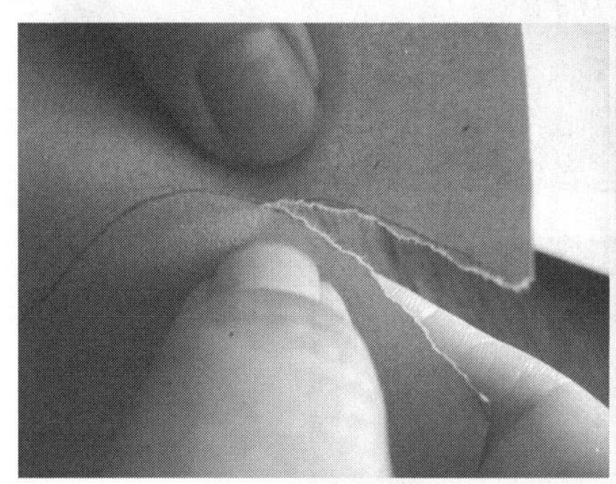

双手指正确位置和撕向

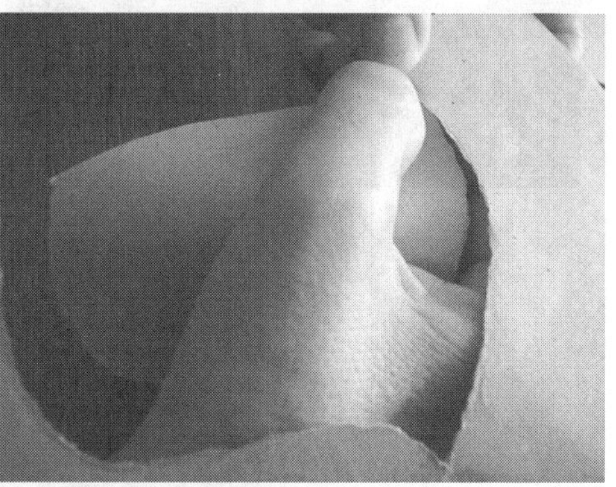

拇指紧靠撕迹线

成型后形态无错位的撕迹质量

图 2-24　撕的工艺

（6）剔的工艺　剔是大面积盲孔成型工艺，在模型卡纸中根据盲孔深度，决定运刀的力度。这是长期经验积累的心理感受力。这种高技术是无法用语言、文字表述的。图 2-25 所示是平面形态成型制作中剔的工艺。

（7）裁的工艺　裁也是纸质模型成型工艺中常见的工艺。裁纸时要注意两点：一是平面裁，其中的刀向、刀夹角、运刀次数等要求与上述截的工艺有很多相同之处。这里特别要强调的是，裁位必须在阻隔靠山右方，禁止裁位在阻裁靠山上方、左方和下方。二是纸材折叠裁，仅适用于薄型纸质。图 2-26 所示是平面形态的成型制作中裁的工艺。

4. 立体形态成型工艺

任何立体形态模型在先完成下述工艺后，才可以进入后续制作，这是一项基础要求。主要有五项工艺需要先期完成：一是要有可靠可用的基准边、基准面；二是要有确定无误的定位与对位；三是要有必备实用的自制二类工具；四是要确定采用“配制成型法”还是“预制成型法，或两种方法互相补充；五是每一构成块料数（尺寸）与形（形态）都应当准确。图 2-27 所示是使用“配置成型法”制作的模型，模型尺寸和形态准确成型。

按线割盲孔形态

剔除盲孔形态废料

成型后盲孔底部平整光洁

图2-25　剔的工艺

正确裁位

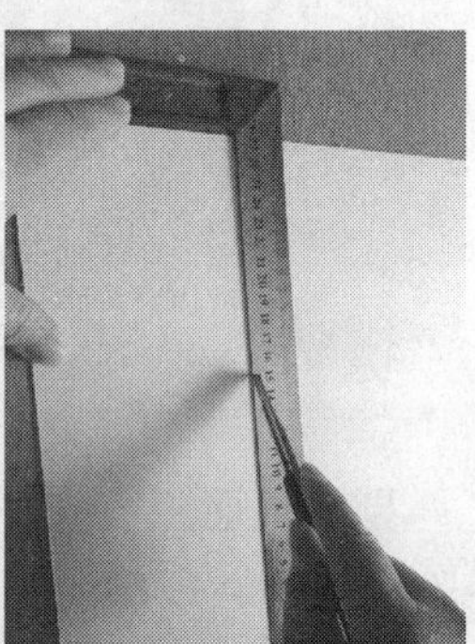

禁止在靠山左方位裁料

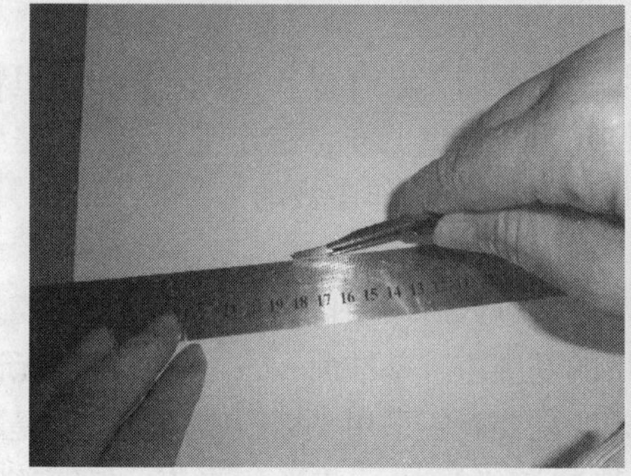

禁止在靠山水平上方位裁料

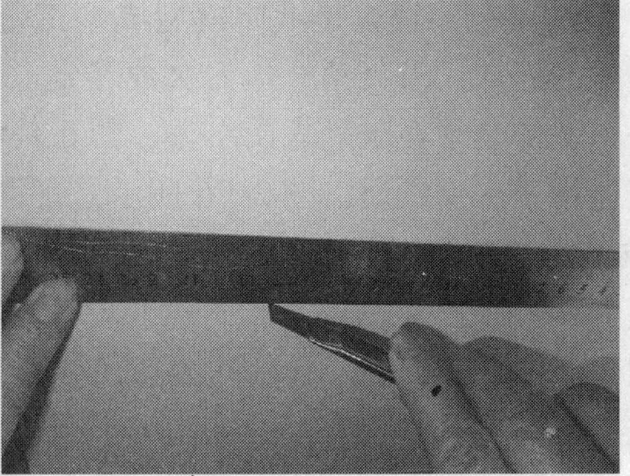

禁止在靠山水平下方位裁料

图2-26　裁的工艺

按配制成型法画出黏合的对位、定位点，从而获取配合尺寸

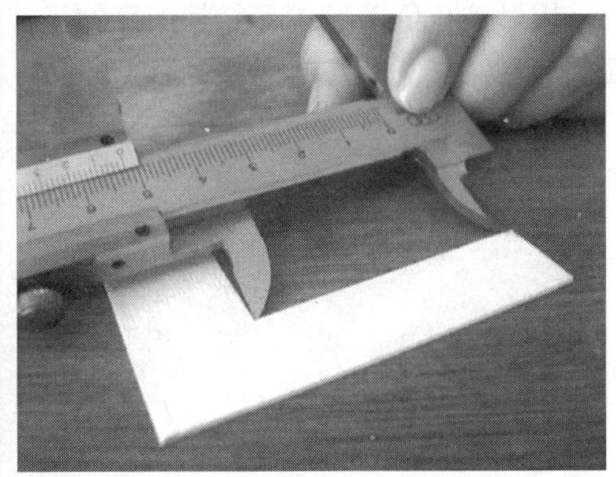

按“配制成型法”用卡尺对位、定位测算黏合料准确尺寸

图 2-27 立体形态成型制作中的基本工艺

上述五项基础工艺要求完成后，立体形态成型选择如下 10 个成型工艺才能进行：

（1）粘的工艺　这是一项用黏合剂使各界面严密、牢固结合的工艺。主要应掌握三点：一是黏合剂的涂抹与固化。涂抹黏合剂，要求均匀涂满黏合面或黏合边。此外，黏合剂还可用于刮涂和刷涂。涂在纸张上的 UHU 胶，需要经 3 ~ 5s，待其初步固化才能粘紧。二是边角料作为加强料的使用。模型形态成型时被裁截下来的小直角三角料、直角方块料和细长条料，这些都可以作为黏合时的加强块、加强角和加强筋充分使用起来，以保证厚度薄的模型卡纸黏合牢固和准确成型。三是断面边的隐形黏合。纸质模型制作时极少使用对角黏合，都是搭边黏合，但是这样会暴露断面材料和搭缝，需要进行断面内藏的隐形黏合，一般采用的是可视面遮挡背视面断面的方法。图 2-28 所示是立体形态成型制作中粘的工艺。

（2）插的工艺　这是一种不依赖黏合剂而运用插、挤的方法使立体形态成型的工艺。需要掌握三点：一是预制插口与插件。插口与插件不是结构零件，需要连在各自的纸面上进行预制，制作时为保证模型不松动、不错位和不破损，应严格计算好尺寸，一般正负公差不应超过 0.1 ~ 0.2mm。二是插口与插件的隐形制作。在进行插的工艺时，会因公差尺寸造成插件之间外露与不太平整的现象，这就要求插口不应该在模型正面前脸处，多数情况是在侧面、背面、底面或顶面。三是插合的形式。插合的形式多样，主要有榫孔插合和盒口插合两种形式。榫孔插合形式插合后一般不再分离，是一次性插合；盒口插合是若干次开与启的插合。图 2-29 所示是立体形态成型制作中插的工艺。

（3）咬的工艺　这是一种在两面结合处，需要有一面或两面都预制透空咬槽的成型工艺。制作时应注意两点：一是咬槽的形态和尺寸要准确。咬槽有长宽尺寸的要求，除了对咬料的厚度外，还要求针对咬合后的形态不同分别计算一面或两面咬槽的长度。如两料要求有高低的咬合，需要一料有槽，其槽长尺寸按要求小于另一料的宽度。如果要求两料平整且平齐咬合，需要两料槽长的尺寸等于条料的宽度尺寸。二是咬合后需加固。往往因纸材厚度限制，咬合后形成相互歪斜、松动，这就要求加强块料、角料的黏合扶正，使之起到加固和定位定形作用。图 2-30 所示是立体形态成型中咬的工艺。

（4）接的工艺　这是两料或多料之间接合成型的工艺。制作时应注意掌握两点：一是实用的接合形式。模型的接合形式有平面类和立体类两种，这两种形式都可以分别采用图 2-31 和图 2-32 接的工艺。结合后要求无明显起伏和缝隙。从实际操作来讲，上述两种形式一般都不采用对接和角接形式。二是配套的工艺与二类工具。仅凭单纯接合工艺难以固定成型，需要与其他成型工艺以及二类工具配合成型。

刮涂黏合剂　阴角加强

阳角加强　界面断面的隐形

图 2-28　粘的工艺

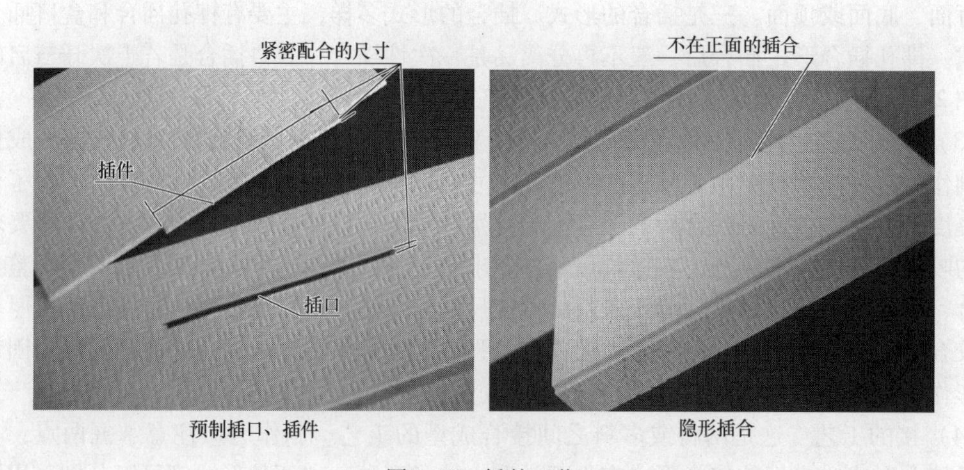

预制插口、插件　隐形插合

图 2-29　插的工艺

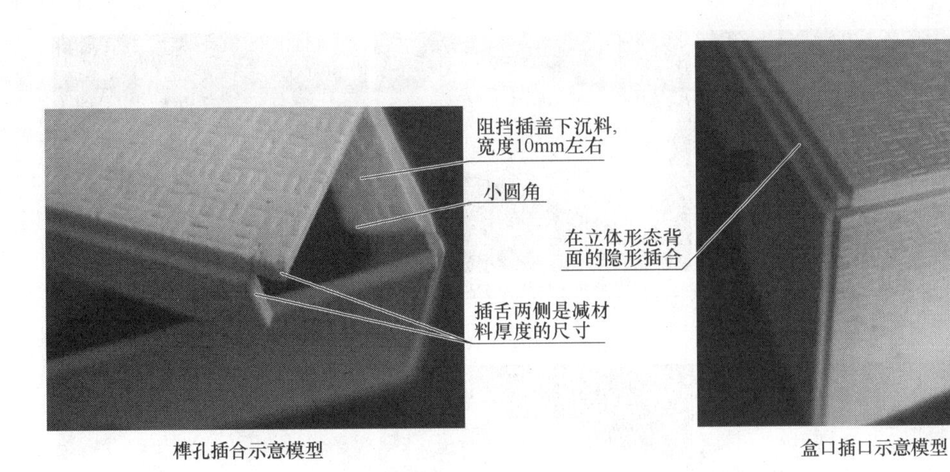

榫孔插合示意模型　　盒口插口示意模型

图 2-29　插的工艺（续）

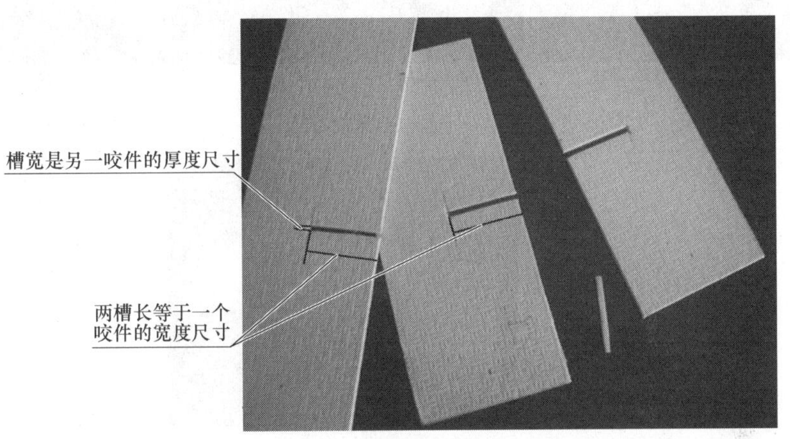

咬槽形态与尺寸计算

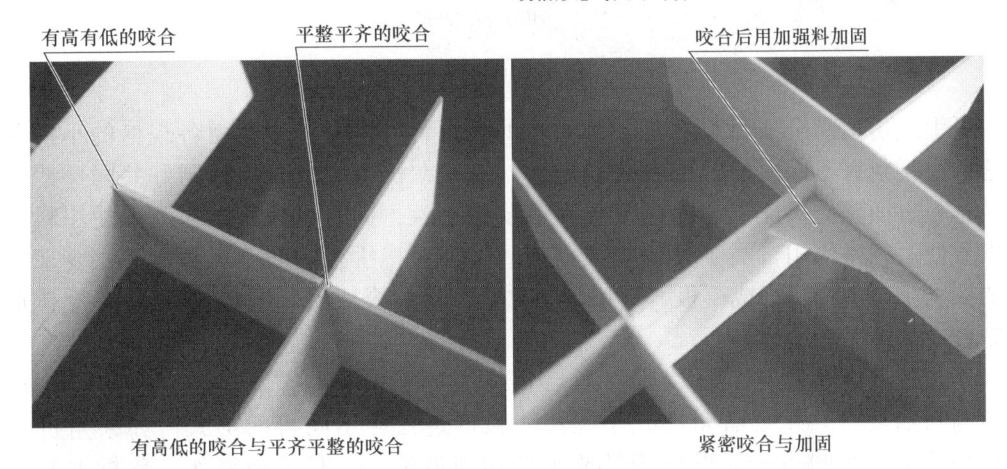

有高低的咬合与平齐平整的咬合　　紧密咬合与加固

图 2-30　咬的工艺

（5）拼的工艺　这里专指不同块料的拼合成型或块料拼堆成型的工艺，需要注意三点：一是照图拼形。拼堆造型无论是复杂的还是简单的，都需要先绘制造型图，然后才

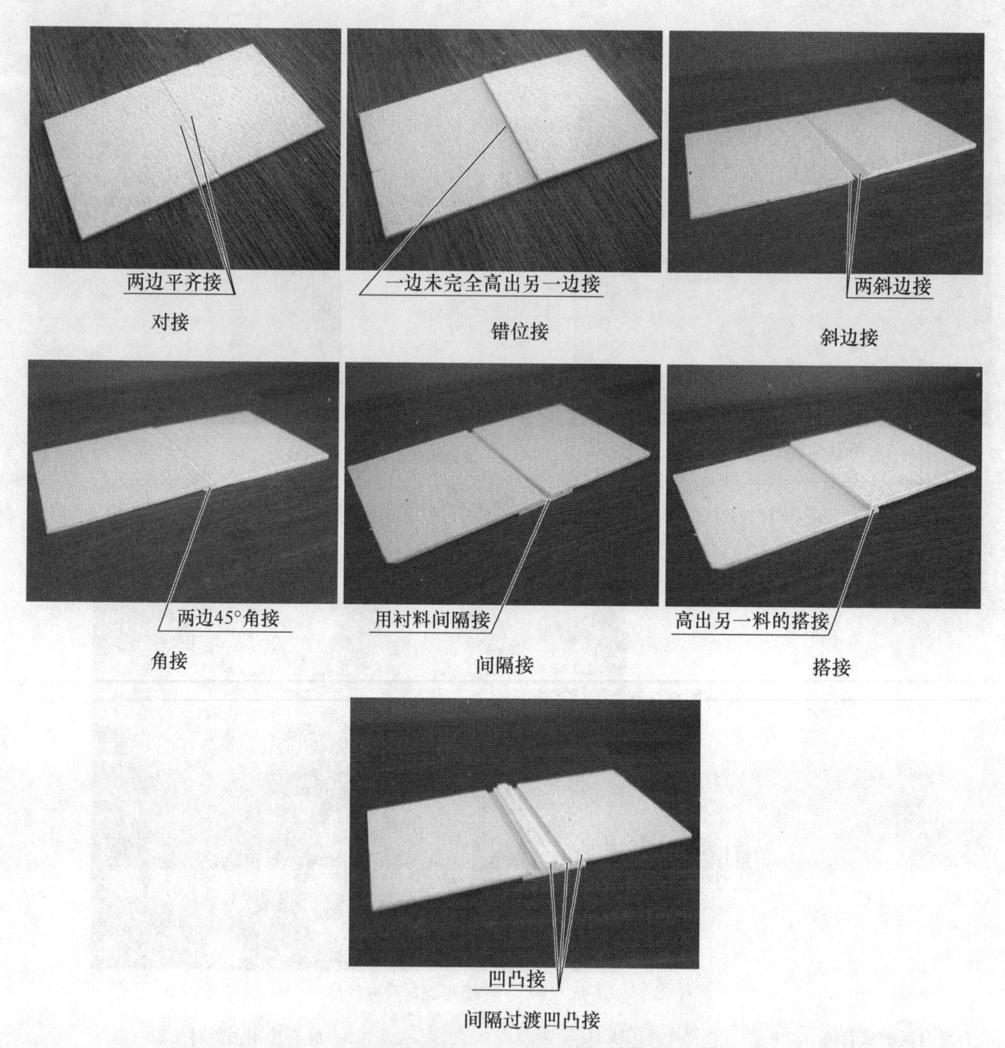

图 2-31　两块平面料接合的形式

能在图纸上边拼边黏合成型。二是预制通长的大拼料。拼合成型是由各规格的小拼料构成，这些小拼料有不同尺寸，也有共同尺寸。要求在拼合成型时先预制好共同尺寸的通长料，这一方面预先保证了各拼料 50% 尺寸的准确性，同时也为后续再裁取使用料提供了很大方便。三是使用二类工具隔规或模板。为了保持拼合的间距整齐划一，要求使用自制的二类工具中的隔规或模板，边拼、边移用、边黏合成型。图 2-33 所示是立体形态成型制作中拼的工艺。

（6）折的工艺　这是一种将纸张折后直接成型的特有工艺。需注意三点：一是折的形式与折后要求。主要有角度、小圆边、弧形边三种不同折的形式。如果角折类要求使用厚型纸，小圆边或弧形边折类要求使用薄型纸。二是折前制作。角折类要求按图 2-23 割的工艺预成型折槽，包括“U”形槽、“V”形槽、刀切槽等。弧折类要求预成型两面纸厚的弧形槽或代用料。三是要有严准的槽位。为保证折边外侧平直、不断裂，严格要求外折要有内槽或内弧，内折要有外槽或外弧。图 2-34 所示是立体形态成

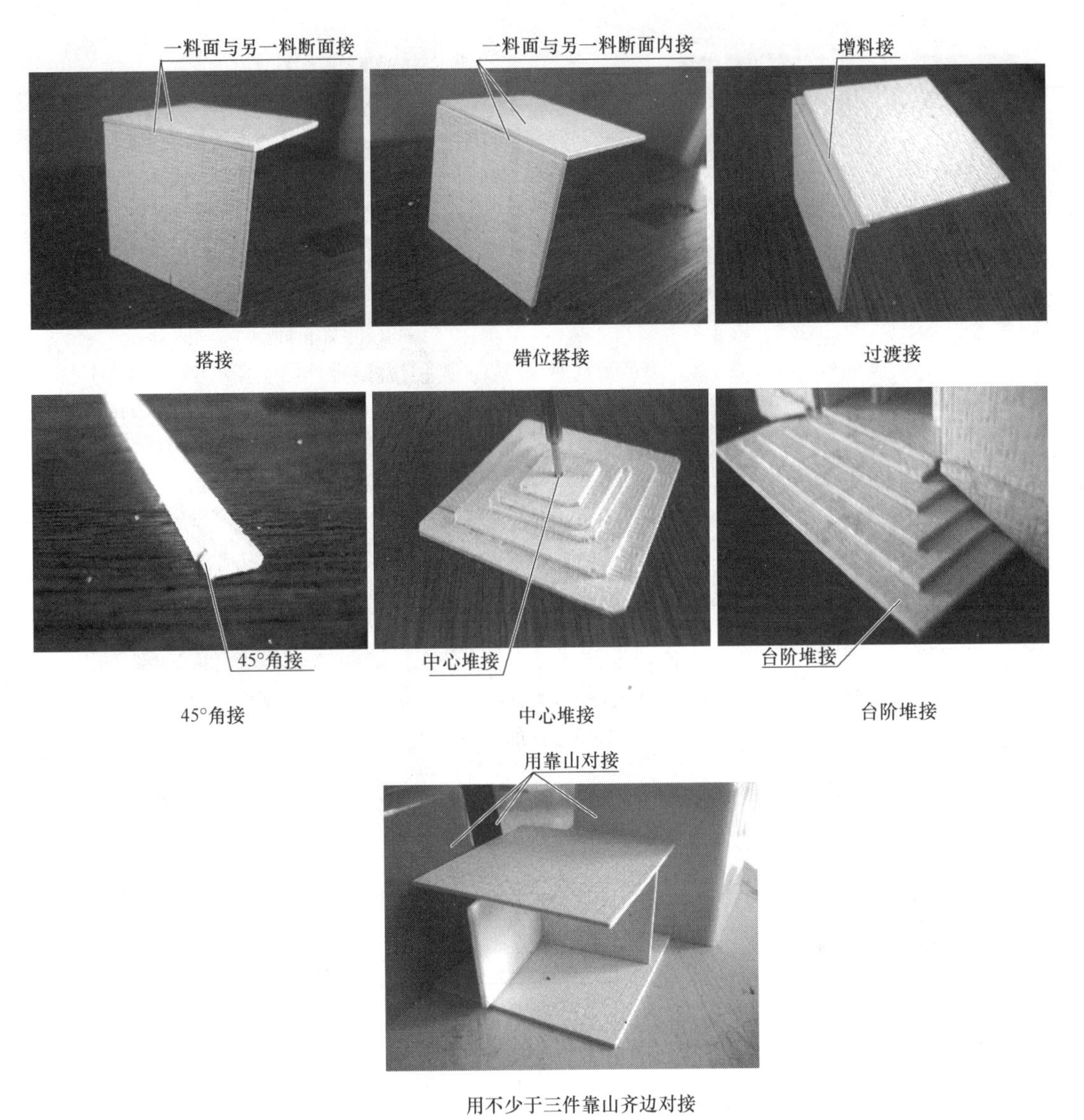

图2-32　立体形态接合的形式

型制作中折的工艺。

（7）叠的工艺　这是一种采用一料或多料叠成型的工艺。制作时要掌握两项工艺：一是用料的自身单向或多向来回正反180°叠成型工艺。为保证叠边不凸起，保持面的平整，要求每叠一次，就要用硬具或指甲在成型边来回1～2次刮平，同时要求叠边时要用两个夹具一压一推慢速一次平整叠合，禁止双手多次叠合。二是多料叠加成型工艺。预制好各成型料后应按线位叠加黏合成型。图2-35所示是立体形态成型制作中叠的工艺。

（8）弯的工艺　弯是对一种料进行不同角度弯，如“R”形平面弯、立向弯的成型工艺。由于立向弯自由度比较大，平面弯难度比较大，制作时要注意掌握以下二点：一是对弯角与纸质的要求。弯角不能小于90°；应选用新的纤维良好的薄形纸质；如果是厚形纸质要

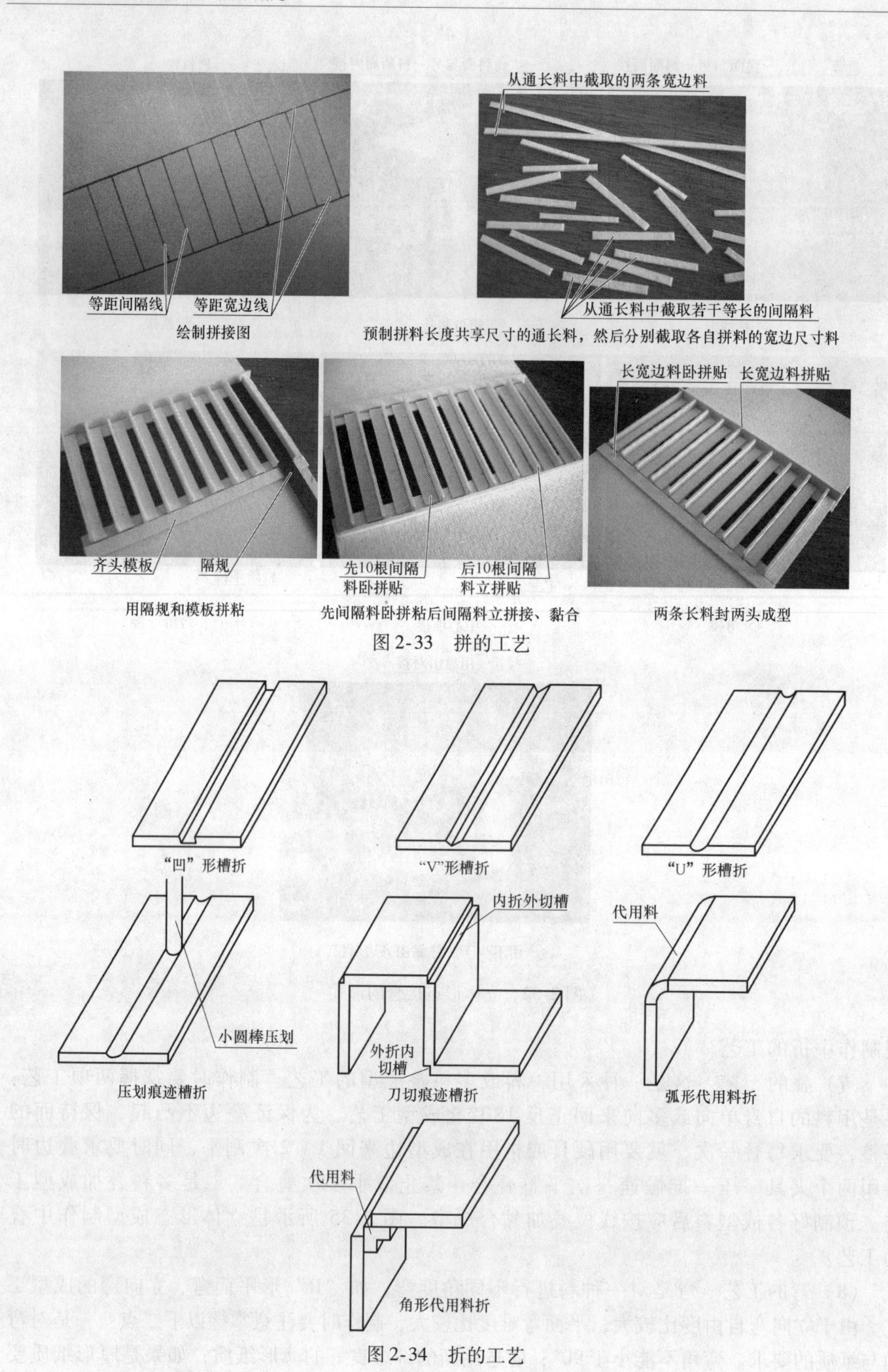

图 2-33　拼的工艺

图 2-34　折的工艺

求弯前截除同弯方向的角料、“R”料或压划弯迹。二是连料处理。如果用厚型纸弯时，要求连料在弯前略作湿处理，待半干后慢速、边弯、边刮成型，弯后再进行干处理和刮平。图2-36所示是立体形态成型制作中弯的工艺，一般此工艺慎用。

一料叠

多料叠加

图2-35　叠的工艺

连料弯

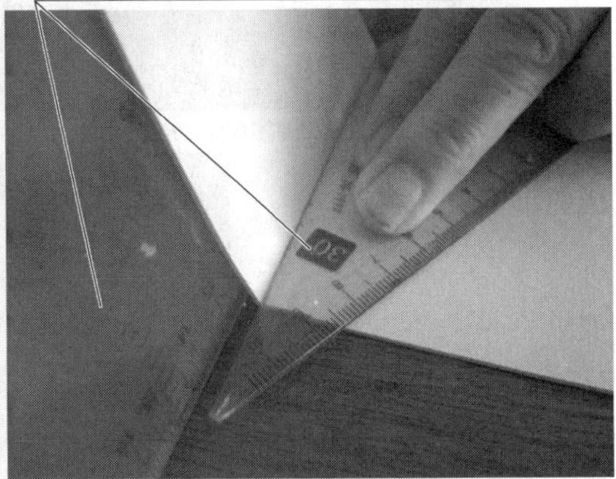

工具压弯

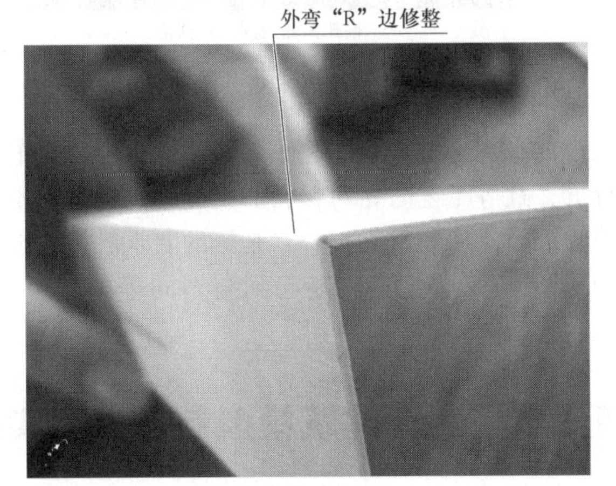

弯“R”边修整

图2-36　弯的工艺

（9）曲和捲的工艺　这是一种常采用的曲和捲成型的工艺，包括一料单向一曲弧度成型、一料正向和反向多曲波浪弧成型和一料不同向多曲球形、异形成型。操作要求注意四点：一是对厚型纸弹性进行自然弱化。要求在曲、捲前进行弹性自然弱化处理。即把需曲捲纸预曲、预捲成最小曲度和最小直径，并即时用直径3～4mm的松紧带捆扎固定，待24h后解开松紧带，也可以松带后再曲，再捲再捆扎固定，直至满意为止。二是捲的内空间直径限定要求。主要是纸厚不得大于0.5mm，内空间直径尺寸需在5mm以上。三是曲、捲的定位、定型要求。曲成型应在预制型件上先进行对位黏合，待固化后再成型；捲成型应即时黏合固定成型。四是一料多向曲球形、异形成型就是预制纸浆制作成型。图2-37所示是立体形态成型制作中曲和捲的工艺。

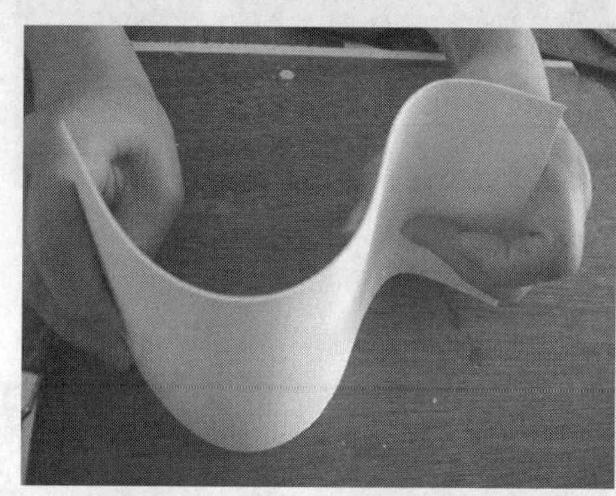

多向的手工预曲、预捲

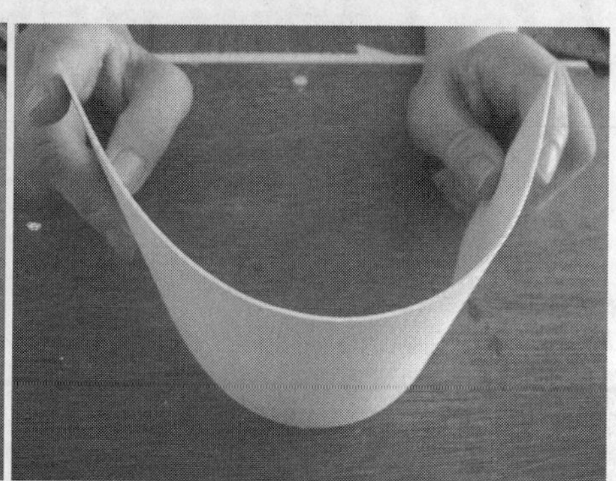

单向大弧度的手工预曲、预捲

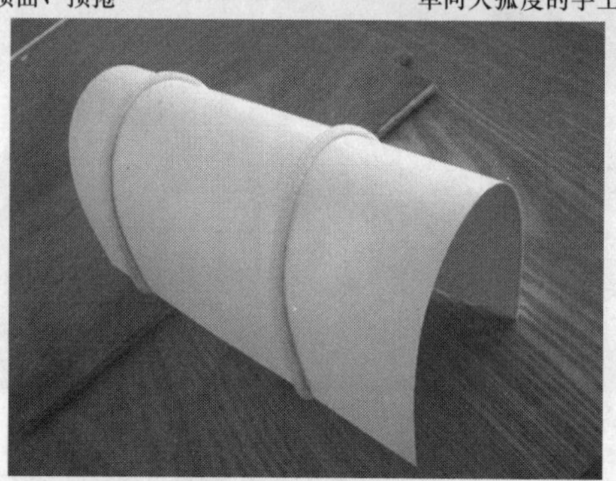

捆扎工艺的预曲、预捲

图2-37　曲和捲的工艺

（10）划与压的工艺　划与压是快速便捷而又常用的工艺。操作上要掌握两点：一是划的要求。这是指在进行折、叠等工艺时，对材料的内侧用钝器划一不破坏纸面的凹痕，以便折、叠，使折、叠的外侧纸面保持完整无损。二是压的要求。折、叠结构的纸盒，要用排好压刀的冲压机设备一次压成折、叠痕迹，能起到与划同等的效果，但手工一般是难以完成的。

第二节　主体建筑模型制作典型实例

观摩学习典型实例，是掌握纸质模型制作知识的一条重要途径。通过纸质模型形象创意理念理解和掌握制作步骤，以及模型制作相关知识的学习，可以大大提高纸质模型制作的知识和技能。

一、制作步骤

典型实例的制作步骤与图 1-53 建筑与环境模型的制作程序基本相同。但是，由于纸质模型的材质特点、品质要求和用途不同，制作程序也略有不同。这里讲的典型实例制作步骤，是制作一件用于展示的纸质模型和设计的终端纸质模型，或者从教学要求考虑，要求学生以严谨的工作态度和熟练的手工技艺制作成果模型时必须遵循的制作步骤。图 2-38 所示是别墅建筑与环境纸质模型的制作步骤。

二、形象创意

1. 创意理念

模型制作的第一要素是确定模型制作的形象，使模型制作具有现实意义。一般模型形象创意的由来、目的、要求这六个字是形象创意的原动力。模型制作的任务主要来自图 2-38 中的三个主要方面。其中自创模型是仅供教学、培训、著作、研究用的模型，俗称“软作品”。委托或命题模型，俗称“硬作品”。此外，课程教学中还会有一种仿制模型。同样要求做到资料翔实、形象补充、艺术形象再创意的三个条件。因为不允许学生照模型实物仿制，只允许使用建筑的图样、照片仿制。

学生需要对这些翔实资料进行认真研究，分清模型的各部分结构和界面，以及它们在视觉感受中的主次、虚实。因此，便要对不可视面和环境模型补充再创意，使制作的建筑模型与环境模型有艺术形象美。其宗旨是真正培养学生具有创新能力和动手能力。

这里讲的模型形象创意是真正意义上的私家别墅的形象创意。其中突出“被动式”和“主动式”两个重点问题。被动式创意又叫制约性创意，主动式创意又叫能动性创意。这是任何设计师都必须具备并积极发挥的形象创意能力。促使两者之间相互影响、相互对应，求得积极有效的设计。为此，形象创意之前，需预先了解并沟通如下主要的制约因素：一是居住人的品位、格调、素质和要求；二是居所的空间功能和安全举措；三是房屋占地面积和投资预算；四是地形地貌和建筑风格。这些制约虽然像桎梏一样会影响形象创意，但又是形象创意的核心和驱动力。因为没有制约的造物是根本不存在的。重要的是把不利因素变为有利因素，发挥主观能动作用。因此就需要发挥自身理论修养、实践经验和掌握形象创意方法论这两大形象创意的支撑，使形象创意具有实在价值。

2. 形象创意内涵

形象创意具有如下内涵：一是别墅选址时遵循风水学中提倡的选在依山傍水的自然环境里。实行不改造、不破坏原地貌地形，因地制宜，营造优美和谐的坡形地貌自然景观，力求达到人与自然的和平共处。二是结构以低层（一楼）为主、局部增高；生活空间有张有弛、有高有低，具有多样化的使用功能。三是营造界面凸凹的起伏造型，给人以丰富的艺术美的视觉快感。四是增设地面和楼顶林园空间，延伸室外的廊道建设，让人有脱俗超凡、天人合一的境界。五是屋后一体化的落地玻璃景观房，最大限度地使内景外露、外景内藏，形成内外互补，从而达到第一自然界和第二自然界高度融合的境界，使人有身临其境之感。六是新材料和原生态自然材料搭配使用，使人回归自然的愿望充分得到满足。七是运用现代手法，

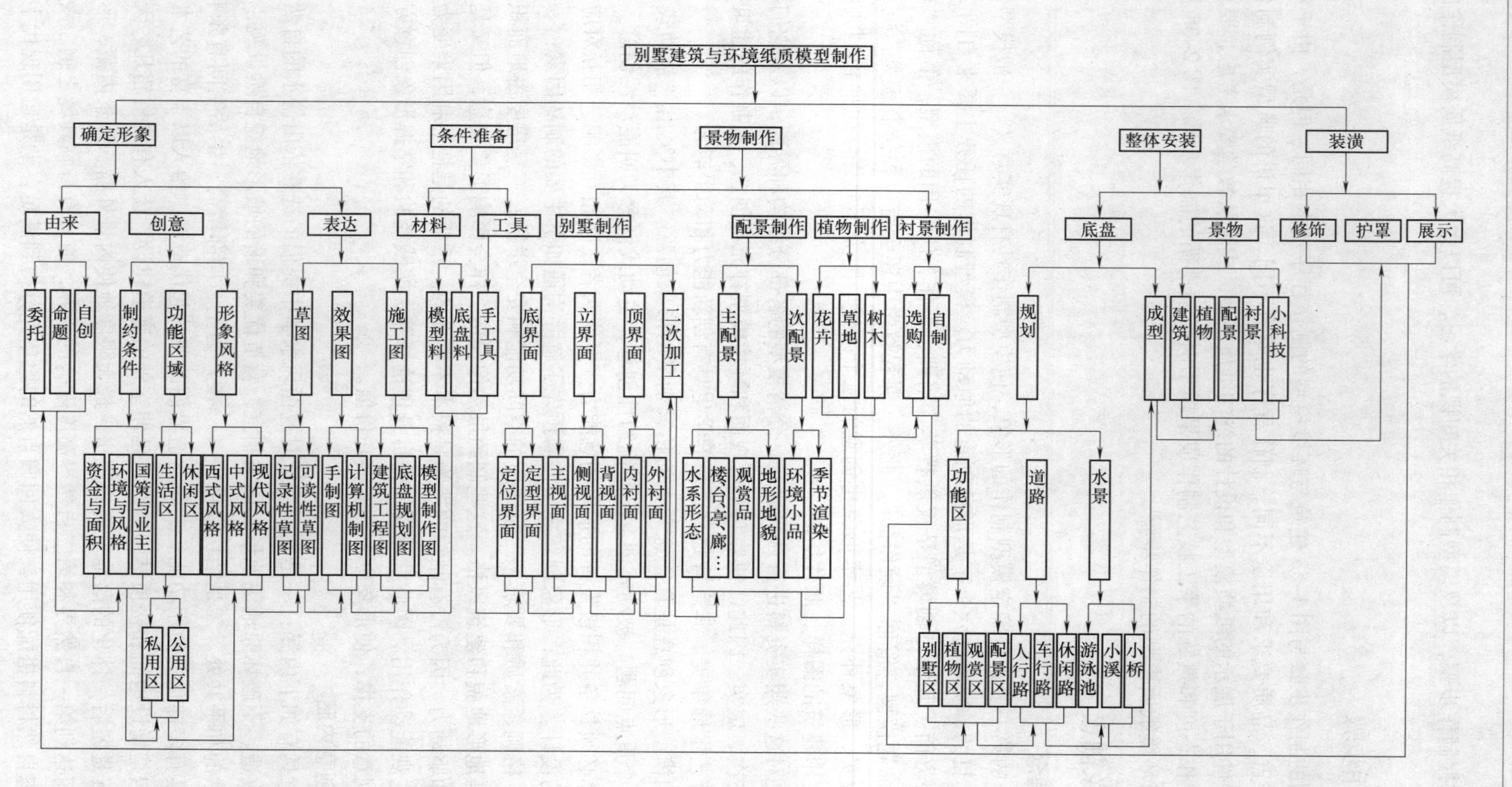

图2-38 别墅建筑与环境纸质模型制作步骤

使得别墅大的几何形态构成明快界面，且没有细部矫饰，体量简易，展现新、奇、艳、喜、真的个性化特征。八是在对称格局中融合不对称的均衡形式法则造型，使别墅更富于随意的多变性和情趣盎然的个性。九是其中水系的应用，使人有一种动中有静、静中有动的心灵感受。十是全面、周到考虑建造私家别墅所面临的大环境和相关国情。由于我国人口众多，不鼓励城市人在市区建设私家别墅，基本都是地方政府批准在特定地区，并统一规划别墅。

图2-39所示是一幅徒手用签字笔淡彩表现技法绘制的形象创意全景效果图。

图2-40所示为水系形象创意效果图，图中看出上游有条小溪，用暗流引水手法使小溪通过建筑侧面地下潺潺流到前景汇合成池塘后再流向山下，从而营造了净水、活水的赏水环境，有“静”“动”呼应之感，更赋予别墅风水龙脉、御龙腾飞之势。

图2-41所示是一栋占地面积$600m^2$、建筑面积$300m^2$，独幢独户的私家小别墅。这是适应于富有生活情趣的、民营企业家要求的设计。

图2-39　形象创意全景效果图

屋后山泉小溪

上游水系效果图

屋前山泉小溪

下游水系效果图

图2-40　水系形象创意效果图

三、形象创意表达

将头脑中“虚幻”的别墅形象创意，仅用语言、文字表达，往往显得苍白无力，会让人很难产生共识。第一步必须通过运用形象创意图画表达，使人产生视觉共识，然后才能进入第二步的立体模型表达，此时，再伴随语言、文字等表述，形象创意表达才能够完成。

形象创意图，按照循序渐进的要求，需要画好3种平面图：

1. 草图

这是首先要画的图。它投资少、时效快、方案多、作图简便，形象易变、易改。根据创意和绘画程序不同，草图分为2类：

（1）记录性草图　这是设计师初始“风暴式”的创意形象，通过运用象征性的线条和

中西结合、张弛有序、形态多变的门廊形象创意效果图

对称中有不对称形式美的顶界面形象创意效果图

图 2-41　徒手绘制的别墅建筑形象创意效果图

图形符号，快速、粗略、大量地记录形象内容的要点和特点，以免闪现的灵感火花在记忆中瞬间消失。这种开始捕捉到的形象符号属于感性图形，是灵感和意图的真实反映。这种记忆记录的图形，别人可能看不懂，也无须给别人看。但是，这种记忆图形是创意的基础土壤。这样的草图是可贵的，是应该长期保留的。图 2-42所示是用圆珠笔、签字笔徒手快速记录下来的部分记录性草图。

图 2-42　徒手快速绘制的形象创意记录性草图

（2）可读性草图　所谓可读性草图，是通过对大量记录性草图的反复筛选和融会贯通，不断进行修正弥补与再创意，以完美的艺术表现形式较为完整地绘制出的创意形象图。这种草图能使人快速识别建筑物整体与局部的组合功能，以及功能与结构的关系，并据此提出科学合理的评价。图 2-43 所示是感性中渗透着理性的手绘可读性草图，由于出图及时迅速，有时在关键时刻能起到先声夺人的作用，特别是国家大的设计单位，在大型工程中发挥的作用效果更是有目共睹。

2. 效果图

效果图又叫预想图、方案图、展示图。这是在对一、两幅可读性草图取得共识和认可的基础上，采用绘画和工程制图的材料、工具，在二维平面上充分运用艺术绘画和工程制图手法，将感性与理性融为一体模拟三维空间绘制出的一种充满艺术魅力的图画。它既不同于纯艺术的绘画作品，又不同于纯技术的工程设计蓝图，而是融合二者的要素，让人们的心灵在这“形象技术语言”面前，受到强烈感染而认可。图 2-44 所示是用钢笔淡彩的艺术表现手法绘制的别墅后面阳光房，又叫景观房形象创意效果图。

图 2-43　徒手快速绘制的形象创意可读性草图

图 2-44　景观房形象创意效果图

图 2-45 所示是景观房的三处局部形象创意效果图。图中有观景房的大出檐平顶，有窥视内外景色的大落地玻璃门和墙。

3. 工程图

工程图的绘制，比之浓厚感性、充满艺术魅力的草图、效果图，则是不受任何干扰的纯理性、纯标准的绘制。所以说，一幢别墅有若干份的工程图在施工中都起到“纲领”作用，来不得半点疏忽。图 2-46 所示的模型制作地界面工程图，是按建筑施工图尺寸 1:100 比例绘制。它在模型制作中发挥三方面作用：一是作为模型制作体量的依据；二是作为模型制作检测和验收的尺度；三是发挥模型制作的模板功效。

需要指出的是，建筑模型工程图侧重于建筑外界面的造型尺寸，对于施工图和功能分布图只有特定模型情况下才绘制。同时在制作时也允许对模型工程图有一些改动。

图 2-47 所示是供模型制作参考的一楼室内房间布局平面图，图中尺寸为别墅建筑实际尺寸。

观景房“内景外露”效果图

“外景内藏”和“内景外露”的景观房效果图

观景房大出檐局部效果图（也是观景房顶上的空中花园栏杆效果图）

图 2-45　景观房局部形象创意效果图

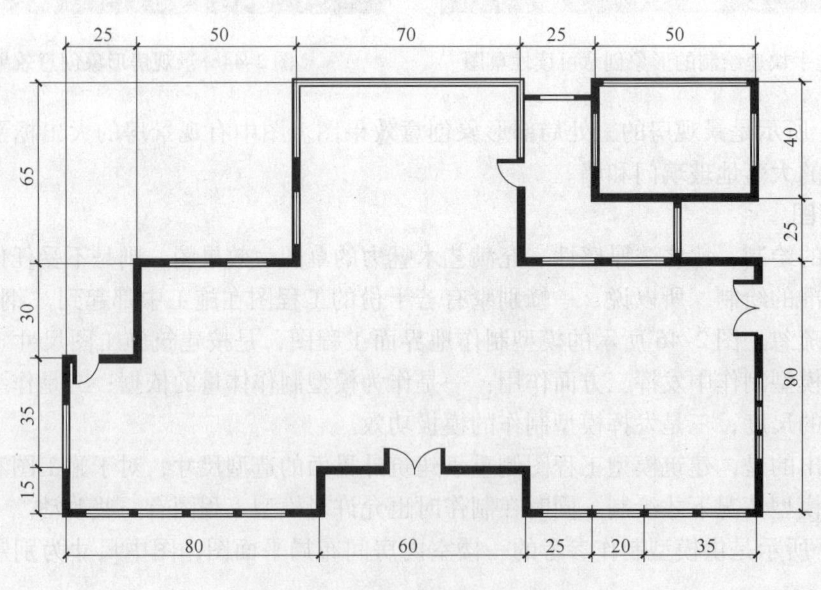

图 2-46　一楼地界面制作工程图

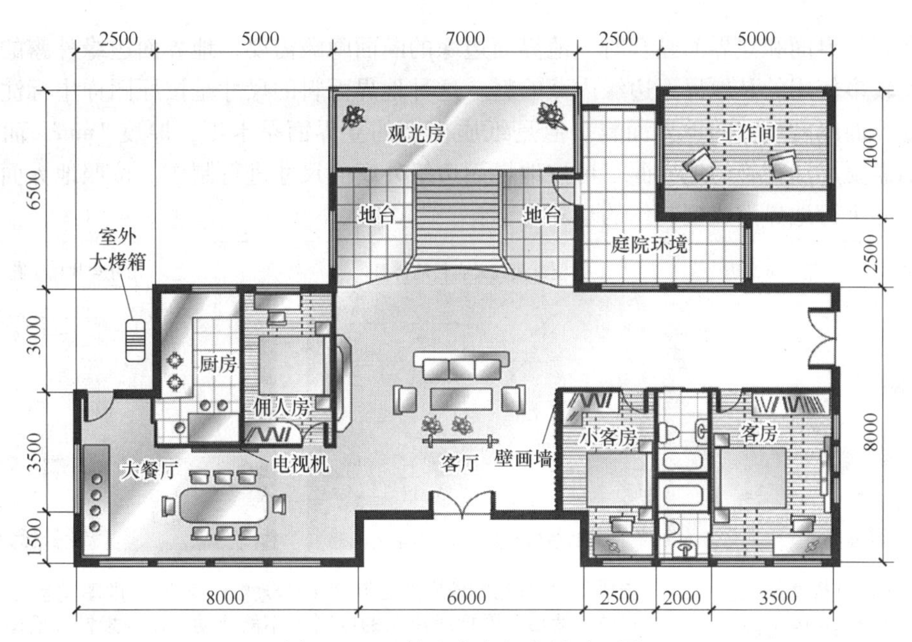

图 2-47　一楼室内房间布局平面图

四、别墅建筑主体模型制作

别墅建筑模型制作是别墅与环境纸质模型分解的第一项制作，也是一项主体制作，此后按照主体风格和其他各项要素进行环境模型的制作。

1. 制作流程

这里首先要介绍的是别墅建筑模型制作流程图。从图 2-48 的制作流程图中可以清楚地看到别墅建筑纸质模型制作的四项流程，整个过程是循序渐进的。

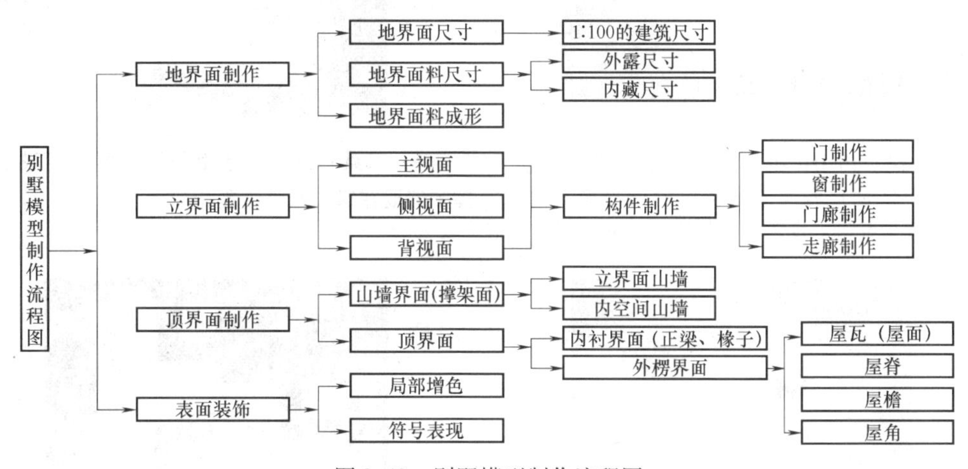

图 2-48　别墅模型制作流程图

2. 地界面制作

别墅地界面在别墅外观模型中不可见的面。为了方便其他各界面制作，必须先进行别墅主体建筑模型的地界面制作，此外，室外走廊、门廊、庭院等副体建筑模型的地界面，应在后续制作时再增补地界面平面料制作。

考虑到地界面和立界面黏合时，地界面边缘的断面隐藏需要，地界面边缘外露的料就很少使用，较多使用的是地界面边缘内藏的料。这种地界面料的尺寸是按原图样中标注尺寸减去周边立界面厚度尺寸的地界面料。但是纸质模型的立界面是卡纸，厚度1mm，而模型制作时并不需要尺寸精确的地界面，可按地界面边缘外露的尺寸进行制作。按照地界面平面图的模型尺寸进行地界面成型制作的步骤如下：

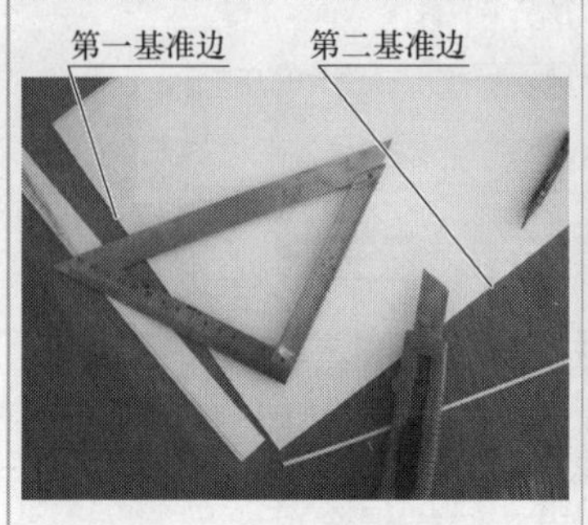

步骤1：预制用料基准边。此边要注意在用料的长边制作，以便供其他大量形态料截取。

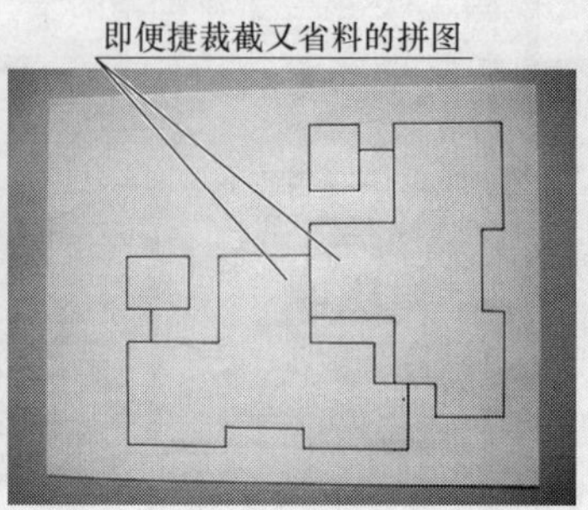

步骤2：预先绘制地界面图和截料拼图，然后，再把所绘制的截料拼图覆盖在地界面用料表面。关注制作快和省料，要求两边相连边线重叠。

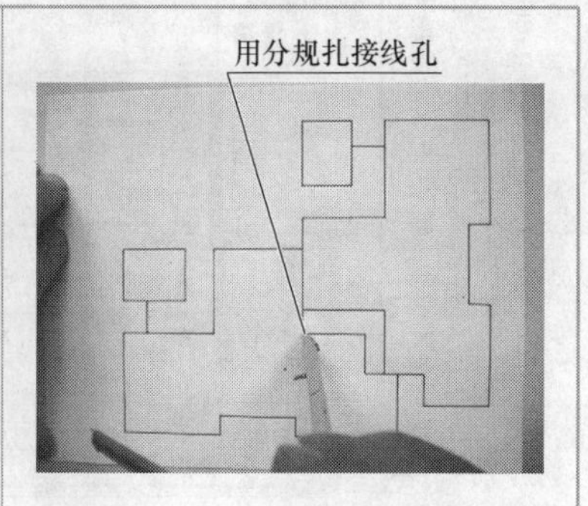

步骤3：扎孔。拼图覆盖在卡纸上不能移动，用分规针头沿图纸周边各顶角点扎小孔，要求用力要小，扎出小的浅孔。

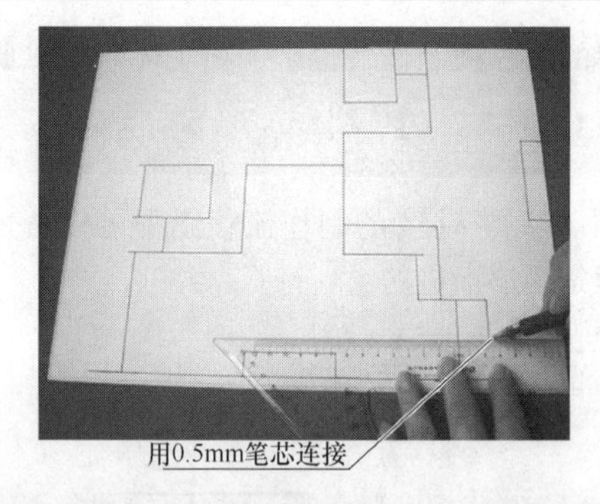

步骤4：连线。用HB铅笔（为了拍照线条明显，此处用了中性笔）和尺画出各点的连接线，构成完整的地界面轮廓。注意不能用深粗笔芯连线。

步骤5：工具对位。注意阻隔靠山要紧挨截边线，美工刀要在靠山右手位置。

步骤6：先难后易的截料原则。要求按截料工艺先截取两块拼料之间的边角料。注意地界料不能残缺。

步骤7：截取两块拼料的外缘边角料，然后再使甲、乙两块料分开。甲料是地界面现用料，乙料是备用料供后期二楼室内顶部定形、定位、定架用。

步骤8：挖孔。在甲料、乙料中心部位，用截、剪方法挖出能让手指伸进的100mm×40mm和80mm×40mm的操作孔。此孔质量不高，但是为了保证用料强度，不能在孔的周边留窄料。

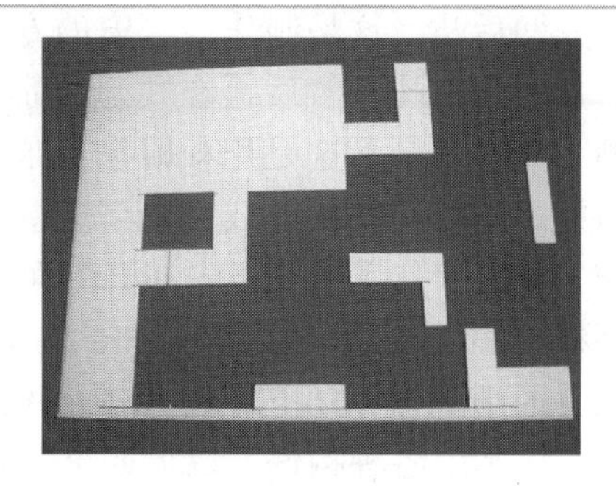

步骤9：角料储备。对周边裁、切下来的边角料按规格进行分类，供其他界面黏合时定位和加强用。

3. 立界面制作

（1）立界面形制　别墅模型制作中，立界面则是体现别墅形象特征的主要之处，并有五大类制作相配套。这五类的制作为：一是裙式建筑，又称副体建筑、连体建筑、配体建筑，其中包括空中花园、走廊、门廊（门亭）、车库、庭院等；二是出入门，有大门、侧门、后门等，以及各自的对开门、子母门、单扇门、门头、门套（门框）、门扇、门楣、门楼、门槛等；三是透光透气窗，有窗头、窗台、窗套、窗扇、飘窗等；四是附加件，有门牌、招牌、灯饰等；五是材质饰件，有木饰件、砖饰件、卵石饰件等。

立界面不仅有正面、侧面、背面，还有地理位置上的东、南、西、北和各自转向面的东南、东北、西南、西北，表示立界面的四面八方。

（2）制作顺序　立界面制作顺序依次按视觉的主视面（正面、南面）、次视面（侧面、东面或西面）、蔽视面（背面、北面或某一侧面）制作。蔽视面又叫移动视觉面或人动视觉面。图2-49所示用地平面来表达别墅模型的不同视觉面。

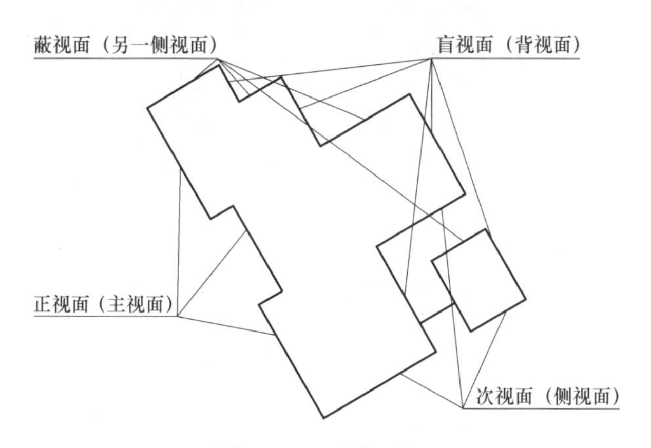

图2-49　不同视觉面

（3）制作工艺　立界面制作，需要执行如下四个工艺：一是化繁为简，化凸为平。这是立界面整体成型最有效的工艺。具体方法是把具有多件、多变配件的立界面和高低起伏、多形凸起的立界面，用“减法”和整齐划一手法，简化为单一平整面。二是平中制孔，先凹后凸。这是制作门、窗的专用成型工艺。方法是在预制好的立界面平面料上先截、切门和窗孔，然后再在孔边分别叠加凸起的门套、门头、窗套和窗头等。三是先贴后划，先切后剔。这是用即时贴完成门、窗和饰件的平面成型工艺，也是使多门、多窗形态能整齐划一、快速成型的工艺。这种工艺可在立界面粘前制作，也可在立界面粘后制作。实际操作工艺是，先在立界面门、窗位置覆贴即时贴，然后在即时贴上刻画门、窗造型线，用美工刀切线再剔除非造型料，使门、窗成型。四是变简为繁，变平为凸。这是立界面细部成型工艺。方法是在化繁为简、化凸为平成型的平整面上，用“加法”的手法，添加上各种构件。以上四个工艺贯彻到纸质模型制作的整个过程中。图 2-50 所示为立界面制作成型工艺。

主视立界面化繁为简，化凸为平的制作工艺

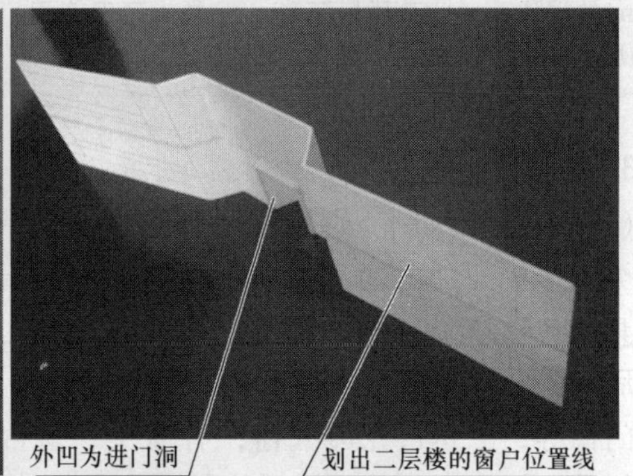

平中制孔、先凹后凸的制作工艺

先贴后划、先切后剔的制作工艺

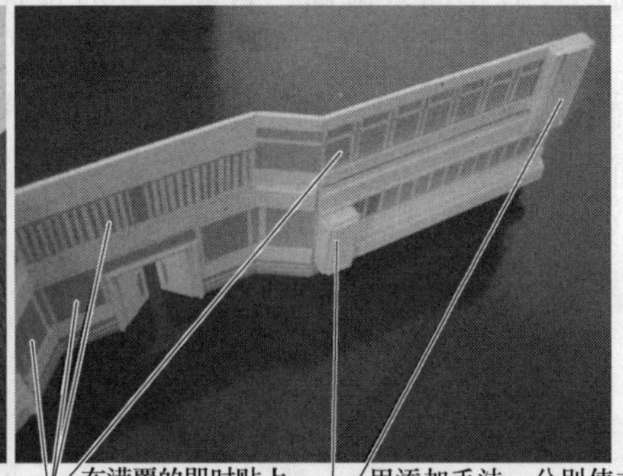

变简为繁、变平为凸的制作工艺

图 2-50　立界面制作成型工艺

（4）主视立界面制作　这里指的是别墅的前脸，由正门界面、两侧进深界面和两侧外界面组成。这五个立界面是别墅重点的主视界面，要求制作精致，尺寸正确、内容全面，成型完整。为此，首先绘制图 2-51 主视立界面展开平面图。此类图中，一些重要形态尺寸必须标注详细。

有了可靠、实用的制作工程图，才有条件进入界面制作。主视立界面按图制作成型的具体步骤如下：

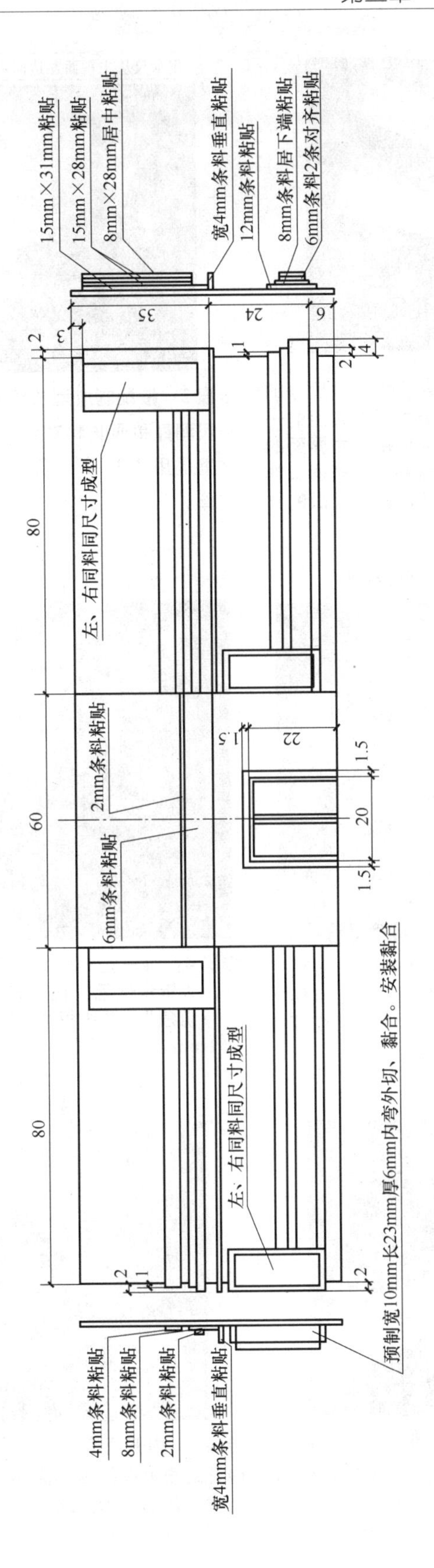

图 2-51　一楼和二楼主视立界面展开平面图

步骤1：采用化繁为简、化凸为平裁截共享尺寸的平面通长料。是指裁截主视面五个立界面共用的一条通长料。这个通长料的宽度，也是每个立界面的高度，为**65mm**，它的长度是**450mm**。这条通长料除五个主视立界面用外，还可供其他各个视面的立界面使用。

步骤2：按配制成型法测算尺寸。具体测算方法有卡尺测算和通长料对位测算。制作时可任选其一。这里是用卡尺从地界面料的左边向右边，依序测算。

步骤3：将测算准的尺寸，依序在通长料一端预留**1mm**尺寸（为遮挡左侧立界面断面用）后定点切折痕。切折痕迹时必须用角尺对准点位，美工刀切深材料厚度的**1/2**或**2/3**后折弯试配。

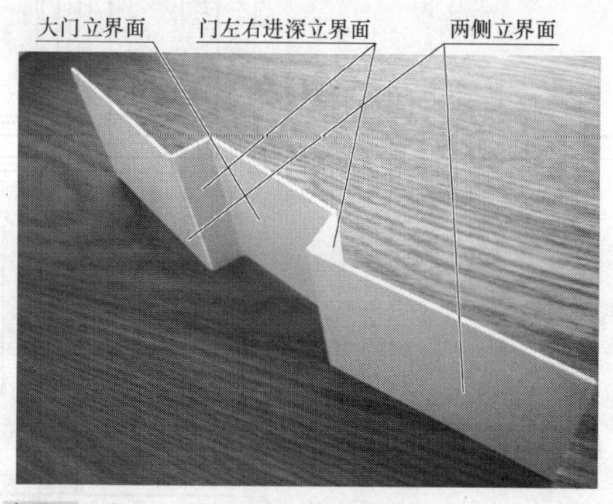

步骤4：每一立界面都必须依序边测尺寸、边切折痕、边折弯试配，直至五个界面成型。要注意“内折外切痕”“外折内切痕”。此外，最后界面要加**1mm**。

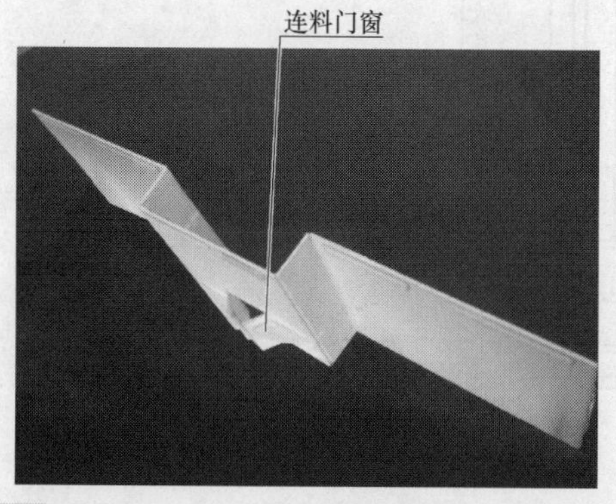

步骤5：制作门洞和门扇。注意的是门洞和门扇与界面料按“切痕”方法的连体制作，可以省除独制门扇工作量。

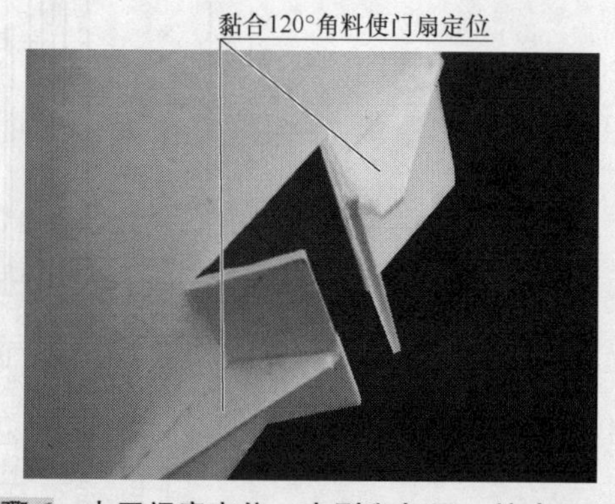

步骤6：内开门扇定位、定型和加固。按内开门扇内开的角度在门扇内侧黏合其角度的小块料，起到定位、定形和加固功效。

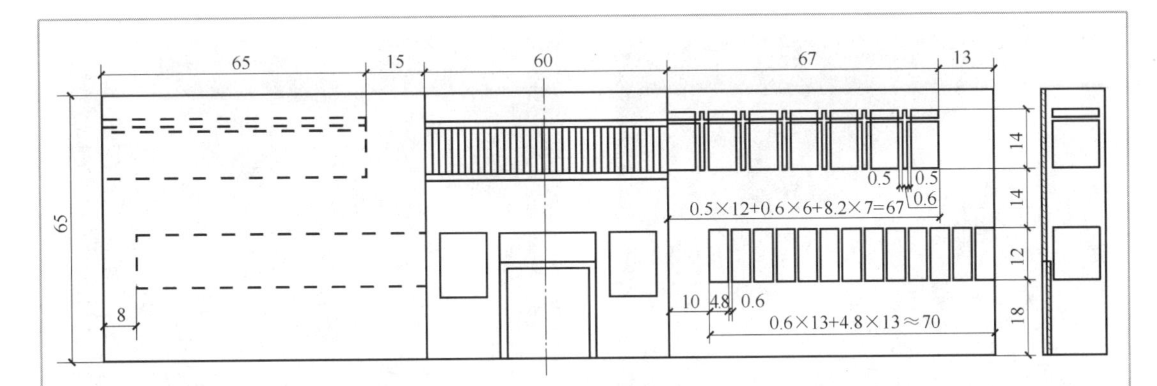

步骤 7：用即时贴制作五个立界面窗。要求按先贴后划、先切后剔的制作工艺成型。

步骤 8：划上层楼的各窗户定位线，同时制作大门套构件成型。大门套构件需要用细条料黏合，是“化平为凸”，营造立体感。

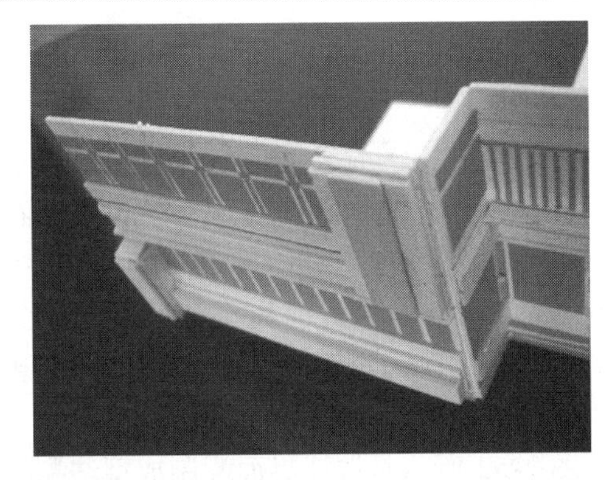

步骤 9：左侧立界面和左侧进深立界面的窗户与立体装饰墙构件的制作。是采用先贴后划，先切后剔工艺。立体装饰墙则采用变简为繁、变平为凸工艺，按图样预截各构件通长料，然后分别截断、黏合成型。

步骤 10：中心大门处立界面和两侧进深立界面的窗户、栏栅与立体装饰墙构件的制作，其制作方法同步骤 9。

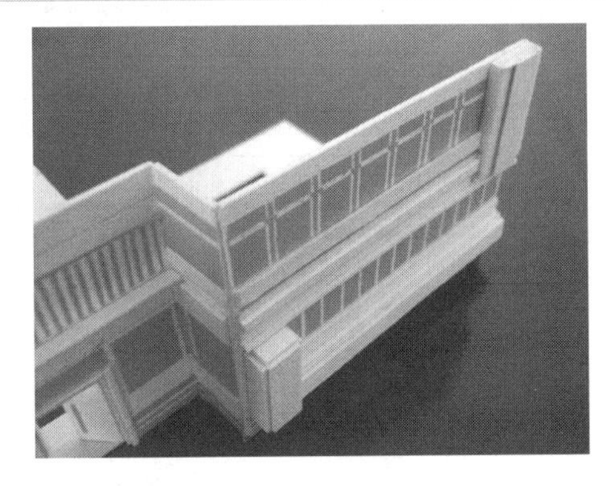

步骤 11：右侧立界面和门、右侧进深立界面窗与立体装饰墙构件的制作，其制作方法同步骤 9。

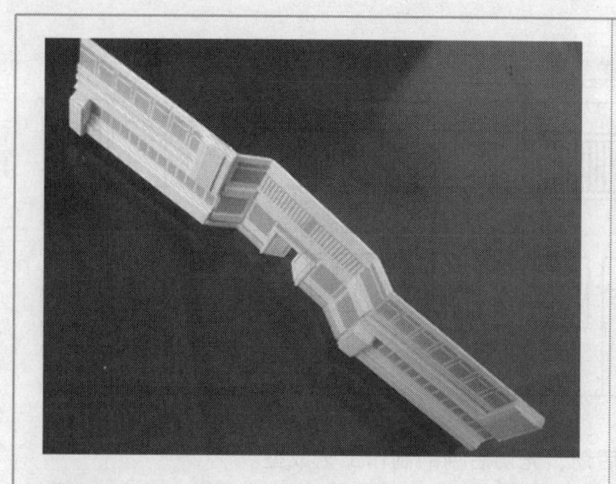

步骤12：主视五个立界面完成。这是执行从左到右全部完成的原则。

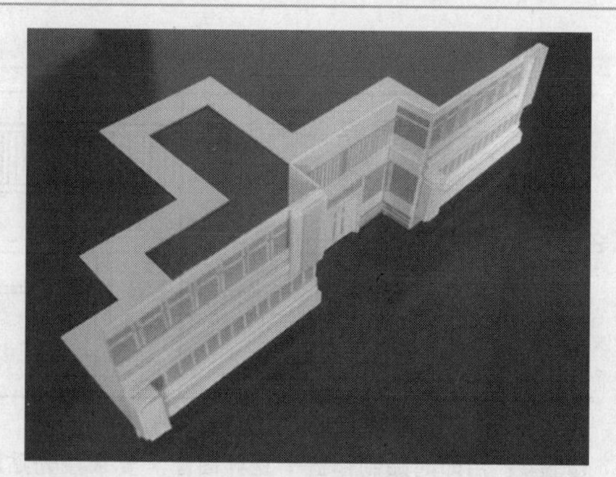

步骤13：主视立界面与地界面黏合成型。注意黏合牢固、挺直，必须在立界面内侧各处黏合阴角、阳角和加强筋来保证。

（5）次视右侧立界面制作　右侧立界面由两个半立界面组成（其中半个立界面是观景房），同其他立界面一样也有门、窗等配件和附件。由于两个半右侧立界面在正面转向边，因此视觉中会有可视界面和不可视界面之分，其中可视面制作技术应按主视立界面“实”的要求制作完成；不可视面可以示意性、象征性地简化为“虚”的制作要求完成。但是都要执行模型制作的第一原则“按图制作”。

图2-52所示是按地界面配制成型法测算绘制的立界面展开的平面图。

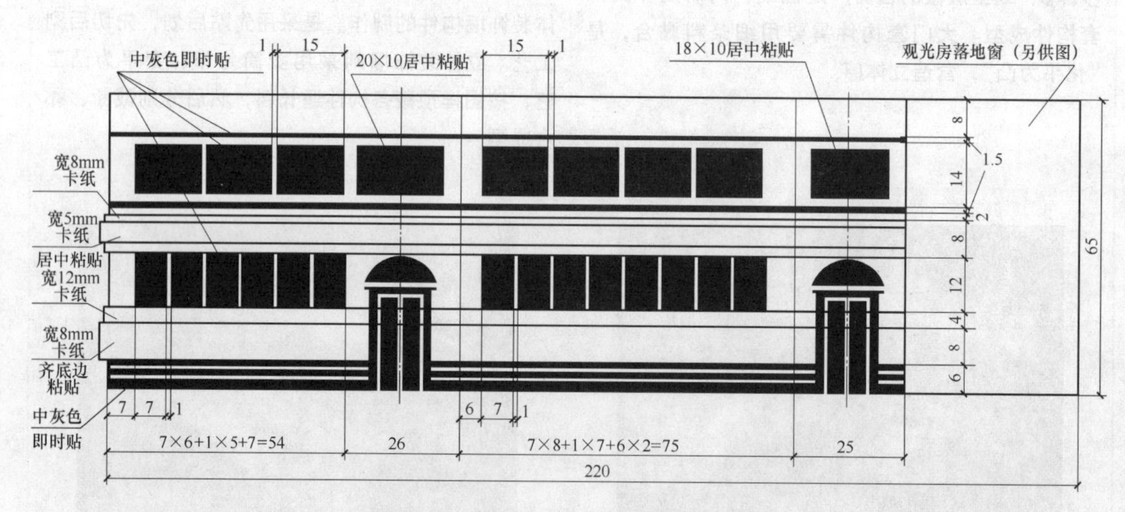

图2-52　右侧次视立界面展开的平面图

次视立界面按图制作成型的步骤如下：

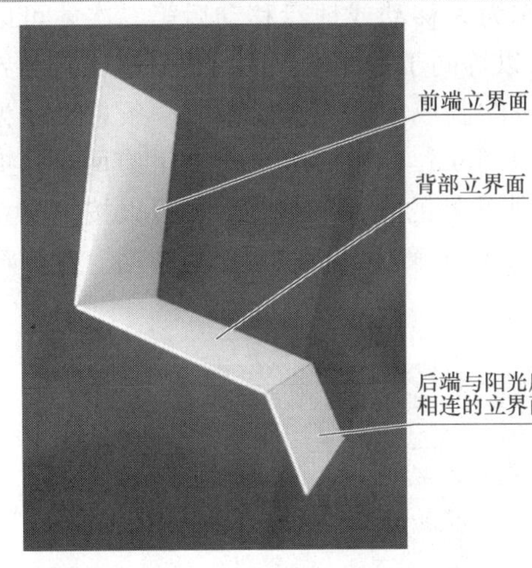

步骤1：裁截两个半立界面186mm×65mm通长料，即时用配制成型法划两个半立界面折弯线，并谨慎切、折成型，对于阳光房相连的40mm立界面待后续制作。

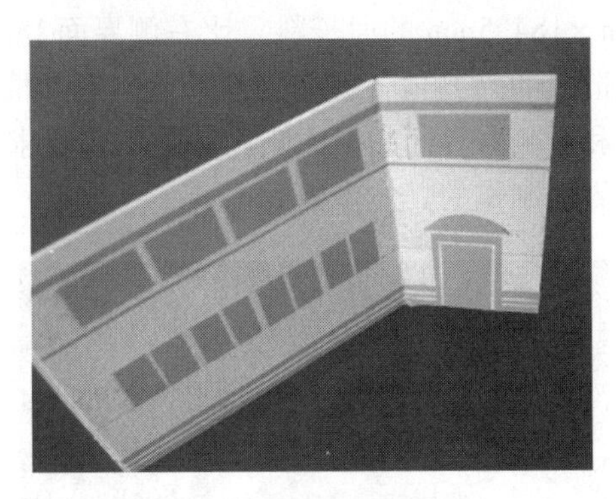

步骤2：划两个半侧立界面门和窗造型定位线，覆粘即时贴后再划门、窗间隔线，按线切、剔门、窗制作成型。

步骤3：与地界面黏合并即时加强、加固。

步骤4：按图样要求制作立体形态装饰墙构件。要求其中许多构件、用料移用主视立界面多余料。

步骤5：局部修正成型。要清污、清余料。

（6）蔽视左侧立界面制作　这些界面在地盘中作为人移动或地盘移动后第二次才可以见到的视觉面，一般情况下是蔽视面。它们的制作可以等同于右侧立界面，也可以比右侧界面简化些。但是此处四个立界面的连体尺寸要严格按配制成型法测算。截取一条总尺寸为65mm×184.5mm的通长料，比右侧界面186mm少了1.5mm，是因为此连体尺寸有两个外折增厚造成的（其他各视面制作都会出现此情况）。另外此处的界面制作步骤，可以按主视立界面和右侧立界面的平面图尺寸与工艺要求制作，无须详细解述，图样可绘可省略。左侧蔽视立界面制作的具体步骤如下：

步骤1：在地界面成型料的蔽视立界面位置处，用配制成型法测算、裁截连体料，边测算、边切、边折边成型。

步骤2：参考右侧次视立界面设计图样，用即时贴贴门、窗，然后按门、窗线切、剔制作。

步骤3：与地界面黏合并加强。

步骤4：配制立体形态装饰墙构件。

步骤5：修整成型。

（7）蔽视背部立界面制作　这里主要指建筑左、右侧立界面成型后多余部分的背立界面制作。虽然是蔽视界面，但是，它却是具有特式的阳光房制作。此处立界面近1/2是由合金框架和透明玻璃组成的大落地门、窗，营造透光透空感。为此制作重点内容有：裁截8扇落地门、窗的孔洞；需要制作5条2mm、2条4mm和2条6mm的长立框，保证它们相连不断裂；选好透明赛璐珞板作为玻璃窗代用品；注意内景的制作效果；制作内置陈列物和背景墙等。

图2-53所示为阳光房三个立界面制作展开的平面图。是阳光房占用的地界面用卡尺测算尺寸绘制的，并给出了高度尺寸和制作要求。

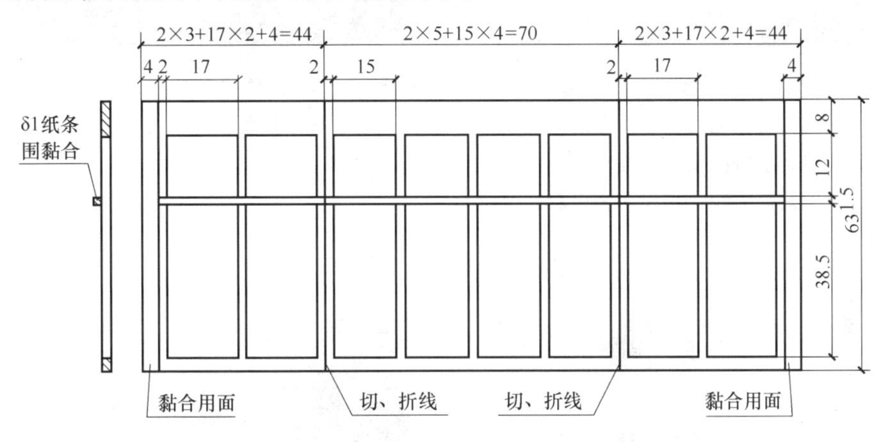

图2-53　阳光房三个立界面制作展开的平面图

阳光房按图制作的具体步骤如下：

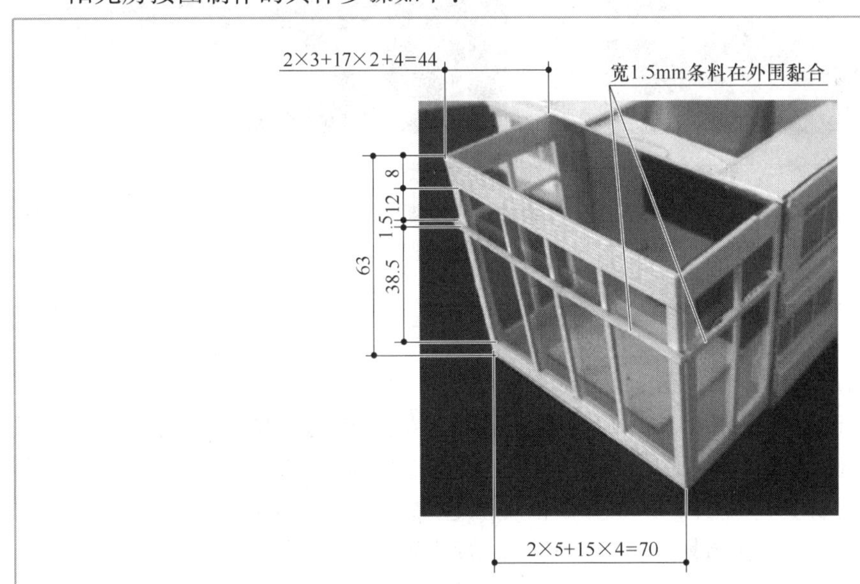

步骤1：按图纸裁截阳光房的三个立界面158mm×63mm是连体长条料，63mm是高度共享尺寸，158mm是各自宽度尺寸之和（40mm+4mm+40mm+4mm+70mm），其中多出的2个4mm料作为与左、右两个视界面内侧黏合面使用。对通长料进行画线、折弯、截取孔洞等工艺。裁截孔洞时要求美工刀在转角处不断换方向进刀，保证细长的连体框架结实、牢固、不断裂。

步骤2：与背部外露的地界面黏合，然后进行门、窗玻璃制作。在框架背部贴双面胶，即时粘贴透明赛璐珞板成型。同时进行门窗横隔条制作。它是按图预制条料，对位黏合成型，既加固竖条料，又使大小门窗形态丰富。

步骤3：制作内景物件休闲椅、茶几。是用卡纸直接截、折、黏合成型。

步骤4：制作背景壁画、植物等。背景壁画是移用相应形象的画报剪、贴成型；植物是自制纸质花卉，规划布置，黏合成型。

步骤5：整体调配。主要关注从外向里看，室内各物件是否清晰可见；是否充分营造阳光房“内藏外露”的全景形象。

（8）立界面上端定形制作　立界面上端定形制作是在阳光房成型的前和后为了保证各个立界面强度、垂直度、上下形态和尺寸的一致性，同时也为了便于其他各顶界面和楼阁等构件定型、定位、安装，以及空中花园地界面成型。此时必须要启用地界面的乙料（备用料），乙料可称为定型料。在立界面内侧周边黏合成型。需要注意的是，在黏合前要分别在各个立界面内侧顶部划1mm乙料黏合的位置线，然后在线下粘贴边角条料（又叫阻降料），有效地保证乙料平整下降、牢固黏合。还要注意的是为便于后续阳光房内景物件制作，把乙料黏合前背部需裁截40mm×70mm缺口，然后粘贴在个立界面内侧上端阻降料处。所留缺口待阳光房成型后补料黏合。阳光房成型前和成型后的立界面定型制作的基本步骤如下：

步骤1：作为阳光房成型前定形、定位的地界面料，裁截缺口后黏合。

步骤2：为了保证不同角度视定型、定位料的安装质量，必要时在内部黏合加强料，来保证平稳、牢固。

步骤3：阳光房成型后缺口处补料黏合

（9）立界面门的制作　门是别墅的眼睛，可以内窥与外视，又是人流交际的出入口，作为立界面的重要构件，门在人们心中具有特殊的含义。不仅决定了门的制作在立界面的视觉中心区，是立界面制作重点中的重点。对于主视面正门（大门）已经在主视立界面制作步骤中制作成功。图2-54所示是侧门制作的平面图，提供了侧门美观的形象和合理的尺寸。模型中的三个侧门是用即时贴按先贴后划、先切后剔成型工艺使门头、门框、门扇快速一次性成型的。图2-55所示为不同类型门的制作模型。

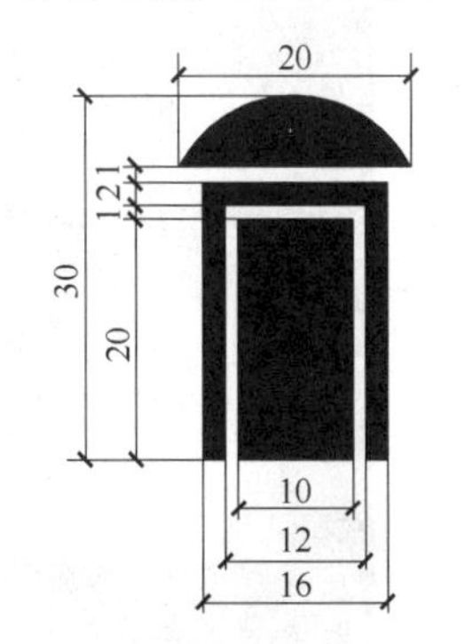

图2-54　侧门制作平面图

图2-56所示是别墅建筑纸质模型中四种类型门的制作。

（10）立界面窗的制作　窗的功能主要是方便建筑物内空气流通和阳光的照射，好比是建筑的眼睛和鼻孔。窗户需要经常开，否则会使房间闭塞，空气沉闷，使人心情烦闷。由此可见，窗户对人的居住环境和人的

门柱、门头、门套、门台阶等造型

用即时贴制作的造型门

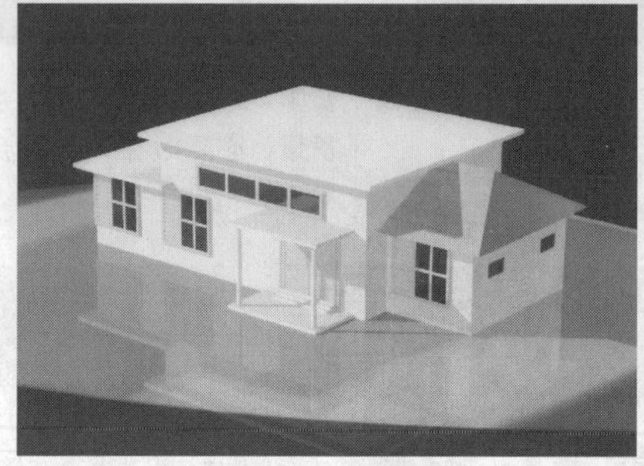

预制不同色的造型门套与门廊，然后组装的制作模型

图 2-55　不同类型门的制作模型

别墅大门扇的连体制作

别墅豪华门廊大门的制作

别墅侧门的制作

别墅车库卷闸门的制作（卷闸门形态可以刻制成型，也可以薄型纸有序错位搭接黏合成型）

图 2-56　模型中各个门的制作

心情有一定的影响。

窗的形态有飘窗、平窗、落地窗、气窗等类型；窗的开启方法有单扇推拉窗、单扇支撑窗、双扇对开窗、双扇推拉窗等分别。窗的制作要求是设计好窗的位置、大小、数量等。需要注意的是，窗的数量应与别墅体量相吻合；两层楼要有两层窗，在外观和数据上都应给人合理的视觉感受。

窗的成型工艺，主要有三项：一是透窗制作。方法基本同门的制作，需先开窗洞、粘窗框、窗台成型，然后配窗玻璃、窗帘饰件等。二是盲窗制作。其制作方法有两种，一种与门的制作相同，用即时贴覆盖、切、剔成型；另一种是在立界面直接切、剔后平整成型。三是落地窗制作。先采用裁、切窗框或粘贴窗框成型，再配装窗玻璃。一般是选用赛璐珞板、透明硬质塑料膜或厚度0.3mm有机玻璃板等材质完成，再用织物制作窗帘。对于别墅模型，因为窗子太多，选用侧门工艺成型，可以快捷地制作成整齐划一的窗。图2-57所示是不同窗的制作模型。

百叶窗(是用细条料在界面孔洞内黏合成百叶窗扇，然后用粗条料在界面孔洞外侧粘成窗框)

有内饰纹样的大玻璃窗(是用透明窗花膜黏合成型)

畅开式的立体形态窗(是用预制条料交叉咬合立粘成型)

有透空的落地窗和粘贴的楼层窗

图2-57 不同窗的制作模型

4. 顶界面制作

一般建筑的顶界面分为平顶、尖顶（圆形尖顶、角形尖顶）、坡顶（单坡顶、双坡顶、多坡顶）和圆顶四种类型。这些顶界面类型，有单独存在的，也有组合存在的。选择哪种顶，一般由建筑风格、室内空间的功能、造型美感需要决定。

顶界面由内顶与外顶构成，内顶有骨脊檩、椽子、椼架等结构顶与钢筋和混凝土整体浇灌顶；外顶有顶脊（屋脊）、顶角、顶檐（屋檐）、瓦楞等结构件。有的外顶还附有人、兽雕塑等吉祥物饰件。

（1）三楼立界面制作　别墅模型的顶界面由 5 个体量各异的三坡顶组成，其中 4 个分布在三层楼之上。另一个在二楼之上。除此之外，还有二楼的空中花园，实质上是二楼的平顶造型，使得别墅的顶界面形式和结构多样化。因此，作为顶界面基础工程的三楼立界面和地界面，包括空中花园地界面都需要先行制作，以便让屋顶有安装的立足之地。三楼各个立界面的制作，实质上是构成阁楼的各立界面的制作。图 2-58 所示是在黏合好的定形料基础上绘制的三楼地界面图，包括阁楼和扩展的空中花园地界面平面图。并按图补料→划线→截料→界面制作→黏合等顺序成型。只有完成立界面成型后，才能进行顶界面制作。

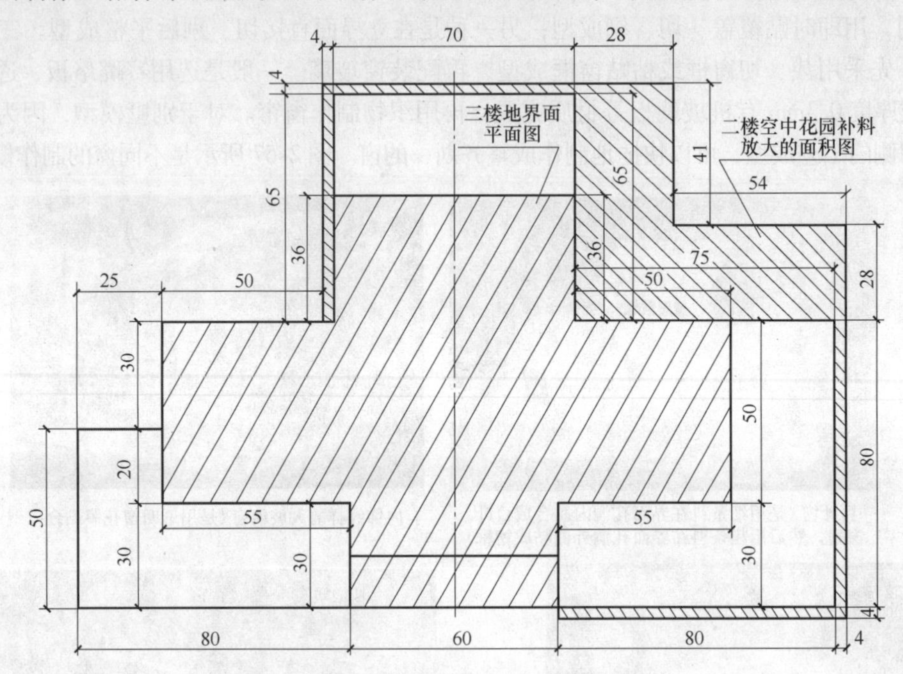

图 2-58　二楼和三楼地界面和空中花园制作平面图

三楼立界面按图按序制作的具体步骤如下：

步骤 1：裁截三楼立界面通长料。设计模型楼的高度为 28mm，测算出的 12 个立界面通长料为 28mm×572mm。572mm 是 12 个立界面宽度之和。并预放长度 50mm 余料然后按图切、折主视 5 个立界面。

步骤 2：制作主视立界面窗。在 5 个立界面末与地面黏合前按先贴后划、先切后剔工艺成型，并贴横条作为栅栏扶手。然后 5 个立界面按定位、安装、黏合成型。

步骤3：顺时针或逆时针进行其他各个立界面制作，其中门、窗同样用即时贴切、剔成型。

步骤4：成型的立界面分别对位黏合。

步骤5：预制 20 条 1.2mm × 11mm 栏杆细条料。

步骤6：制作栅栏。将栏杆料由界面中心向两侧粘贴。粘贴时必须用隔规（自制工具）使栅栏间距整齐一致。

步骤7：制作 12 个立界面，并对位黏合成型。

（2）顶界面制作原则　顶界面的制作指的是二楼与三楼内、外两层多结构顶界面的制作。内层顶在模型制作中是无梁无椽子的模板块料，所以又叫衬顶、托顶、素面顶。制作中必须遵循如下工艺原则：一是先内后外。是先制作内顶后制作外顶。二是先大后小。先将大顶、主屋顶制作成型，后再将小顶、气窗顶制作成型。三是先低后高。先将二楼顶制作成型，后将三楼顶和气窗顶制作成型。四是内松外紧。对于不可视的内顶制作可以残破配制，无须讲究；而对于可视的外顶，却要紧密无缝，整齐划一配制。

（3）二楼内顶制作　按先内后外、先低后高原则，进行二楼顶界面制作。二楼内顶制作的具体步骤如下：

步骤1：制作二楼内顶撑架。这项制作叫顶的定位、定形件制作，又叫顶的依附件制作。是控制顶形态和顶安装的构件，要求截一件符合三坡顶高度和斜度的条料成型。

步骤2：安装黏合内顶撑架。是将内顶撑架对位垂直黏合，要求黏合角料，保证坚固和挺直。

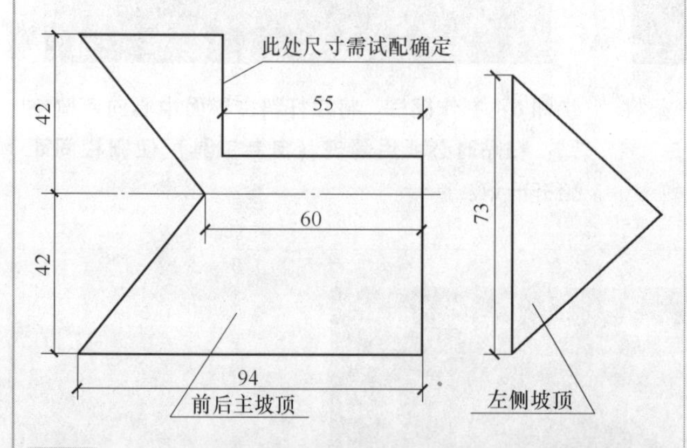

步骤3：绘制内顶板块料制作图。三坡顶的内顶板块料尺寸可通过卡尺、直尺测量或模板配制获得，再预放坡面宽度8～10mm和长度8～10mm（顶檐尺寸），绘制图样。

步骤4：制作内顶。按图制作出三坡三料，一般是三坡二料，将前后相连坡顶料再居中切线折弯、整体黏合后再配制侧坡顶。

（4）三楼内顶制作　这是别墅模型主顶，由4个小顶构成对称的“十”字形顶，结构复杂、形态多变，整个由大红色瓦楞组合俯视中是构成模型美感的重要元素之一。制作中要求高、难度大，具体步骤如下：

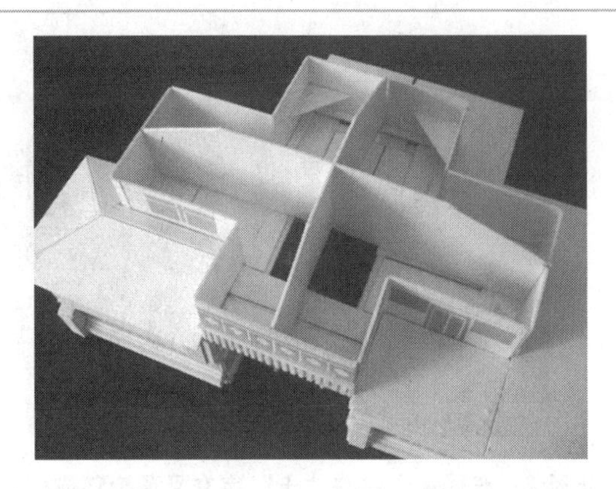

步骤 1：制作内撑架。预制两件符合前后左右 4 个顶高度、坡度和三楼立界面间距的撑架条料，然后分别居中切截咬口槽，进行咬接、黏合成型。

步骤 2：内撑架黏合定形、定位和加固。是用不少于 4 处的直角块料黏合，保证稳固、挺直。

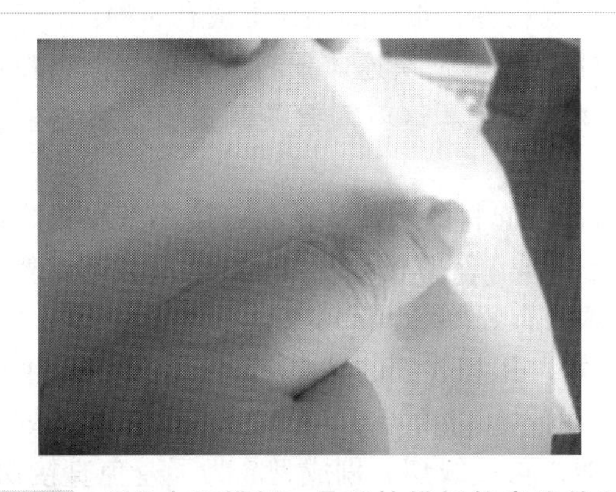

步骤 3：制作内顶模板。是手抹模板轮廓线的制作。一般用复印纸放置撑架和立界面相应位置，左手按纸，右手沿纸下物件抹痕迹，称为模板轮廓线。

步骤 4：剪模板。按手抹痕迹剪成的模板，试装、修改、吻合后称为合格模板。每个顶都要有合格模板。

步骤 5：先制作左右大顶。按模板再预放顶檐尺寸后裁截连体料，并分别居中切、截、折弯线和槽口（前后支撑架伸入口），使大顶内层平面顶成型。

步骤 6：制作侧顶。是在大顶安装成型后再按大顶制作步骤配制成型。

步骤7：制作前后坡顶。完全按左右大顶制作步骤成型。

步骤8：三楼4个对称“十”字交叉顶全部成型。

（5）外顶界面制作技术　外顶界面有许多配件与构件，常用的制作方法有3种：

① 整料法成型。是指二坡顶、三坡顶、四坡顶，制成一块连体顶料或两块连体顶料成型。减少各坡面间拼缝，使顶界面有“天衣无缝”之美。这就需要先制模板，后制外顶界面。

② 加料法成型。是指外顶用卡纸制瓦楞时增加凸起料的制作，预制可用小型块料或条料，以内顶表面中心或中线为基准，用定位、定形线或阻隔靠山等工具，向四周或两侧整齐有序地延伸黏合成型。这种技术是内顶显露为外顶的有效技术。

③ 减料法成型。是指外顶用卡纸直接制作瓦楞，用切、剔的减料工艺，使平面的卡纸表面具有凹凸形态。该制作要求在未黏合的内顶表面，应以由上至下的中心线为基准，划出3mm的等距线或4mm与2.5mm间隔有序的排列线，再按线切、剔成型。为了避免直接切、剔的困难，最好的办法是预制有凹凸形的成品原料后，再配制内顶裁截、黏合成型。外顶界面制作的具体步骤如下：

步骤1：按模板成型的整料法制作。使用专用瓦楞纸为主材，剪修外顶界面，经试装、验证后黏合，以保证拼接无缝。必须注意外顶瓦楞是上下朝向，禁止左右朝向。

步骤2：按内顶制作原则，二楼顶和三楼顶全部成型。

步骤3：左侧俯视二楼、三楼。整料法制作的对称“十”字形外顶界面有一种特殊情况，但是与二楼顶的共存互补，又打破了完全对称“十”字形顶，成为模型的匠心设计。

步骤4：外走廊顶按增料法制作。先预裁宽度2mm通长料，然后以31～32mm长度截断，以顶的中心用宽度2mm的隔规使各个短条料排列黏合成型。

步骤5：门厅廊顶按减料法制作。预制有余量的顶板原料，用分规在原料上分2mm间隔点、按点截切卡纸厚度1/2深度线、间隔剔除切料、修整凹形毛面，然后用原料截取外顶，黏合成型。

（6）外顶界面屋脊制作　屋脊是顶界面有观念意识的构件，它的中心和两头翘角，会用吉祥寓意的神兽和神器等雕塑饰件组成。一般屋脊制作技术有四点：一是瓦楞条料黏合成型；二是预制卡纸条料黏合成型；三是条料刻制、绘制或即时贴裁、切黏合成型；四是代用料（成型塑料件、木质件）配制黏合成型。纸质模型屋脊，不同于其他模型只有一处平行屋脊，纸质模型屋脊是由多个坡面相接处的多个斜向屋脊，表现出屋脊多、甚至有六斜向交接口、坡面体量小、亚光色彩。图2-59所示为用瓦楞纸制作的屋脊模型。先截取瓦楞纸表层薄纸抹平整，然后裁截宽度为1.5mm的细长条，在各屋脊处配制、截断、黏合成型，如果使用未抹平的瓦楞条料或其他高光薄形纸（蜡光纸），会显得屋脊制作粗糙有杂乱感。

从模型细部可视色彩统一、整齐划一、多向交口无缝吻合的屋脊模型形象

从模型整体可视制作挺括、精致、形与色统一和谐的屋脊模型形象

图 2-59　用瓦楞纸制作的屋脊模型

（7）屋檐制作　屋檐是顶界面与立界面之间的重要结构件。图 2-60 所示为两种常见形式的屋檐结构示意图。一种是顶面与立界面形成的锐角屋檐，即三角形屋檐；另一种是顶界面与立界面形成的直角屋檐，即方形屋檐。

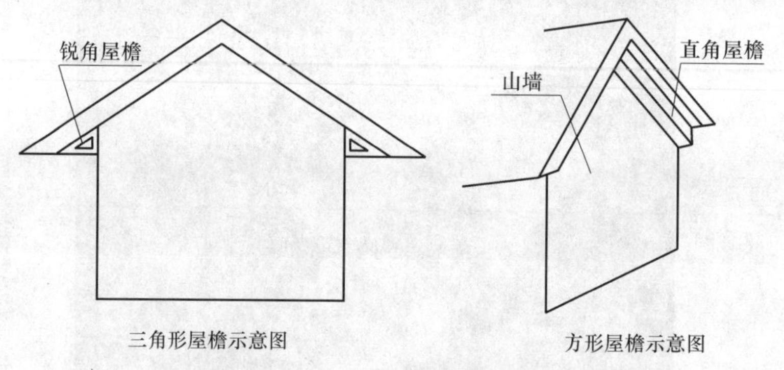

三角形屋檐示意图　　方形屋檐示意图

图 2-60　屋檐结构示意图

图 2-61 所示为屋檐制作模型。一般屋檐制作是用预制屋檐构件在屋檐下方黏合的添加成型技术。纸质模型是采用预制条料增厚黏合的直接成型技术，使顶界面周边形态、色彩丰富的同时，也使二楼顶与三楼顶有了明显的层次感。

正视用白色卡纸条料出檐1.5mm直接黏合的整齐划一的精致形象

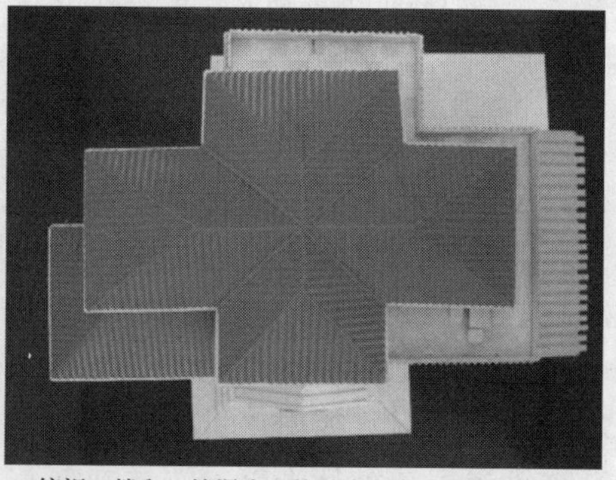
俯视二楼和三楼混为一体的大红色顶具有白色的界限，从而有层次感

图 2-61　屋檐制作模型

（8）气窗制作　气窗是屋顶有个性的部件，需要整体预制成型，因此，首先要确定气窗的体量、数量、形态和占位规律。一般屋顶气窗高度低于屋脊高度、数量由室内房间决定、形态多数是三角形双坡顶、占位在朝南的坡面顶位置上。同时要在顶界面瓦楞制作前成型和安装。

气窗是用配制成型法测算气窗所在的顶界面斜度和设计尺寸预制成型，对位安装后再配粘瓦楞。具体制作步骤如下：

步骤1：制作立界面整体连料。是配制附有山墙的正立界面和两侧斜立界面。由于两侧立界面下端斜度需要由坡面斜度确定，就必须先试制模板，再按模板截料。

步骤2：制作正立界面盲窗（气窗）。在正立界面上用切、剔工艺制作盲窗洞，示意两扇门关闭的气窗成型。

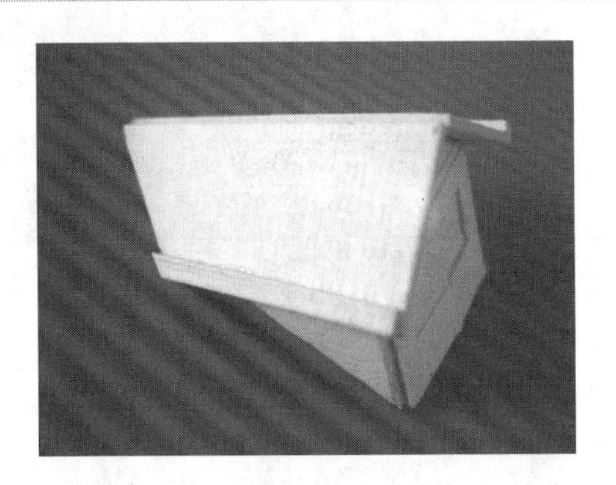

步骤3：制作气窗内顶。两坡顶同样用立界面工艺：制模板、制连体料、折弯黏合、补檐安装成型。

步骤4：制作外顶界面、窗脊。是配制气窗顶与气窗结构件。这里需要注意的是，气窗用材、色彩和瓦楞形态必须与顶界面保持统一性。

（9）瓦楞制作　瓦楞是顶界面最具特点的结构件。一般建筑模型中的瓦楞制作主要把握四点：一是本料法成型。即用模型瓦楞纸或模型卡纸原材料按外顶界面制作中的“整料法”“加料法”或“减料法”成型。二是代用制品成型。可选用粗粒砂纸、薄海绵、灯芯绒布、塑料制品，或选购类似瓦楞造型的装饰纸，也可采用计算机设计瓦楞后通过打印、剪贴等方法处理的纸有的再喷涂、配制、黏合成型。三是原生态料成型。可采用清洁、干化处理的植物枝、叶、秆、皮等，或再经喷涂、配制、黏合成型。四是自制料成型。可自制纸浆、自制瓦楞或即时贴刻制等，经喷涂、配制、黏合成型。图 2-62 列举了建筑模型中常见、常用的瓦楞制作模型。

用即时贴制作的瓦楞　用增料法制作的瓦楞

用减料法制作的瓦楞　用整料法制作的瓦楞

用折纸法制作的瓦楞　用自然材质制作的瓦楞

图 2-62　瓦楞制作模型

五、裙式建筑模型制作

该项制作又称副体建筑、连体建筑、配体建筑模型制作。这里有空中花园、门廊、走廊、庭院、车库等五大连体建筑模型，这五大连体建筑在别墅建筑模型中，不仅是为了满足建筑功能的需要，同时也是为了显示建筑的格调和品味。

这里的五大连体从布局形式可分为两种，一种是间接连体，如车库、庭院等；一种是直接连体，如空中花园、门廊、走廊等。一般是直接连体先制作，但如果有多个直接连体，其制作顺序一般由模型制作的便捷和制作者本人的制作需要和兴趣决定。

1. 空中花园制作

空中花园的制作是按照绘图、补料、栏杆、地砖、陈设物、布置安装等的成型顺序完成的。具体制作步骤如下：

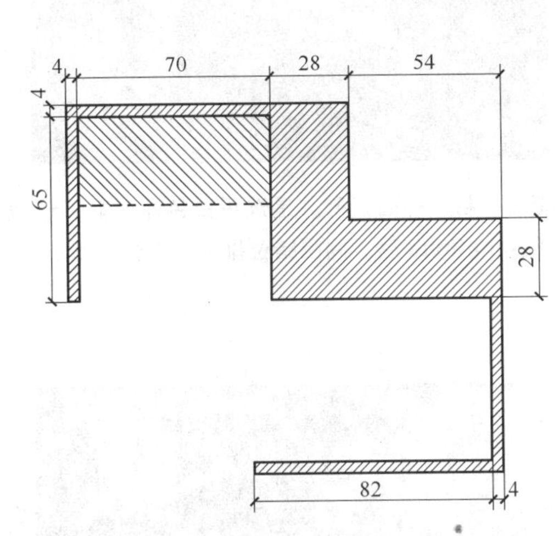

步骤1：绘制空中花园地界面平面图。是在原定位、定形界面上绘制需要增补花园地界面料的尺寸图。

步骤2：制作空中花园地界面。是先把二楼顶界面找平，再按图纸补黏合空中花园地界面“L”形料，使前后花园连接贯通；还要再补超出相关界面4mm条料，既拓展、张扬花园空间，又使整个别墅模型更具有立体感。

步骤3：制作后花园栏杆和外围杆基。首先是在花园地界面六个边黏合预制宽度1.5mm条料，以增加立体美感。然后是用预制9mm×500mm（含余量尺寸）通长料，配制后花园栏杆。

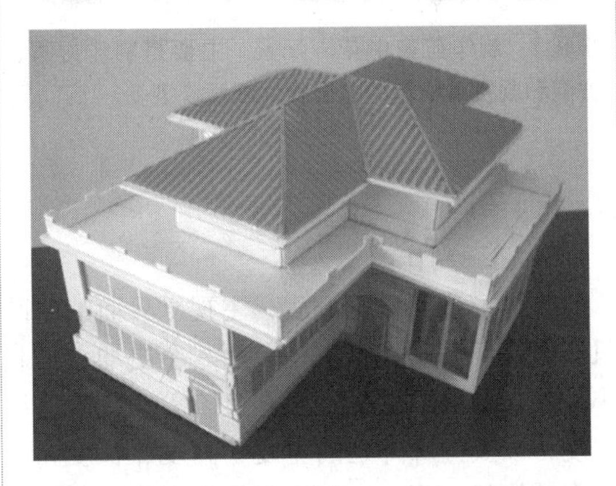

步骤4：制作前花园栏杆。与后花园同尺寸料配制划线、折切线，并均分每一栏杆小柱头的间距尺寸，经划线、刻制柱头后，与地平面黏合成型的内栏杆。因此每一栏杆的小柱头间距会大致相同。

步骤5：制作外栏杆装饰。是选用白色瓦楞纸裁截宽度5mm后，沿栏杆围边折弯黏合成型。

步骤6：制作地面瓷砖。是选用白色即时贴，预裁截8mm×8mm后，间隔错位排列、黏合成型。

步骤7：制作前空中花园配景。主要是制作方桌、方凳和观赏植物等的陈设物件纸质模型。

步骤8：制作后空中花园花卉和艺术观赏品的陈设物件。

2. 门廊制作

主体模型制作完成后，主视立界面的凹凸感并不突出，顶界面没有明显的高低错落感。只有经过门廊制作，主视界面才会更加立体化，也才更具有视觉冲击力。门廊由顶、立柱、小护栏、廊头、额头、匾和台阶等构成。这许多构件都应与主大门内进空间的深度、高度、宽度，以及门廊外延的宽度、高度、长度和形象、色彩等做到和谐、合理、统一，符合建筑应有的体量。可见，门廊制作需要解决的问题很多，也有很多难题。尤其是8根立柱和各个构件之间的配制，这些立柱和构件与主视立界面相关位置的配制，成为制作中的两大难题。门廊的具体制作步骤如下：

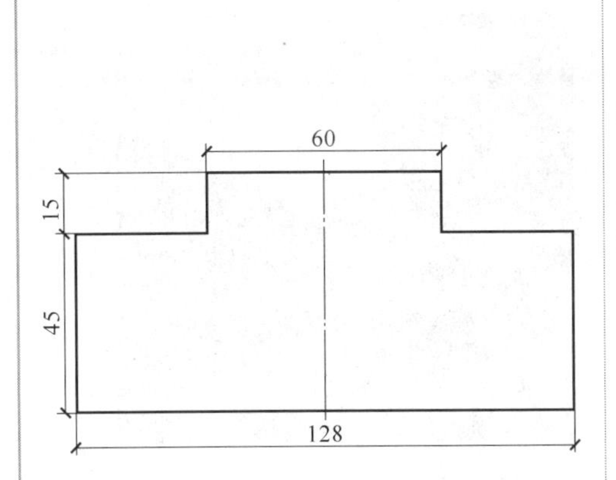

步骤1：绘制门廊地界面制作平面图。是按大门两侧宽度、进深和外延至第四级台阶面尺寸绘制。

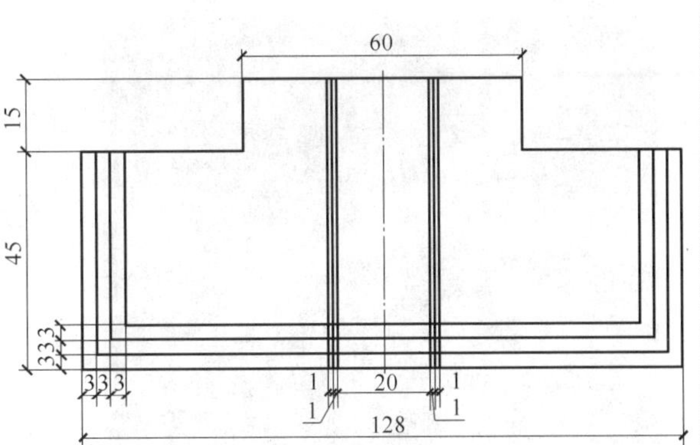

步骤2：绘制门廊台阶、红色地毯制作平面图。是在地界面平面图延放每个台阶宽3mm（3个台阶共9mm）的基础上，绘制红色地毯尺寸。

步骤3：制作台阶。台阶制作是在地界面料下面，由上往下整料叠粘，也可预制8mm条料并外露3mm、角45°黏合成型，然后与正立界面安装黏合。

步骤4：制作红色地毯。用屋脊剩余料背面覆双面胶，后裁取宽22mm和1mm条，以大门中心向外粘贴，同时左右2根细条间隔1mm粘贴。因此彻底改变顶界面红色的单一、孤立存在感，产生色彩的上下呼应效果。

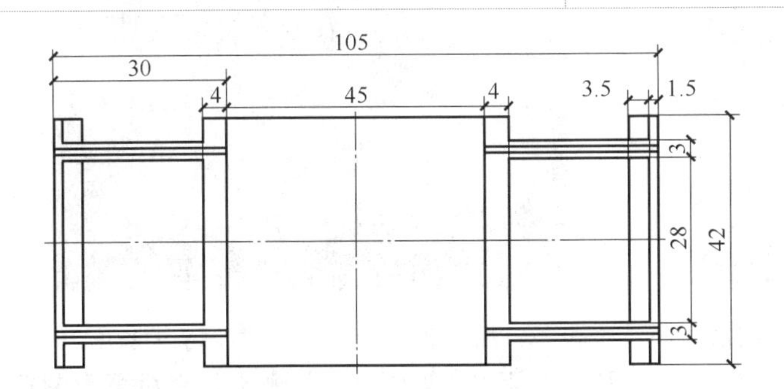

步骤5：绘制门廊两侧与顶制作的展开平面图。此图需要按步骤1图的要求与尺寸绘制。

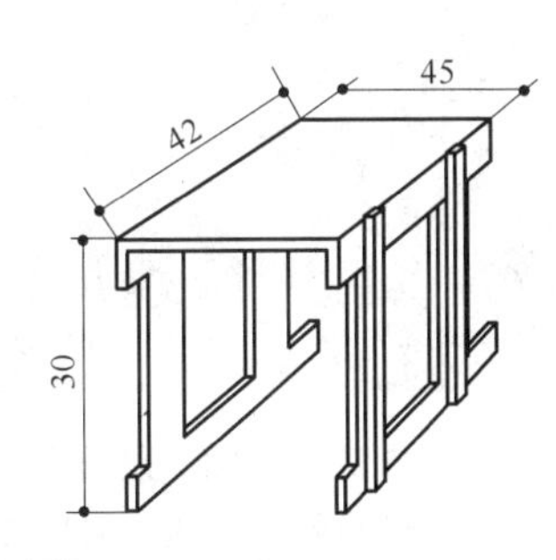

步骤6：绘制门廊两侧立界面和顶棚示意图。此图有利于门廊制作。

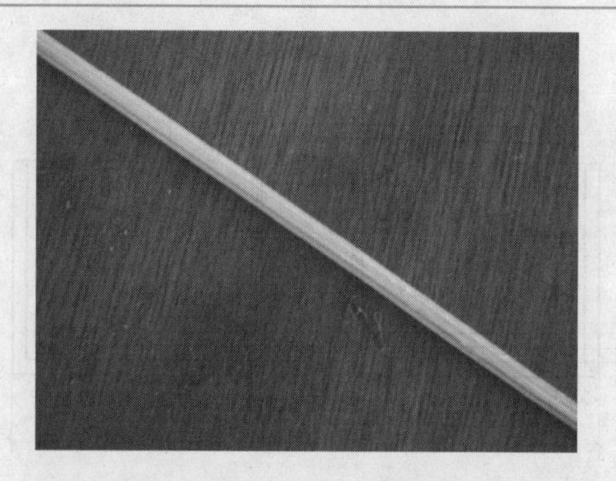

步骤 7：预制门廊两侧 4 根主柱的通长料。根据需要，它可以单一窄条料成型，也可以不同尺寸的窄条料叠粘成型。

步骤 8：按图制作门廊。是按图截料、挖孔、切槽、折弯成型，然后将预制的单一窄条料截断、黏合成型，使两侧立柱具有立体感。

步骤 9：制作正立界面。预制正立界面左右、上下连体立柱后黏合成型，同时用宽度 4mm 通长料在门廊两侧和正面立柱底部黏合使栏杆成型。

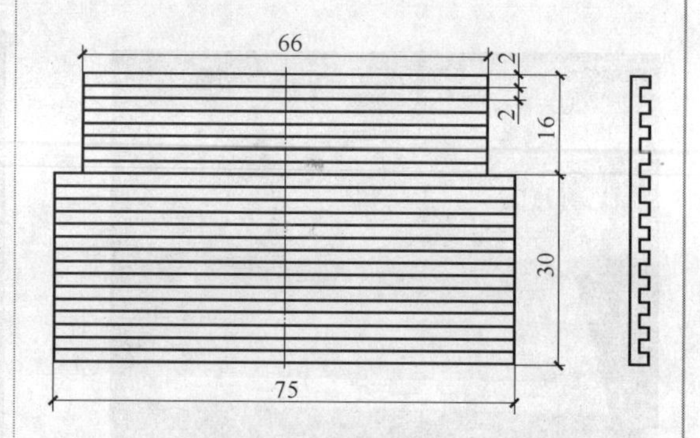

步骤 10：绘制廊顶制作的展开平面图。

步骤 11：制作廊顶界面。是选用立界面同质、同色卡纸，按图截料、划线、切剔工艺成型后，再切、折与顶黏合。然后在立界面上黏合，并与地界面组装成型。

步骤 12：配制廊头、廊匾。预截廊头的长度 76mm 和坡度 25° 三角形料，与廊顶黏合后再配制门廊匾。

步骤 13：调整。经调整后门廊的整体形象更美观。

3. 走廊制作

别墅右侧的高大走廊，与空中花园遥相呼应，不仅提升了别墅的建筑功能和美感，而且使主人感受到生活在空中和地面的异样情调。这一连体模型制作同样强调形态、体量和所占位置与主体模型相互协调，同时又要有个性化，以体现“统一与变化”的艺术美感。走廊的具体制作步骤如下：

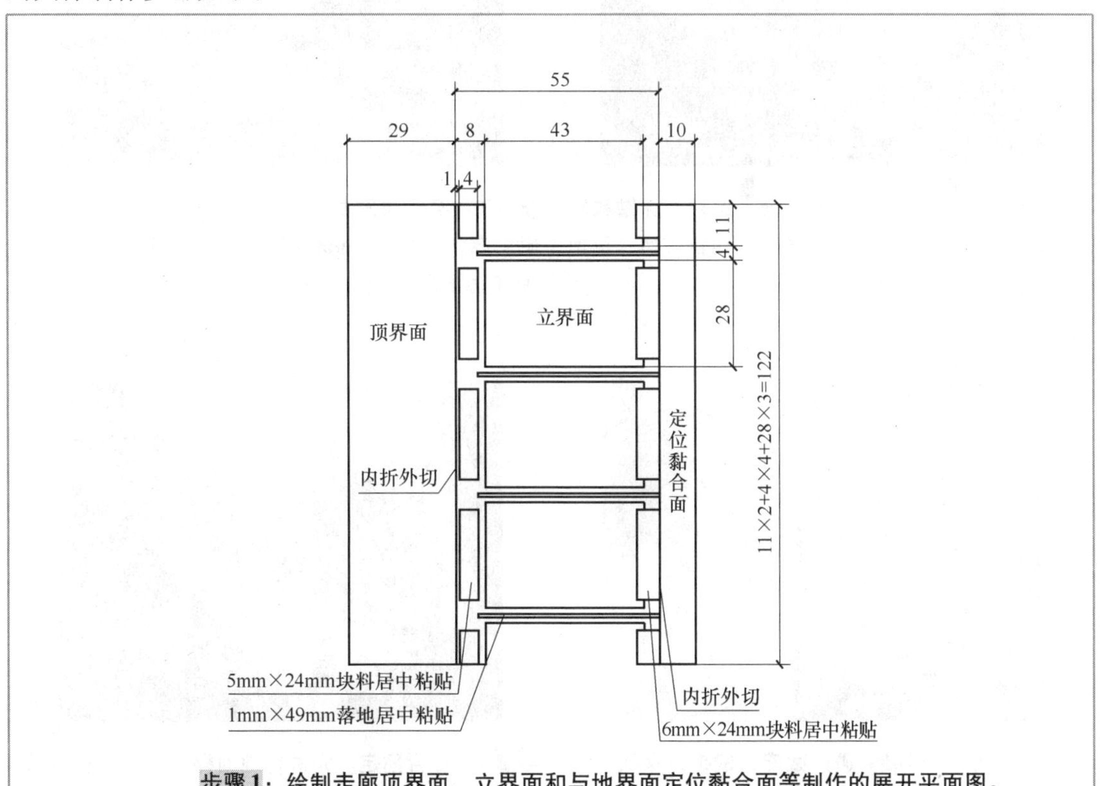

步骤 1：绘制走廊顶界面、立界面和与地界面定位黏合面等制作的展开平面图。

步骤2：补料。最初别墅主体模型地界面制作，为了方便，未制作走廊走道，这里需要补走道、车库、庭院地界面料。

步骤3：走道铺设板料。是用不同宽度的条料间隔有序排列黏合。

步骤4：按图样尺寸进行截廊顶、廊柱、廊檐和廊栏等配件的连体料，经划线挖孔、切折弯边、折边等工艺整体成型。

步骤5：廊头和廊柱用 6mm × 23mm 块料居中粘贴，廊柱用 1～1.5mm 细条料居中粘贴，有效地增加廊立界面的立体感和真实感。

步骤6：试配、试装。通过试配、试装，来保证顶的斜度和立柱的垂直度。

步骤7：黏合固定。先进行地面黏合，后进行廊顶在花园下檐黏合。

步骤8：制作瓦楞。采用增料法制作瓦楞。是用1.5mm×28mm条料和宽度1.5mm隔规进行排列有序地黏合成型。

步骤9：调整。使走廊、空中花园等处形态具有精雕细镂的工艺美，又具有形态和谐、协调的艺术美。

4. 车库制作

车库（也是工作间）和庭院在模型制作中作为间接连体处理，它与主体建筑之间有“ L”形庭院空间，而且位置在主体模型背面的“隐藏处”，因此在制作工艺上既要保持其应有的特征和形态，又要显得形态简洁，制作便捷。预制车库、组装成型的具体制作步骤如下：

步骤1：按平面规划图预制长50mm、宽40mm、高30mm的盒体车库。采用切、剔工艺按地界面、立界面、卷闸门的顺序制作。为避免纯盒子形态单调，应在4个立界面上端粘宽度5mm的平顶檐。

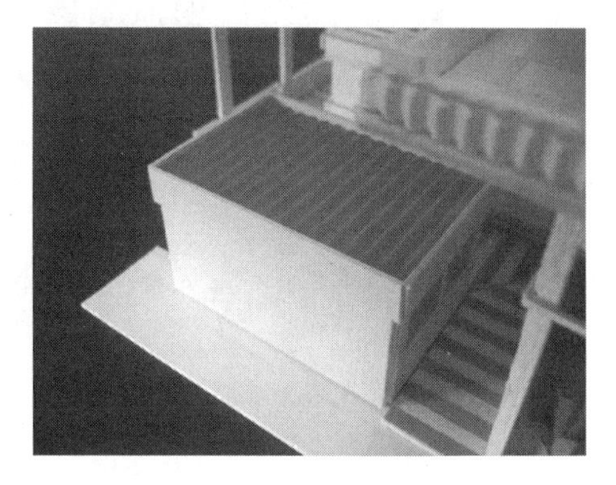

步骤2：制作平顶界面。先制作下沉3mm的内顶，然后外顶用红色瓦楞纸配制黏合，车库整体成型后与地界面对位安装。

5. 庭院制作

私家庭院一般占地较大，内有植物、花卉、小桥、流水、楼、台、亭、阁等。纸质模型中的“ L”形小庭院，容纳的构件少，制作相对比较少，可以待将来在环境制作中加以丰富和润饰。图2-63为庭院地面制作模型。是用灰色即时贴条，在车库未组装黏合前，间隔粘贴成平面的庭院形象。以此来体现庭院特征，免去庭院的单调无物感。其他的一些构件待环境模型制作时再解决。

正视庭院地面形象　　侧视庭院地面形象

图 2-63　庭院地面制作模型

6. 滴水坪制作

建筑模型地界面周边滴水坪制作，需预截宽度 20mm 通长料，其中 15mm 为滴水坪尺寸，5mm 为黏合面尺寸。与地界面周边的底部配制裁截、黏合成型。这既是建筑功能的需要，又是建筑模型与地盘环境自然过渡的需要。这里需要注意的是，条料对角拼接不能有明显拼缝，否则会破坏模型的美感。图 2-64 为周边滴水坪制作模型。

图 2-64　为周边滴水坪制作模型

7. 模型表面装饰技术

由于别墅建筑纸质模型保持了纸材的原汁美感，且工艺独到精湛，同时还能展现建筑物的形态与功能，就未做过多华饰。门廊头、匾的文字装饰，成为“画龙点睛”的装饰。必须要注意的是字义、字体、字形、多少、大小、色彩、粘贴位置等元素符合要求。模型中的装饰文字内容为了减少不必要的麻烦，是选用语意不清楚的文字。

最终，经过地界面制作、立界面制作、顶界面制作和表面装饰等流程，一件精致、逼真、给人以“材美工巧、多样统一”形式美的别墅建筑模型已经制作完成。图 2-65 所示是装饰后最终的别墅建筑纸质模型完美形象。

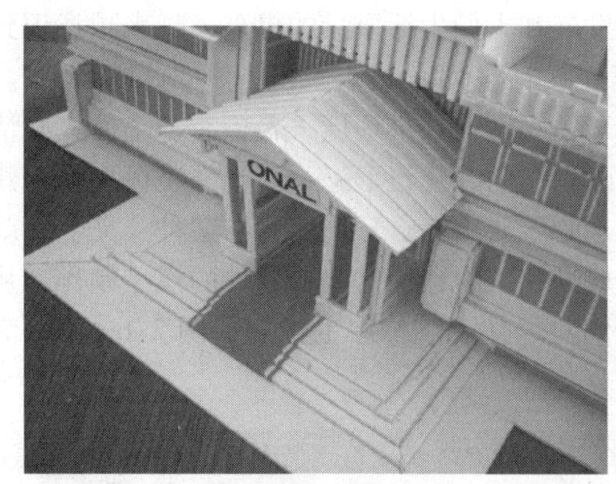

门头示意性的文字标志装饰

正视模型完美形象

右视模型完美形象

背视模型完美形象

左视模型完美形象

俯视模型完美形象

图 2-65 装饰后最终的别墅建筑纸质模型完美形象

第三节 环境模型制作典型实例

环境模型有两个方面的功能，一是支撑、存放建筑模型，二是对建筑模型起渲染、烘托的作用。尤其是当今社会，随着经济、社会的发展和人们生活质量的提高，越来越意识到环境和生态文明对人类的重要性，国家已把环境建设社会列入“十二五”规划目标之一。从大众来讲，都希望拥有一个可供持续发展的和谐、安逸的社会环境，希望有一个使人心情愉悦的居住环境。因此，当今任何建筑模型都一改以往的纯建筑形态，而把环境模型作为建筑模型的一部分，成为建筑模型的第二项需要表达的重要内容。环境模型在某种意义上，就是建筑模型所处地盘的设计和制作，即地盘区域规划和依附在地盘上各物件的模型制作，从而使人对建筑与环境有一个全面的认识，激起人们对居住环境浓厚的情感。图 2-66 所示为制作的环境模型。

优美的小环境模型

公共建筑大环境模型

图 2-66 环境模型

一、地盘设计制作

1. 制作原则

地盘设计制作的原则包括环境与建筑统一的原则和环境本身规划的原则两个方面。

（1）三统一的原则

① 理念统一的原则。私家别墅建筑一般选在远离喧闹城市“依山傍水”的风水之地，体现了住宅主人超凡脱俗与自然相伴和“回归自然”“天人合一”的理念。因此，环境模型必须保持原地形地貌，保留山水与植物的原生态，充分营造出模型的原汁原味的真实情趣。图 2-67 所示为理念统一的建筑与环境模型。

② 风格统一的原则。建筑风格的第一决定者是住宅主人，设计师只提建设性意见。由此可见，住宅主人确定的主体建筑风格影响并决定环境风格，二者必须保持统一性。如果是现代风格的建筑模型，则环境规划中的配景、衬景，包括植物等的模型制作，都必须服从建筑模型的现代风格，图 2-68 所示为风格统一的建筑与环境模型。

③ 材质统一的原则。建筑模型的制作主材决定了环境模型的制作用材。如果是纸质建筑模型，那么环境模型中各个配景、衬景等物件制作主材也应该是纸质材料，这种用材的统一性，使模型具有鲜明的个性与美感。图 2-69 所示为材质统一的建筑与环境模型。

（2）四规划原则　模型环境规划应符合下列原则：

图 2-67　理念统一的建筑与环境模型

图 2-68　风格统一的建筑与环境模型

图 2-69　材质统一的建筑与环境模型

① 前副体、后主体的原则。环境规划中，地盘前区域的环境一般是配景、衬景和植物（花卉、草坪、灌木）等副体景观物制作，而后区域一般是主体别墅模型制作。图 2-70 所示为前副体、后主体的建筑与环境模型。

图 2-70　前副体、后主体的建筑与环境模型

② 前低后高的原则。即使别墅地形地貌有依山傍水的客观条件，也要在环境规划中，根据人的视觉效应，有意识地对前区域进行低矮的平地、凹地、景观和植物模型制作，对后区域进行高大的山、丘、石、乔木植物和建筑模型的制作。图 2-71 所示为前低后高的建筑

与环境模型。

图 2-71 前低后高的建筑与环境模型

③ 前松后紧的原则，又叫前广阔、后紧凑原则。环境规划中，前区域要占地盘面积的 2/3，以显示通透的广阔视野，后区域只需占地盘面积的 1/3，以显示张弛结合和疏密有序的构图法则。图 2-72 所示为前广阔、后紧凑的建筑与环境模型。

环境模型中前区域只有少量物体，大距离布置，后各物件紧挨布置

环境模型前区域只有大面积草坪、灌木丛，后狭窄区域都是主体建筑，显示了前松后紧、张弛有序的环境规划

图 2-72 前广阔、后紧凑的建筑与环境模型

④ 位置取向的原则。是指环绕规划中主体模型在区域内的朝向原则。由于纯自然空间设计是私家别墅设计的最大亮点，因此在环境模型规划中应把别墅建筑作为三维空间的第一主体，主干道路是二维空间的第二主体。它们的位置和取向绝对不能在地盘中循规蹈矩，做成象征权威的“中心对称式”，而必须使别墅模型在后区域偏左或偏右位置，进行朝南斜向规划。由正门引出的主干道路应摒弃居中垂直规划的模式，而应采取按正门取向、曲直有序的“S”线制作，以营造出曲径通幽的、自由的、随意性的环境。图 2-73 所示为体现位置取向原则的建筑与环境模型。

2. 地盘形态制作

地盘制作又叫沙盘制作。严格意义上的地盘制作，是按提供的地理环境、地形地貌、占用面积和周边形态等进行原生态制作，但是几乎所有地盘制作并不是如此。

纸质制作的地盘占地面积和周边形态，可以用艺术手法，成为一个规整的长方形地盘，

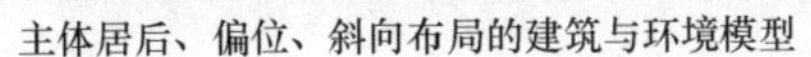

主体居后、偏位、斜向布局的建筑与环境模型

主体居后、偏右、侧位，左斜取向的建筑与环境模型

图 2-73　体现位置取向原则的建筑与环境模型

此地盘虽然与原地形地貌、占地面积不同，却使人得到真实的感知。如果仅仅按占地形态进行原生态地盘的制作，制作出的仅是不规整的残缺地盘，这既给制作造成困难，又显得异常丑陋。

纸质模型的地盘形态是接近黄金分割的比例，为长方形，面积是建筑模型地界面面积的6～10倍，这是一种常规的主体建筑模型面积决定地盘面积。也有第二种常规是地盘面积决定建筑模型面积，建筑模型面积一般是地盘尺寸的1/10～1/6。地盘也成为视觉效应中合理的有价值的地盘。但现实生活中这种比例是不可能的，模型制作中环境模型大于实际占地面积的原因是太小的地盘显得拥挤，且无法安放美化环境的各种物件。图2-74所示为按黄金分割比例制作的600mm×400mm示意性长方形地盘。

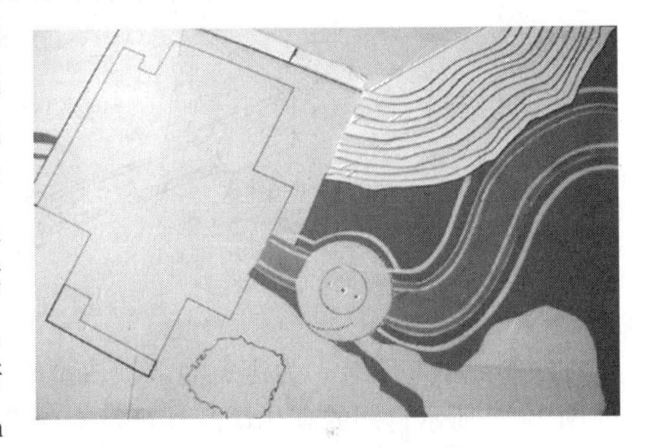

图 2-74　长方形地盘模型

3. 地盘功能与制作材料

（1）地盘功能　环境模型中的地盘具有以下功能：一是有利于环境模型规划；二是能使众多的配景、衬景和建筑等模型物件，通过使用黏合、钉合、插合等技术进行精确定位和安放；三是具有合理的结构和强度，有利于运输和进行后续的装潢展示。

（2）地盘用料　符合要求的纸质模型地盘由地盘面层、中层和底层三种结构料组成。具体用料是：

① 面层料：又称为各物件占位安装料。一般是选择表面覆盖绿色薄膜的KT板，按使用要求取薄膜的横向或竖向丝纹裁截，不要作斜向丝纹裁料。

② 中层料：又叫物件钉合、插合等工艺的安装料。一般是选择厚度30～40mm有塑性的微小颗粒发泡板，即EPS板，又叫聚苯乙烯泡沫板。与面层料同面积、同形态截取。

③ 底层料：又称物件的硬性托板料。制作地盘应选择厚度18～20mm优质木工板或5～10层合成板与面层料同面积同形态截取；如有特殊需要，也可选用厚度8～10mm的有机玻璃板或其他塑料板、钢化玻璃。在展示时，如果需要盖上透明罩，那么在地层料周边再预放25mm左右后截取，以备后续透明罩安放时的定位槽或定位子口的制作。图2-75所示是由KT板、泡沫板、木工板制作成型的地盘模型。

4. 地盘制作技术

图 2-75　KT 板、泡沫板、木工板制作成型的地盘模型

制作地盘需要具备以下技术：

（1）框盒制作技术　这是地盘无透明外罩的制作技术，需要按照预先绘制的图 2-76 所示的地盘结构示意图，执行先下后上三层料的同面积、同形态的地盘制作技术。

底层板料包边成盒。是用厚度 18～20mm 木工板截取 400mm×600mm 底层板料后，选用厚度 3～5mm、宽度 55～67mm 平板木线条，沿木工板周边齐底钉合或黏合成为框盒结构形态。这样既方便于中层厚度为 30～40mm 泡沫板料和面层厚度 5mmKT 板料的对位安放，又可以保护和遮盖泡沫板与 KT 板料粗糙的断面。

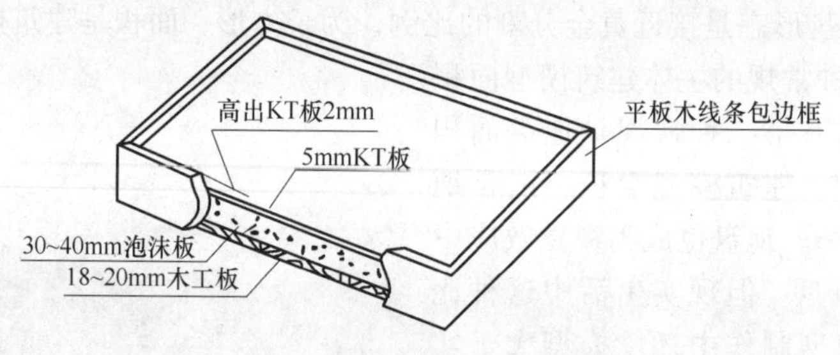

图 2-76　地盘结构示意图

中层料成型与安装。为避免泡沫板成型时泡粒飞扬、静电沾体现象，应用电炉丝切割设备或图 2-77 所示自制的高热切割器进行有效截取。然后用不腐蚀 EPS 板匹配的胶或粘贴标牌专用的双面胶，固定在底层料的框盒内。

面层料 KT 板成型与安装。除了等同于中层料成型与安装工艺外，还可应用大头针在各物件遮挡的部位钉合安装。

（2）子口制作技术　是地盘需要安透明罩的定位结构件制作，根据安装需要有定位子口和定位槽子口两种结构。

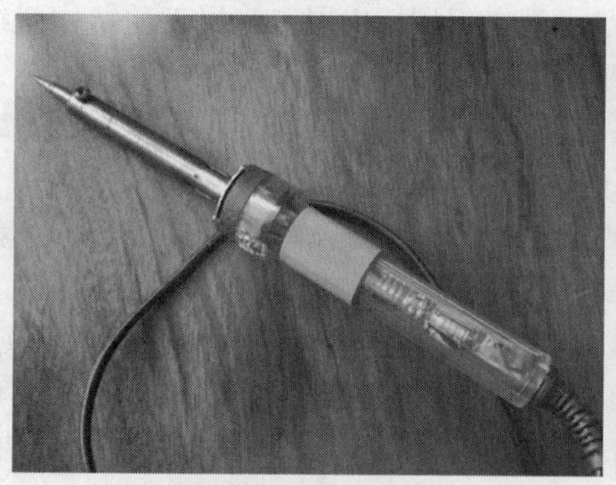

自制装尖圆棒的高热钻孔器

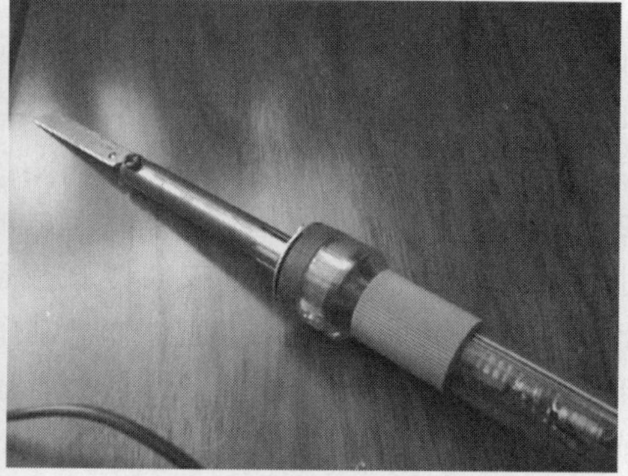

自制薄刀片的高热切割、钻孔器

图 2-77　自制的高热切割器

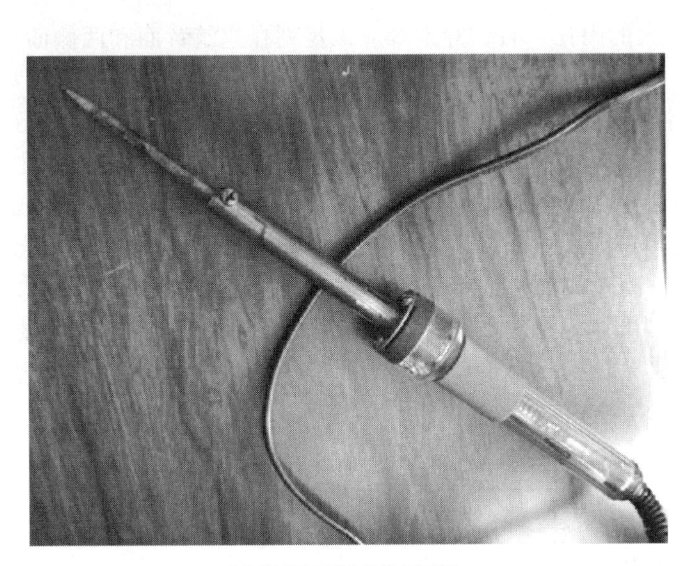

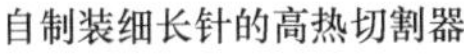
自制装细长针的高热切割器

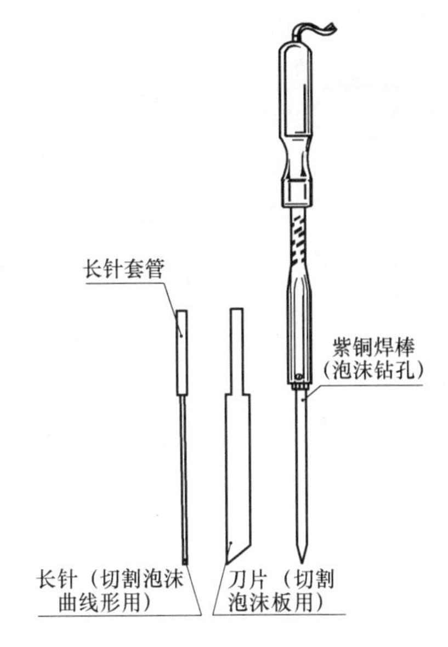

自制高热切割器示意图

图 2-77　自制的高热切割器（续）

定位子口制作。又叫内子口制作，一般指需要按图 2-78a 预制 440mm × 640mm 底层料。在周边画 20mm 间距线，然后选用厚度 3 ~ 5mm、宽度 37 ~ 47mm（其中包括泡沫板厚度、KT 板厚度、余量 2mm 的尺寸）平板木线条围画线外竖立黏合或钉合成型。

定位槽子口制作。又叫外罩内、外子口制作。需要按图 2-78b 先槽内侧子口成型，后槽子口用厚度 5mm 平板木线裁截成宽度 5 ~ 8mm 木线，沿底层料的外围面黏合，或用小尺寸气板钉钉合成型，即外罩定位槽成型。

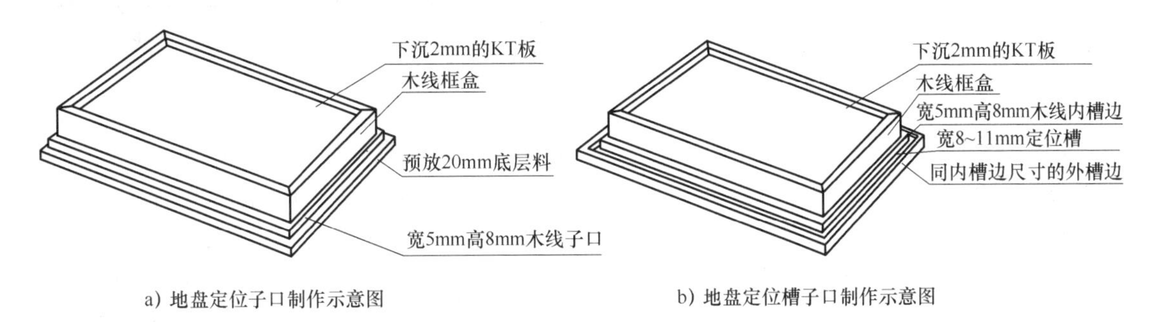

a）地盘定位子口制作示意图　　b）地盘定位槽子口制作示意图

图 2-78　地盘子口制作示意图

二、地盘功能区域划分

可以说，地盘制作的重要性等同于环境模型的制作；地盘的功能区域划分等同于环境模型的总体规划。因此，制作建筑模型时必须使有限面积的地盘满足环境规划的各项内容。在遵循环境规划原则的基础上，按先后顺序分别规划如下几个主要的区域。

（1）主体建筑区域　主体建筑区域是按主体建筑的地面尺寸加结构件尺寸（滴水坪），再加连体建筑尺寸（走廊、车库、庭院）的总面积计算，该区域应该划分在地盘后区域的山丘、石、乔木前的偏左或偏右位置，占地盘1/10～1/6的区域。

（2）高大物件区域　一些比较高大的山丘、石、乔木等应该规划在建筑背面和两侧面，紧挨地盘边缘，占地盘1/6～1/5的区域。

（3）交通区域　交通区域是指地盘内各道路区域。包括人们活动频繁的主干路（人行大路、车行路）和修养身心的草坪、植物配景间漫步路、各路间相连的小路等休闲路。主干路的人行路和车行路应规划在地盘前区域，依正门朝向设置。如果环境规划中有外围墙或外围栏，则人行道与车行道一般是同道进入后再分行，极少分进、分行。尤其是主干路形态除"S"线造型外，还要按透视原理，制作成前宽后窄、前曲宽度大、后曲宽度小的形状，使其具有近大远小的错觉效应。其他各个休闲路，根据需要规划在配景、衬景之间。必须要注意的是，各通道要求相通相连，以体现四通八达的畅通感。图2-79所示是地盘内总体规划和各道路规划示意图。

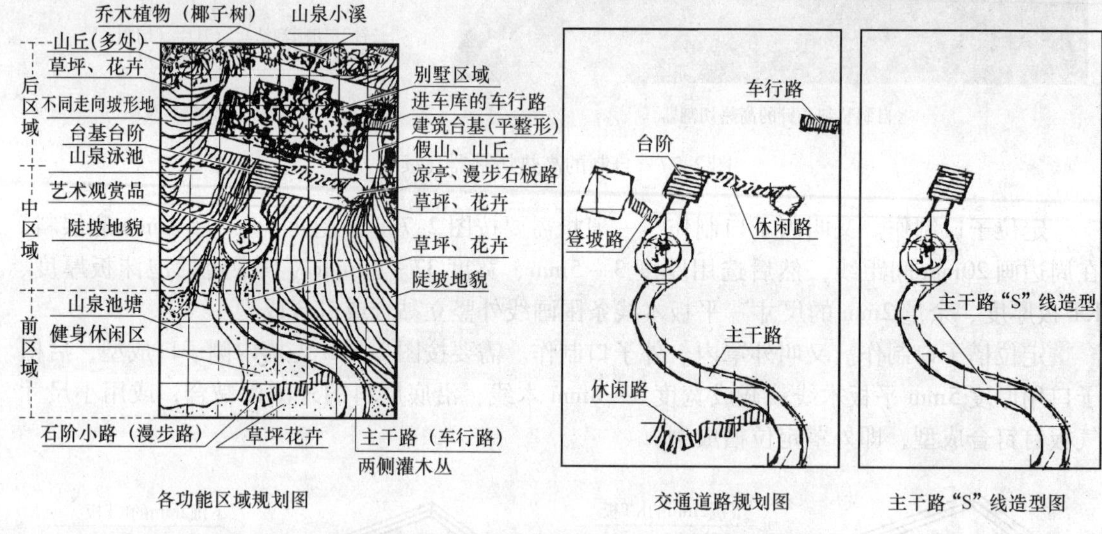

图2-79　地盘内总体规划和各道路规划示意图

（4）配景区域　该区域主要是制作艺术雕塑、花坛、喷泉等配景，一般规划在正门前方，作为形象工程。从某种意义上讲，此制作也是起遮挡主体建筑作用的隐私工程，有的则犹如传统建筑中的照壁。其他的如河塘、凉亭、泳池等，都应划分在前区域两侧。此外，有1～2个小景点可划分在后区域的狭窄地带，以显示环境的整体美。这许多配景在各区域内占地很少，但却是环境规划中不可缺的点缀品，值得匠心布局。图2-80所示为环境模型中具有点缀、烘托作用的配景模型。

（5）衬景区域　起陪衬作用的衬景，多指动态的人物、动物、交通工具中的小轿车等制品，一般多设置在地盘中的主视区域，如正门口，人行道，车行道、车库旁、亭廊等处。衬景用量不宜多，适可而止，但是少而精的衬景物件却给静态的环境模型赋予了有动感的生命活力和灵性灵气。图2-81所示为环境模型中充满活力和灵性的衬景模型。

（6）植物区域　地盘中除了主体建筑区域和交通区域外，都是植物区域的用地，几乎占地盘面积的2/3以上。植物区域中，高大的植物宜划分在后区域，低矮的灌木排列在主干路两侧或篱笆围栏处；伏地的花卉、草坪应分布在整个地盘的空余区。这些区域内植物共同

在地盘前侧方位的配景模型

在地盘左、右、前方位的配景模型

在地盘正前方位的配景模型

在地盘前区域的凉亭、泳池、花坛、小桥等主要配景模型

图 2-80　环境模型中具有点缀、烘托作用的配景模型

海滩浴场人物、轿车、遮阴用具等衬景规划模型

别墅门廊口衬景人物模型

主干道入口处衬景小轿车模型

图 2-81　环境模型中充满活力和灵性的衬景模型

构成宜人的绿色环境，是老少皆宜的闹中取静、养心休闲的天然氧吧，也是地盘具有视觉冲击力的一个看点。图 2-82 所示为环境中用大面积规划各类植物的模型。

高大植物在建筑两侧的模型

低矮植物在环境前区域的模型

环境模型的前区域是排列有序的灌木，后区域是高大的椰树模型

图 2-82　用大面积规划各类植物的模型

第四节　配景与衬景模型制作典型实例

一、配景种类与制作原则

1. 配景种类

一件完整的环境模型配景，不仅能在展示中具有使用与审美价值，还能在环境规划研讨中起到认证的功效。环境模型中的配景，从狭义的角度一般理解为环境中的建筑小品，但是从整个环境模型制作来讲，应该广义地泛指除了主体建筑模型外环境中出现的所有物件。图 2-83所示为建筑与环境模型中广义的配景种类。

2. 配景制作原则

制作配景模型有 3 个原则：

（1）同一性原则　同一性原则突出表现为如下“三同”：一是同风格。配景造型与别墅造型应保持风格的一致性。二是同材质。各类配景与主体建筑保持主材同一性。对于极少数配景或它们的局部形态可以用不同材质，但是配景色调必须与别墅模型色调保持统一与对比的和谐色调。三是同技术。配景与主体建筑应统一以手工制作为主，成品选购为辅。图 2-84所示为按同一性原则制作的配景模型。

广义的配景物件：
- 建筑类——楼、台、亭、阁、轩、架、桥、坛、壁、围墙、围栏……
- 植物类——乔木、灌木、花卉、草坪、攀藤……
- 道路类——人行路、车行路、休闲漫步路、路灯……
- 观赏类——雕塑、假山、花坛、喷泉、鱼池……
- 娱乐类——健身器具、球架、秋千、泳池……
- 小品类——休闲凳、垃圾箱、邮件箱、指示牌、消防设备……
- 地形类——山、丘、壑、沟、坡、平原、盆地、梯形地……
- 水系类——河、池、塘、渠、溪、泉……
- 衬景类——人物、动物、交通工具……
- 科技类——声、光、电、仿真设计……

图 2-83 建筑与环境模型中广义的配景种类

纸质椰子树模型

纸质凉亭、纸质休闲路模型

纸质小桥模型

纸质花卉花坛模型

图 2-84 按同一性原则制作的配景模型

（2）主次分明原则 环境模型制作应以建筑模型为主体和主角，配景模型则是副体，是配角。因此，在地盘制作中应该遵循主体鲜明、副体陪衬的原则。为此，突出强调三点：一是主中副侧。又叫“镜前镜后”原则，犹如舞台上主角在中，配角在左、右、后三位，构成“众星捧月”之势。二是主显副隐。主体若体量高大、形态多变，局部又很精致，应要求配景体量矮小，形态简洁，不宜做过多的表面刻画，以显示主体的视觉冲击力。三是副少而精。配景物件远超主体建筑时，要求配景少而精，达到以少胜多的目的。为此，只选择常见常用的、具有典型代表性的、能体现生活品质的配景。图 2-85 所示为按主次分明原则制作的配景模型，其中各类配景布局都是围绕着高大的建筑主体，彰显了“众星捧月”之势。

小桥配景模型

道路配景模型

花坛配景模型

图2-85　按主次分明原则制作的配景模型

（3）抽象形态原则　当配景物件众多，且各有形态特色时，如果一一按真实形态制作，既不可能，又无必要，必须要抓住各配景主要特征，毫不吝惜地摒弃次要形态，按“似与不似”的艺术法则来处理，进行抽象形态的制作。这种不被副体的某些特征迷惑的“神韵”艺术方法，要比追求“形似”，更能体现形态的真实性和艺术性，使模型达到更高境界。图2-86所示为按抽象形态原则制作的配景模型。

选用不同色纸制作的花卉模型

图2-86　按抽象形态原则制作的配景模型

采用蓝色即时贴刻制的山泉泳池模型

选用厚海绵制作的观赏石模型

图 2-86　按抽象形态原则制作的配景模型（续）

二、配景模型制作

1. 建筑类配景模型制作

建筑类配景模型十分繁杂，这里介绍常见常用和具有典型代表性的凉亭、曲溪小桥和花坛三项配景建筑模型制作。

（1）凉亭制作　图 2-87 所示是一座有台基、立柱、四角顶的凉亭制作平面图。由于凉亭较远，在主体模型右侧前方。它的体量和主要尺寸应按视觉效应决定，突破了建筑模型规定的 1∶100。具体制作步骤如下：

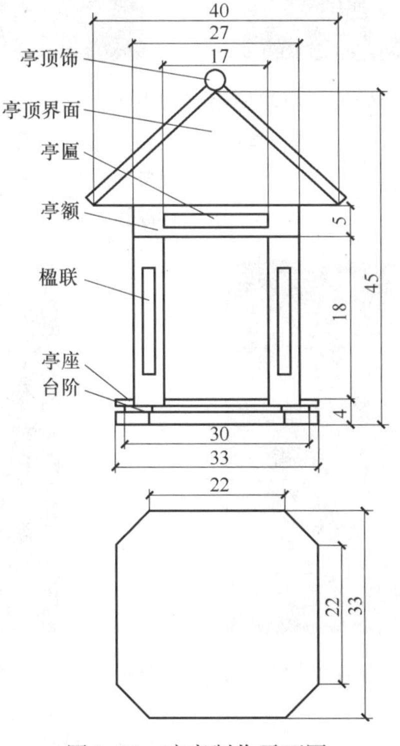

图 2-87　凉亭制作平面图

步骤1：制作纸质台基。台基是支撑凉亭并使凉亭更具美感的重要组件。这里按制作原则用模型卡纸截取表层、中层、底层三块料，并在表层、中层料角切一斜边，然后叠粘成型。即地台的地界面、立界面、顶界面、台阶的制作成型。

步骤2：制作凉亭左、右、后的立柱连体料。实质是三个立界面连体料制作，要求预制通长料，经挖孔、切线、折弯成型。

步骤3：立柱黏合。切线、折弯后的连体料与地面对位黏合成型，即三界面的亭柱、亭头檐、亭栏、座席等成型。

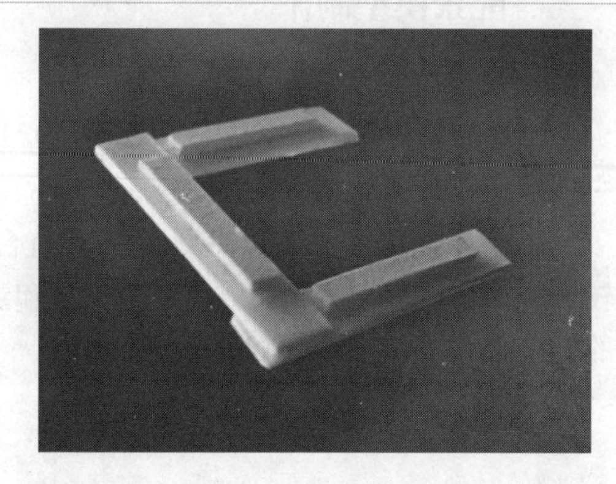

步骤4：制作正面柱体和附加件。按尺寸截取三块条料拼贴成“凹”型料，在料的两侧和头各黏合细条料成型，即凉亭正面立柱和楹联、亭匾等附加件成型。

步骤5：正立面黏合。将成型的正面柱体和附加件与两侧立柱体、地台黏合成型。

步骤6：制作凉亭内平面顶。又叫四角顶界面的托件制作。是截取一块周边大于四柱体间距3mm的平面板料，居柱体中心黏合成型。

步骤7：制作顶界面内撑件。又叫亭梁件制作，该制作有四块角形料拼粘成型或两块角形料咬合成型两种技术。不管何种角形料，截料时要有精确的与亭顶界面吻合的尺寸，然后与平面顶黏合成型。

步骤8：制作顶界面和饰件。按尺寸截取四块三角形顶界面料，依次黏合在亭梁件成型后，用四条细长料封闭拼缝黏合，构成顶脊。再在亭顶处用大头针穿金色小圆珠孔后插入亭顶成型。

（2）曲溪小桥制作　指的是由拱形桥洞、拱形桥面和桥栏杆构成的小桥制作。此座小桥体小、形简，为了“神韵”和情趣，必须首先绘制图2-88所示的小桥三个界面和内部结构件图。图中尺寸由所在位置的曲溪宽度与岸边坡度测量后决定，它的宽度由别墅正门宽度决定或二人的尺度决定。

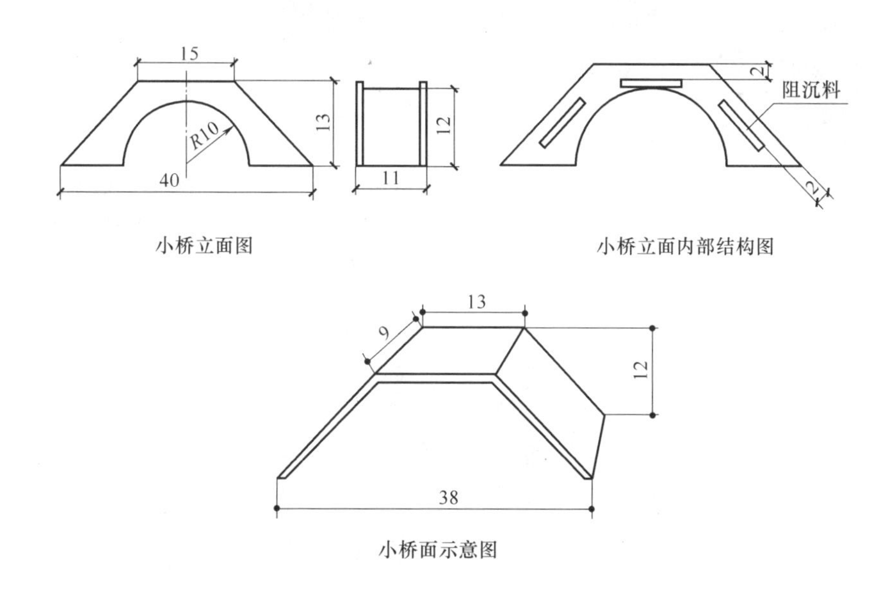

图2-88　曲溪小桥制作图

按图纸尺寸和要求进行曲溪小桥制作的具体制作步骤如下：

步骤 1：制作小桥立界面。按图纸的要求，先裁制两块有弧形桥洞的桥立界面料成型。

步骤 2：制作内部结构件。在内侧边按尺寸划线，用三条细长料沿线下黏合成型。这有效地保证桥面定位、安装黏合。

步骤 3：制作桥面。由于小桥的形态简洁，没有桥台阶制作，只是按图纸截取一块两坡一平面连体通长料，经划线、切线、折弯成型。

步骤 4：桥面组装。是两块桥立面通过桥面安装黏合，使得桥立面、桥路面、桥栏整体成型。由于小桥被俯视时桥洞内界面是人眼看不见的面，故未制作，但不失小桥形态美感。

步骤 5：小桥安装。将小桥与预定位置安装黏合成型。

（3）花坛制作　一般在正门前方的人行路中心区域，制作成似遮挡非遮挡，并值得人驻足停留和欣赏的圆形花坛。它由坛座（底台）、坛立界面、坛顶围边（坛边）、坛腔、展示物（植物、假山、喷泉或雕塑）等部分构成。

花坛总的是根据造型需求，按地界面、立界面、坛边、坛内腔、展示物的顺序制作成型。图 2-89 所示为不同用途和不同形式的花坛制作模型。

文教科技单位花坛模型

公共场所抽象艺术花坛模型

公园植物花坛模型

大型广场花坛模型

图 2-89　花坛制作模型

花坛模型的具体制作步骤如下：

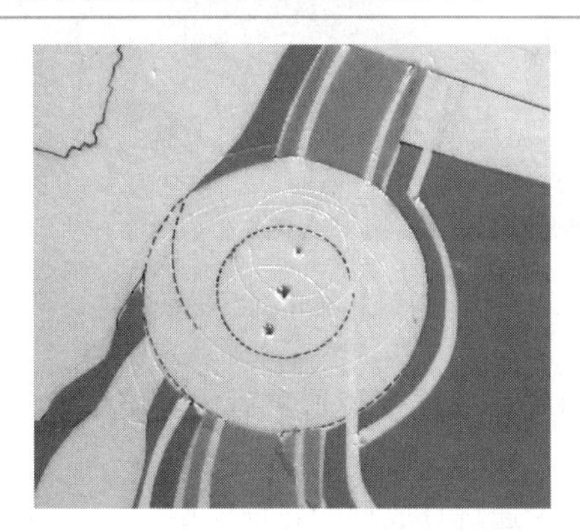

步骤 1：制作坛基。坛基是由白色即时贴剪成直径 52mm 圆，按地盘对位粘贴成型。

步骤 2：制作坛座。坛座是由圆形坛立面组成，是移用直径 36mm、高度 15mm、周边有造型的小瓶盖，经瓶盖周边钻小孔，喷白色漆待固化后用玻璃胶黏合成型。在小孔内插入纸质花卉。

步骤3：制作坛面景观。也是真正意义上的花坛制作。由于景观形式和物件可以多种多样，因此要根据建筑形制和主人的喜好进行设计与制作。这里是雕塑作品的配景制作。

花坛形态和坛面景观制作，还可以根据建筑风格、环境规划、时代流行信息，甚至投入资金、审美情趣等，营造独特个性的花坛。图2-90所示的植物花坛模型，是借用化纤地毯剪成直径为40mm，表面涂红、黄、绿丙烯色形成“百花齐放”的景观花坛模型。

图2-91所示的文化赏石花坛模型，是选用色、质和形状均优美的雨花石制作的模型。

图2-90　植物花坛模型

图2-91　文化赏石花坛模型

图2-92所示的抽象艺术雕塑花坛模型，是用海绵手撕成模棱形象后，经喷涂成型的景观花坛模型。

图2-93所示的动漫艺术雕塑花坛模型，是移用卡通玩具成型的花坛模型。

图2-94所示的现代工艺品景观花坛模型，是移用直径26~26.5mm、表面由六角棱面构成的、无色透明的水晶球成型的景观花坛模型。

图2-95所示的现代陶艺景观花坛模型，是移用晶莹釉色、精美形制的小瓷钵作为坛体，内放似花草的塑料纤维丝成型的花坛模型。

图 2-92　抽象艺术雕塑花坛模型

图 2-93　动漫艺术雕塑花坛模型

图 2-94　现代工艺品景观花坛模型

图 2-95　现代陶艺景观花坛模型

2. 道路类配景模型制作

道路类配景制作，采用的是底盘中直接成型技术。此制作，严格要求一次成功，否则会大大损坏底盘的面层质量。还有一点需要注意，环境制作中必须要有人行主干路、车行路、休闲漫步路这三种道路制作。具体制作要求是：

（1）人行路制作　人行路制作，首先要考虑他的环境形态、材料、色彩和地盘中的位置等要素。一般人行路位于正门竖向，呈“S”线导向，并呈透视感觉的近宽远窄形态。它一般由路面、隔离带（安全岛）、路边（路牙）、护路植物构成，有的会有花坛、雕塑等附件。这里的成型技术有两种：一是用绿色薄膜面的 KT 板直接成型；二是即时贴成型。前一种是用得较多的技术。为了保证一次性成功率，该技术制作需要按画线、切线、剔除、种植顺序成型。

画线是一次性画成路的形态造型线，即路面、路牙、隔离带形态的复线。要求路牙宽 5 ~ 6mm、隔离带宽 8 ~ 10mm，主路面宽度应以正门宽度为限。要保证近宽远窄“S”形复线间变化的统一和对称。并且是徒手画线，不能随意修改，难度较大，如果把握不大，也可预制模板再画线。切线是用锐利美工刀切割出路面、路牙和隔离带线。剔除是剔除路面和隔离带料，然后营造丰富多彩的路面肌理、纹理。种植是低矮植物在隔离带位置线安装插入成型。

图 2-96 所示为不同私家生活环境的人行路模型，即使用不同材料制作出的不同造型的人行路模型。

（2）车行路制作　这是以衬景中轿车体量为尺度的家用车行路制作。它与人行路有同

直线取向的碎石人行路模型

曲线取向的即时贴人行路模型

"S"线取向的人行路模型

图 2-96　不同私家生活环境的人行路模型

入口同行道、同入口分行道、分入口分行道三种形式。车行路一般为直线形、大弧度形或大曲度的“S”形，但路面必须平整、防滑。至于安全警示标志和斑马线的制作，要根据情况而定。家用车行路制作的步骤与人行路制作步骤基本相同，为了使外露的路面能具备防滑防护功能，一般在 KT 板已剔除的路面用刮削器均匀地刮毛、刮粗糙或用粗金刚砂纸摩擦路面，营造出有摩擦力的路面肌理，也可选择路面有砂、石纹的即时贴或薄型装饰纸，使路面同样有防滑功能的感觉。由于模型中车行路有两种，一种是在环境主视区内与人行路共用的路，另一种是一条环山通向车库的车行路。由于此路不在主视区，可简化为灰色即时贴成型。与人行路合用的车行路的具体制作步骤如下：

步骤 1：路面形态造型。采用绿色即时贴覆盖，然后徒手划形态对称式的复线，经切、剔成型。

步骤 2：路面装饰造型。使用灰色即时贴剪成大小不等、形状不一的碎块料，然后相互有小缝隙黏合成型。使豪华的石料路面既防滑又具美感。

步骤3：绿化带种植。选用体量适当的塑料灌木制品，沿路边外侧插合成型。

步骤4：交通工具布置。依据已成型的路面宽度，选购体量适当的小轿车制品，为防滑动、丢失，用玻璃胶对位粘住。

步骤5：车库车行路制作。按车库门的朝东取向和简洁造型原则，用即时贴和卡纸制作成型。

（3）休闲漫步路制作　漫步路是形态多样、用材多样、技术多样、不拘一格、情趣浓厚的道路。其中有即时贴或纸板粘贴成型，有 KT 板表面切、剔造型，也可以用细沙、锯木屑、鹅卵石、干化树叶、稻秆、麦秆、薄木板等粘贴成型，还有的是移用件成型。主视区域内两条休闲漫步路的具体制作步骤如下：

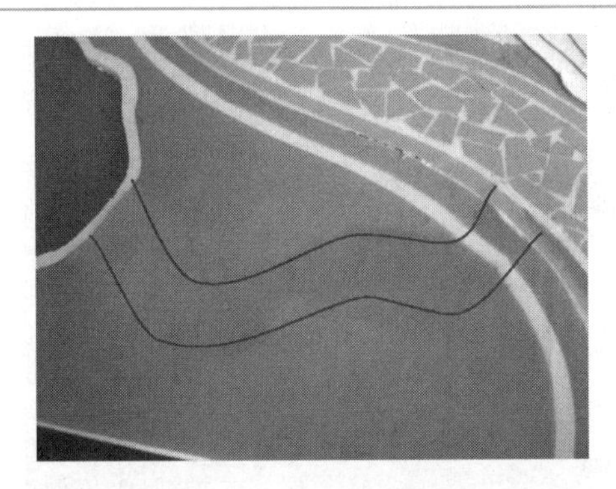

步骤1：划线。划出一条通往河塘的车行路和一条由门廊通往凉亭的漫步路宽度曲线。

步骤2：制作通往河边的路面。预制宽度 3mm 卡纸通长料，然后截 16mm 小条料若干，按线黏合成型。

步骤 3：制作通向凉亭的路面。按步骤 2 同材同技术成型。

（4）道路配件制作　主要指路灯制作。现代居家环境的路灯造型远比公共路灯造型丰富得多，其高度不高却形态优美。正因为如此，给造型带来难度。在制作中一般选用等体量、同形态、排列有序的移用件插入地盘主干路隔离带或路边植物中成型。图 2-97 所示是不同环境个性化、情趣化的路灯模型。

选用吸管制作的路灯模型

选用香烟有序排列制作的路灯模型

选用塑料圆棒制作的路灯模型

选购路灯制品件排列有序的路灯模型

图 2-97　不同环境个性化、情趣化的路灯模型

3. 观赏类配景模型制作

观赏类配景制作内容很多，这里以具有代表性的雕塑、假山石制作为例作一些介绍。

(1) 雕塑制作　雕塑是艺术品，其材料、形象和艺术手法这里不做重点探讨，况且环境模型中雕塑不是既定内容。在模型中主动制作雕塑，是为环境增添艺术气氛，也为了对应住宅主人的品位需求。

根据一般人的审美取向，雕塑人物形象，才会使人产生共鸣，但是环境模型制作中要塑造微型的具象人物形象，既困难又无别要。多数是选移用件，或者用石膏、黏土、有机玻璃等材料，雕塑成有视觉快感的、几何形态的抽象雕塑。这种雕塑外表虽不直接表达内心思想，但却能让人们自我领悟，产生情感的共鸣。

(2) 假山石制作　庭院内的假山石，是优美的质地和奇异的形态引起人们的观赏兴趣。所以，假山石又叫观赏石、文化石，在环境模型中成为不可少的配景模型。玲珑剔透的观赏石具有“露”“透”“漏”“瘦”奇异形态特征，特别是“模棱形态”给人无限遐想，这一点非太湖石莫属。太湖石已成为制作假山石的主角。图 2-98 所示为不同材料、不同成型技术制作的形象逼真的假山模型。

自然石头的假山模型（在主体背面和两侧用同质同色的、不同大小和形态的碎石片，组合安装成型）

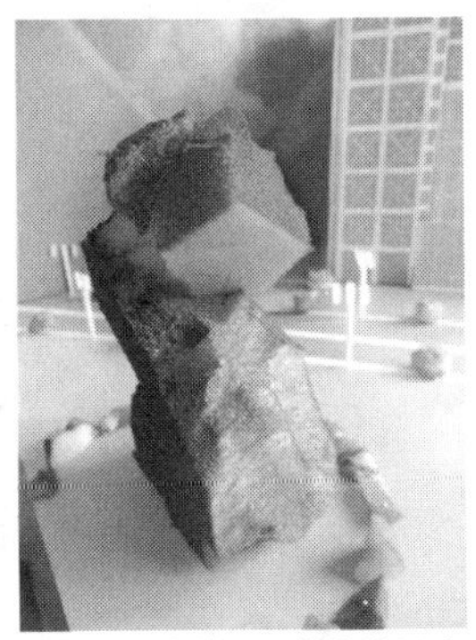

几何形假山模型（将海绵用手撕成大小不等的方形块料后喷灰色漆，再用大头针钉合成型）

高大假山群模型（按上述技术制成的多孔、多形，大小不等的个件假山，在地盘上疏、密有序的钉合成型）

图 2-98　形象逼真的假山模型

4. 娱乐类配景模型制作

娱乐配景制作是指健身器材模型制作。一般只选择由吊索、撑架、座椅和踏板构成的秋千模型，有时也会制作有攀藤植物的附件。图 2-99 所示为不同环境制作的健身器材模型。

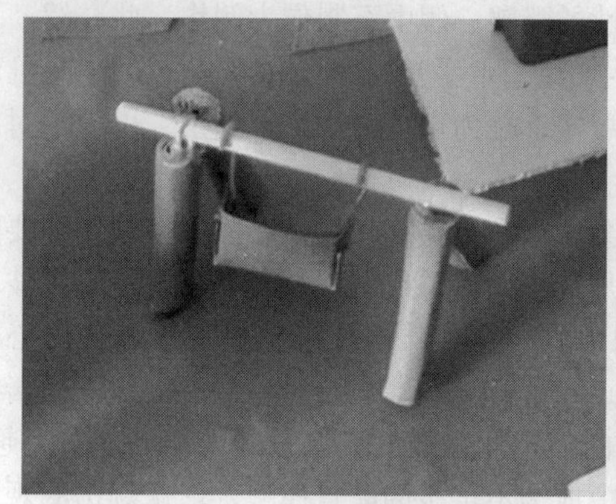

用小木棒为主材捆扎成型的情趣化秋千模型

用有机玻璃为主材制作的家用儿童游戏器材模型

用小木棒和纸板为主材制作的秋千模型，并配有纸板切、折造型椅布置其间

图 2-99　健身器材模型

5. 水系类配景模型制作

为凸显建筑选址环境，环境模型中一定有水系类的湖水、曲溪等模型。有时也会把有嬉水功能的游泳池列为此类模型。它们的特点都是低于地盘平面，只是凹陷深度不同。现列举曲溪模型、游泳池模型的制作。

（1）曲溪和水的制作　由于水的流动决定它们不可能各据一方，往往是连体构成。此类制作与道路类制作技术基本一样，采用直接成型法。按划线、切形、饰底、饰坡顺序成型。

划线是按图 2-79 所示的地盘整体规划示意图，在建筑后面的山丘处和建筑前面左侧沿坡形地划曲溪流程形态线和湖水形态边线。切形是用电热切割器按形态线内侧斜向切割 KT 板，至通透止。饰底是指溪底造型装饰。是用预制的普蓝、湖蓝或群青色厚铜版纸，按曲溪和湖水形态放大余量裁截后，再用优质双面胶黏合在已通透的 KT 板背面成型，给人一种无水似有水之感。饰坡是由于在制作斜坡形曲溪和湖水岸边，会使泡沫板大面积露出，需要进行遮盖和装饰。这就需要制作技术上采用鹅卵石粘贴、细沙粘贴、黏土粘贴、纸浆粘贴等材质进行补救，必要时可散喷绿色颜料，效果会更佳。对于 KT 板直接成型水系岸边，由于材料不太厚和断面平整可以不执行饰坡技术。图 2-100 所示是不同环境中按顺序成型的水系景观模型。

KT板和即时贴刻制的小河和小桥水系模型

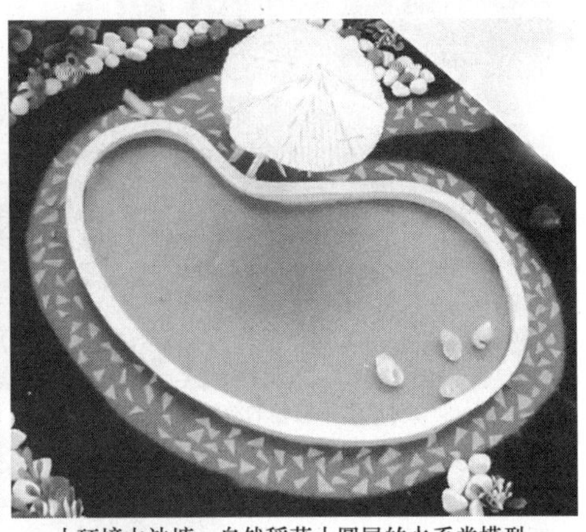
小环境中池塘、自然稻草小圆屋的水系类模型

原水系经修堤后的大型池塘、小路、遮阴树和一辆小轿车的水系类模型

曲溪和湖泊水系模型

图 2-100　水系景观模型

（2）游泳池制作　游泳池可以划分为娱乐类或水系类。由于池中有水，并在别墅前坡型地面上，所以这里将其列入水系类配景制作。按划线、塑形、饰面、构件顺序成型。

划线是按一定的位置，划出具有温泉浴场情趣的游泳池造型线。塑形，游泳池模型成型技术不同于一般游泳池采用的曲溪切型技术。由于它在高坡上，需要用 KT 板在泳池线外塑造围框技术，框的高度应超越坡形地预留高度，然后与四周的梯形坡地同时制作成型。饰面是指游泳池各个面的瓷砖制作。一般是用蓝色即时贴覆盖铜版纸，用分规在铜版纸基准边确定垂直向和水平向 8mm 间隔点，用美工刀按点切割 8mm×8mm 方格线；用镊子间隔剔除即时贴小方块，形成一蓝一白瓷砖，然后再按泳池底、边、面需要裁截、粘贴成型。图 2-101 所示是不同环境中按上述顺序成型的游泳池模型。

游泳池中的扶梯模型。是为游泳池形象真实感而布置的重要物件。须要注意的是扶梯在游泳池内要显得大一点，这同凉亭的制作原则。图 2-102 所示为游泳池扶梯模型。

6. 衬景模型制作

在建筑与环境模型中，衬景的“点睛”“渲染”功能是不可抹杀的。在模型制作中又无硬性规定，似可有可无、可多可少，但是，这些体量很小、又不多占地盘空间的人物、动物、交通工具（轿车）等模型制作，却给整个环境营造了活力和灵气，使得平静的地盘有

对原水系修整的游泳池模型

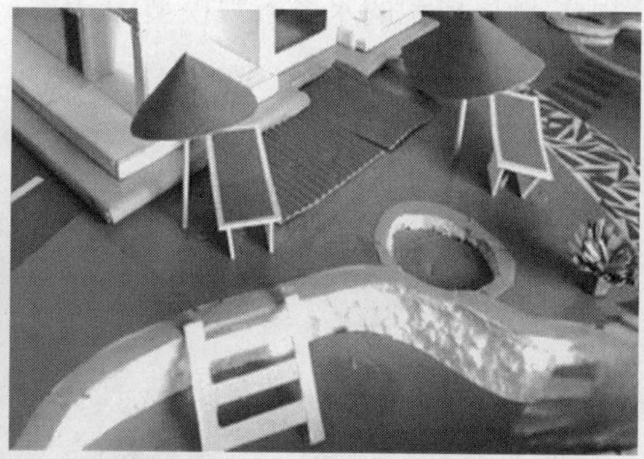
配制扶梯、遮阳伞、躺椅的自然形态游泳池模型

依坡地而建、登坡而上的游泳池模型

图 2-101　游泳池模型

扶梯模型制作（是用模型卡纸经划线、截连体料、截取梯孔、折弯成型）

组装（将成型的扶梯只有对位安装黏合才能使折、弯的扶梯产生立体形态）

图 2-102　游泳池扶梯模型

了动态氛围。因此，衬景模型需要精心规划、精妙制作。衬景制作主要采取两种方法：

第一种是市场选购移用件。因为人物、动物、交通工具形象逼真、体小难制，因此在多数情况下是从市场选购体量适合的（人物高度是建筑正门至一楼平顶之间尺度，轿车宽度是小于车行路宽度的尺度）塑料制品、陶瓷制品、金属制品，再巧妙地安放在地盘前区域临近正门、主干路和主要观赏点处。图 2-103 所示为市场选购的具有画龙点睛效果的衬景模型。

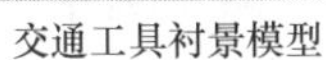
交通工具衬景模型

塑料人物衬景模型

图 2-103　市场选购的衬景模型

第二种是手工制作。为了体现模型制作的水平和特定的审美情趣，有时要用石膏、木材、黏土、有机玻璃、聚氨酯高密度发泡塑料等材料，用手工拼贴、雕刻、黏合等技术制作成衬景模型。

需要注意的是，环境纸质模型以纸为主材，强调整个物件材质相同，但是一般环境模型中的人和车不用纸来制作。图 2-104 所示为不同环境预先手工制作的衬景模型。

预制的小轿车衬景模型

预制的游艇衬景模型

图 2-104　手工制作的衬景模型

三、地形地貌模型制作技术

地形地貌制作，又叫地理环境制作。在建筑与环境模型制作中，不会出现高大体量的平原、高原、山地、丘陵、盆地、峡谷、江、湖、海等的地形地貌，只有它们极少部分的细微形态，使得地盘平面呈现起伏不平的山坡地、丘坡地和低于地盘平面狭窄低洼的小溪、小河、小池、小塘等。

对于不同的地形地貌有不同的制作技术。一般地讲高于地盘平面的地形地貌是用“堆”的技术制作；低于地盘平面的地形地貌用“挖”的技术或平面变色技术制作。

1. “堆”的技术

对于坡形地用堆积的制作技术。该技术又叫增料塑形制作技术，主要需掌握以下 7 种技术：

（1）用黏土堆积造型　将黏土在底盘上堆形后紧覆细沙、锯木屑等屑状料，等到全部干化凝固时，喷涂绿色、土红色或灰色漆（按地盘色调和制作需要选色）成型。根据需要，表面还可涂厚层胶水，再及时洒染色的纸屑、细沙等，以营造表面有浓厚绿色植被的效果。

（2）采用石膏浆堆积流淌塑型　待凝固后先喷白色漆打底，后喷绿色、灰色或泥土色漆成型。根据需要再实施上述涂胶、洒屑料技术。

值得注意的是大面积、大体量的黏土或石膏造型，会增加地盘承重力，不利于运输和保管。应该在用黏土或石膏堆积塑型前，在它们的内部空间适量用一些 EPS 板或废纸团充当内衬料，然后再在表面塑形。

（3）薄木板堆叠成型　一般用 3～5mm 木板经裁形、涂胶、露单边堆叠黏合成型。特别要注意的是板料断面要整洁，线形应平滑自由，露边尺寸要根据地盘大小和坡形地的面积选择，一般控制在 5～8mm 之间。图 2-105 所示为木质坡形地貌模型，使用的是薄木板堆叠成型。

图 2-105　木质坡形地貌模型

（4）瓦楞纸板堆叠塑形　图 2-106 所示的瓦楞纸板坡形地貌模型，是选用优质包装箱瓦楞纸板经裁形、涂胶、露单边堆叠、黏合、喷涂后成型。

图 2-106　瓦楞纸板坡形地貌模型

（5）纸浆塑形　用纸浆直接堆积塑形后，再喷面色漆或涂面色颜料成型；也可将纸浆染色后直接成型。

（6）海绵增料塑形　将整块海绵料撕形、喷涂后铺设在地盘上成型。和纸浆一样，可以很好地减轻地盘重量。如果纸浆和海绵制作的坡形地貌，承受不了主体或副体模型压力时慎用此项技术。

（7）纸板堆叠塑形　这是别墅建筑和环境模型制作时，为求纸质同质性，采用的制作技术。用模型卡纸堆塑的地形地貌模型的具体制作步骤如下：

步骤1：剪条料。按事先划好的地形地貌边缘曲线，用卡纸剪成宽度20mm左右的长条料，随粘贴先后配制若干条。

步骤2：制作右侧坡形地貌。先粘贴坡型地貌最下层的第一条料，接着按第一条长料边缘曲线剪第二条长料粘贴。按此程序成型。

步骤3：制作左侧坡形地貌。均按右侧地形地貌技术制作。即上层料按下层料形态配置粘贴成型。

步骤4：制作建筑台基面坡形地貌。也是按两侧技术制作成型，为了坡型地貌的美感，把条料变为横向粘贴成型。

步骤5：补空隙。采用KT板配制填补底盘左、右、后面，三侧面因坡面升高形成空透的坡断面，填补之后既弥补空隙，又增强了坡面强度。

步骤6：制作台基立面。是指别墅安装的地台制作，一般在各个坡形地貌成型前，按台基实际高度截料、黏合或钉合成型。并同时在立面内侧黏合阻沉料。

步骤7：制作台基内撑架。用少于立面5mm的KT板条料黏合或钉合成型。目的是保证后续大面积台面黏合时坚固、平整，手压时不会有松软感。

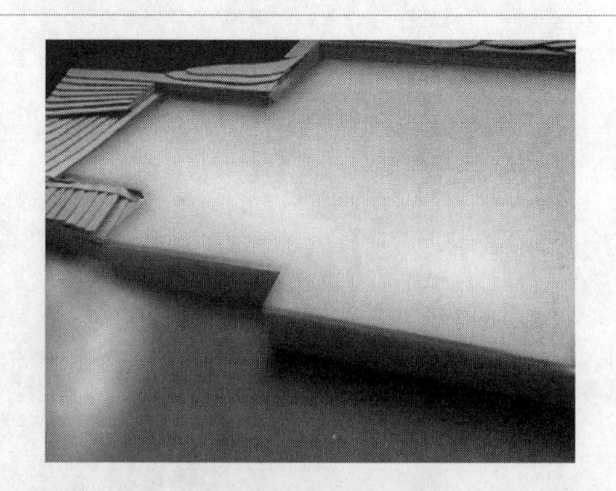

步骤8：制作台基面。按立面内侧面积，用KT板配制、裁截、黏合成型。

步骤9：制作台面色彩。如果不是用表面绿色膜的KT板料成型后的台面需要覆粘绿色即时贴。

2.“挖”的技术

低洼地用挖料的制作技术。该技术主要指减料塑形制作技术，与前面曲溪的制作技术基本相同。如果低洼地貌直接在地盘表层料上用平面变色技术，即采用深蓝色即时贴、背面覆双面胶或水纹装饰纸，然后通过划线、剪料、对位、黏合成型。为了增强“真实”感，在成型的周边再用含有胶水和染色的屑状物塑造高度5mm左右、宽度10mm左右的低矮堤坝。

3. 季节景观制作

季节景观制作虽然不是模型制作的具体要求，但却表达了模型的情趣魅力和春、夏、秋、冬四季分明的地理环境与气候特点。

模型制作中，最有特色的季节首推冬天大地银装素裹的雪景。针对苍茫大地、万物肃然的冬季环境模型制作，一般均用白色纸材营造白色世界。此外，还有如下常用的制作技术。

一是运用白色泡沫粒或白色细沙制作。先在建筑与环境模型上，喷黏合胶然后将白色材料巧妙地、有多有少和疏密有致地洒落在一些物件的承接面上成型。二是喷涂制作。采用此法可以给模型的先期制作在用材、用色方面提供自由。等到模型和地盘总装完毕后，再用白色喷漆均匀满喷，直至俯视不见底色为止。三是刮色制作。模型制作中，是在地盘总装后，用稠状的白广告色、白丙烯色或白油漆，放在金属丝网上或一般刮板上，再用牙刷在各个物件上方成60°~70°角刮喷粗粒状的色料。此法能使各物件顶界面70%~80%面积被覆盖，立界面下端1/3~1/4被覆盖，这样就营造出残雪和小雪的自然景观。四是粘贴制作。主要是在主体建筑和副体配景物体顶界面，用白色海绵、白色稀石膏浆或白色广告色等，进行较厚层堆放和粘贴造型。用此法也能营造出积雪和残雪欲落的景色。图2-107所示为不同的冬季景观模型。

用泡沫粒营造冬天残雪犹存的建筑与环境模型

用白色细沙营造冬天银装素裹的建筑与环境模型

纯白色纸质建筑模型，使人心理感受到洁白如雪的冬天景象

建筑与环境模型均用白色制作，同样使人心理感受到浓厚的冬天景象

图2-107　冬季景观模型

四、植物制作

植物制作是绿色环境模型制作中的重要内容。它们种类多、占地多（70%以上），不管地盘面积大小，一般都要完成植物类中的乔木、灌木丛、草坪、花卉的制作。

1. 制作技术

（1）通用技术　通用技术主要采用四种技术，一是纸质手工制作技术；二是干化植物枝、叶制作技术；三是塑料植物制品技术；四是海绵、地毯、砂纸、金属丝等代用品制作技术。图2-108所示为采用通用技术制作的植物模型。

纸质植物模型

干化枝、叶植物模型

塑料制品植物模型

海绵球植物模型

塑料纤维丝制作的植物模型

图2-108　植物模型

（2）专用制作技术　一些植物由于形态特征的不同，就有不同的专门制作技术。

2. 椰子树制作

这是乔木类最具地方特色和个性的植物模型。椰子树模型的具体制作步骤如下：

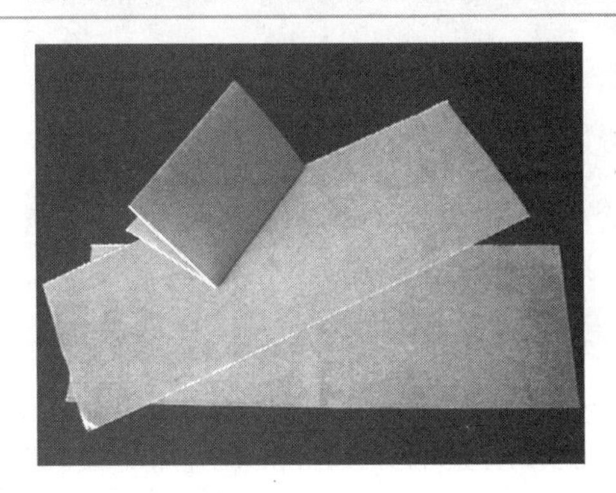

步骤1：备料、折纸。准备毛线粗竹针或直径5～6mm圆棒、绿色铜版纸或水色涂染的铜版纸、咖啡色薄型纸、优质双面胶等。然后将绿色纸按椰树树叶长度50～60mm对折成足够的长条料，将咖啡色纸折成5～20mm长条料。

步骤2：剪单叶形。每一个叶片先将折纸剪成一头尖、一头圆的长弧线边窄长料，然后分别在两侧剪细齿成型，剪到叶片数量足够为止。

步骤3：剪多叶形。按单叶形技术成型，只是每片叶底部相连，然后展开叶片。直到数量足够为止。

步骤4：黏合上层叶片。先在叶片底处贴双面胶，后在圆棒顶端黏合上层叶片。

步骤5：黏合下层叶片。在上层叶片成型后，在其下面再粘下层叶片。营造椰树叶片茂盛的效果。

步骤6：剪树干。将咖啡色长条料的一边剪细齿，然后展开在背后无齿部位覆双面胶。

步骤7：裹树干。将成型的咖啡色条料从叶片下面圆棒卷贴，距圆棒底部30~35mm止。	**步骤8**：整形、安装。主要是将叶片用手梳理成自然生长状态，必要时修整叶形的疏密和大小，待总装时插入地盘成型。

3. 松树制作

这是人们日常生活中喜欢的一种吉祥树，有“寿比南山松不老”的寓意，因此，是模型制作中最常见的树种，松树模型的具体制作步骤如下：

步骤1：备料、折纸。备双面有草绿色或翠绿色的A4幅面蜡光纸5张，按松树制作量备足直径0.8~0.9mm的细金属丝。然后折纸，为减少剪形工作量，多向折成宽度符合松树枝叶长度的形状。	**步骤2**：剪形。用锋利剪刀从折纸边缘依次剪成叶宽1~1.5mm、叶长40~45mm松针叶形，直至剪完折纸。
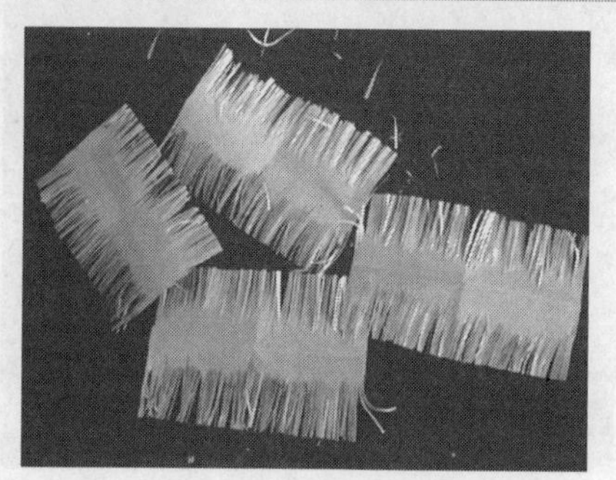	
步骤3：截料、覆胶。把剪成的叶形纸展开，截料按105mm×74mm分别在背面无齿的中间部位覆双面胶。	**步骤4**：夹纸。用两根200~250mm金属丝夹在4块纸叠齐的中间部位。

步骤5：卷形。用绞棒卷金属丝，带动叶形纸旋转，直至金属丝完全被遮盖为止。

步骤6：修整成型。是按雪松树形，用剪刀修整为上小下大，上尖下秃的“金字塔”形，然后手工将树叶梳理成疏散自由、自然生长的姿态。

4. 落叶树制作

落叶树模型的具体制作步骤如下：

步骤1：备料、卷形。备料的最佳选择是内包多股铜丝的电线，按100～150mm折断，去包皮后，卷紧50～75mm线段部分。

步骤2：裹干、修整。根据需要在树干部位用已覆胶的宽度10mm的咖啡色薄纸条裹树干。然后用剪刀将裸露金属丝修剪成长与短、直与曲、疏与密均呈落叶树的自然生长姿态。

步骤3：烘托渲染。根据需要，在枝杈处黏合较少量的白色泡沫粒或黄色海绵小碎料或咖啡色纸屑，分别营造残雪落叶、少叶落叶的效果。

5. 灌木制作

是指体量矮小、丛生密集的多年生植物。一般在环境模型中的主干道路两侧，作为有美感的路边护栏。它们的体量控制在直径15~20mm，排列间距为10~15mm，高度不超过小轿车高度。灌木模型的具体制作步骤如下：

步骤1：备料、折纸。备A4幅面薄型双面绿色蜡光纸3~5张、朱红色或橘红色蜡光纸1~2张、双面胶、大头针等。然后将红绿两色纸折叠成高度符合灌木高度的长条料。

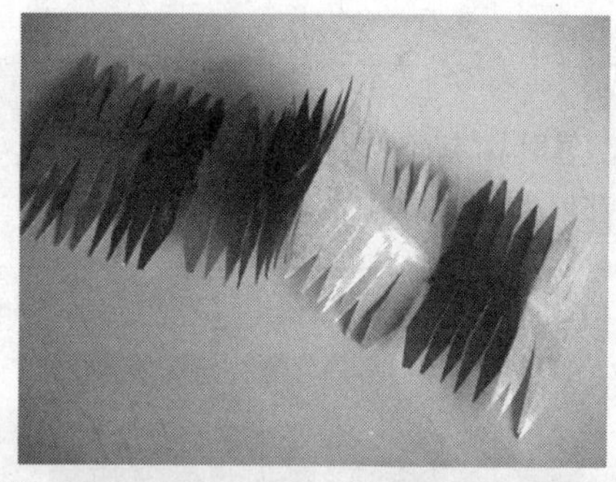

步骤2：剪形。灌木种类多，叶形也多。根据成型需要，可以从折纸外缘剪条宽2~3mm、条长20mm的平行齿，或条宽3~4mm、条长20mm的尖夹齿，或直径3~4mm的圆头齿，分别代表长宽叶、尖宽叶和圆宽叶的灌木。

步骤3：覆胶、卷形。将剪成的叶形纸展开，在未剪的纸面覆宽10~12mm双面胶，然后将纸卷到直径3~4mm时剪断连料，再从卷成圆形的中间剪断成为2株灌木。

步骤4：修整。手工梳理叶形成自然生长状态，并修剪成体量直径15~20mm、高度20~25mm的灌木。

步骤5：制作多色灌木。一是先卷一色纸后再裹卷另一色纸成型；二是2条色纸叠加黏合后卷形，三是3条或4条色纸间隔叠加黏合后卷形。制作成花盛叶茂的玫瑰、茶花、海棠花的灌木模型。	**步骤6**：制作灌木丛林。根据主干路护栏林、观赏园林的需要分别将成型的单色或多色灌木，有序密集单向排列、有序密集纵横向排列成型。

6. 花卉制作

花卉的品种、花形和花色繁多，但是任何花卉的花色有红、黄、蓝、白、紫……而唯有花叶均为绿色，成为共有特点。花卉模型的具体制作步骤如下：

步骤1：剪形。首先备双面绿、红、蓝、白、紫色蜡光纸，双面胶，大头针等材料，再经折纸后按花卉的叶形和花形剪形，除了与灌木剪形技术相同外，还可自创更多的叶形和花形。图中是将宽边齿再剪成长尖齿。	**步骤2**：卷形。先将剪形后的纸展开，覆胶后按灌木制作步骤3和步骤6成型。这里特别要注意的是绿色纸必须在其他色纸的下面。

步骤3：修整。手工修理、剪刀修形，使花卉体量直径10mm、高度10～15mm。	**步骤4**：个性化花卉剪形。是指花朵、花蕾有显著特征的花卉制作。只要将花朵、花蕾剪成需要的圆头形，花叶就可以采用步骤1制作。

步骤5：个性花卉卷形。先将剪形的纸展开、覆胶后，按卷花蕾、裹卷花朵、最后裹卷花叶顺序成型。

7. 草坪制作

草坪是绿色植物中伏地生长的最矮植物，但是它的体量延伸广泛，在环境模型中占地可达80%以上，只要有空地就有草坪布置。一些配景、衬景、植物，也往往以草坪为基地而设置，因而草坪在环境模型中比较醒目，容易吸引人们的目光。草坪制作使用的材料和制作技术与制作其他物件相比更加多样化。

一是切、割、剔技术。这种成型技术同车行路的直接成型技术。虽然草坪形态根据占地情况决定，有时为了表达情趣化的草坪可以给草坪不同的形态，直接在绿色膜的KT板切粗条间的网状细条后，及时剔除就营造出不同区域的不同草坪形态。二是贴、切、剔的技术。先用理想的色纸粘贴在KT板上，然后用上述割、剔方法成型。或者将色纸与占地形状配形后剪贴成型。三是代用品技术。草坪制作的代用品很多，如塑料纤维地毯、绿色化纤丝绒织物、植绒纸，以及预喷和预染绿色的砂纸、锯木屑、细沙、纸屑、薄海绵等材料均可移用，一般是经配制剪料、粘贴成型。使用这些代用品就很少使用覆贴、画线、切线、剔除方法成型。图2-109所示是使用不同材料和不同的成型技术制作的草坪模型。

用绿色KT板直接成型技术制作的草坪模型

用即时贴覆贴、切、剔技术制作的草坪模型

图2-109　草坪模型

用塑料纤维地毯制作的草坪模型　　用染色锯木屑制作的草坪模型

用砂纸喷涂制作的草坪模型

图 2-109　草坪模型（续）

第五节　总 体 安 装

建筑与环境要成为一个相互融合的整体模型，靠的是总体安装技术。总体安装技术主要包括两项：一是各类物件成型后在地盘中的安装技术；二是地盘中已有一些物件直接成型后，其他已成型的物件再安装技术。这两项技术，直接决定总体安装的效果。总体安装后各物件的风格、形态、体量、色彩、材料、技术、质量、空间、位置等是否和谐、协调，是否达到预设计效果，均需接受各方检验。因此，总体安装是模型制作最后的也是最关键的阶段，必须认真对待。

总体安装要求高，必须解决好以下几个方面问题，才能有条不紊地顺利完成。

一、总体安装原则与质量要求

1. 总体安装原则

应认真执行“三先三后”的安装原则。一是先规划，后布局。应认真规划进而权衡各物件在地盘中分布的合理性，以保证一次总装的成功率。二是先画线，后安装。即先在确定的位置上，轻轻画出安装物件的轮廓线、中心“十”字线或主视面二维坐标线，再按线安装，以保证安装位置的准确性。三是先试装，后固定。各类物件，尤其是主体物件和配景中的重要物件，应先按定位区试放，确认效果后，再安装固定。这样可避免二次或多次固定造成地盘和物件的污染、破损，保证总体安装后各物件的完整性。图 2-110 所示为总体安装后的建筑与环境纸质模型视觉形象。

正视形象　　　　右视形象

背视形象

左视形象

俯视形象

图 2-110　总体安装后的建筑与环境纸质模型视觉形象

2. 质量要求

总体安装的质量要求，集中概括为“牢固”“整洁”“无瑕”6 个字。

(1) 牢固　这是总体安装技术质量的第一要素。要求各物件与地盘牢固吻合，经得住颠簸、摇晃，在搬运和人为操作中不移位、不脱落、不飘飞、不摇摆、不损坏。

(2) 整洁　这也是总体安装技术质量的重要因素，要求总体安装后的各物件和地盘表面无污染、无污垢、无污痕，各物件整齐划一、无可挑剔。要达到此要求，必须重视前期技术处理，即安装前各物件应采用抹、刷、掉、掸、吹等方法进行去污、去尘的技术处理。

（3）无瑕　在手工模型制作中，各物件制作时因公差尺寸和各物件安装时出现的缝隙、污点等瑕疵不可避免会外露。为了保证这些瑕疵不外露，需要掌握四项技术：一是遮掩技术。即用几何形态的即时贴、模型卡纸、小装饰件等粘贴在外露的瑕疵上，这样既能起遮掩作用，又能起美化作用。二是涂盖技术。即用与物件同色的钉头泥子（是新型号的泥子）或色料涂盖外露的瑕疵。三是隐扎技术。安装时使用的一些钉合件、插合件要深扎、陷扎和在各物件不可见处隐扎，使这些丑陋扎件不外露。四是割、剔技术。此技术专门用于外露的胶合件，即用美工刀在残露的胶带、胶液位置切割造型，再用镊子剔除。这样既去污，又能丰富物件的表面形态。图 2-111 所示为总体安装后的主体模型近视形象。

正视形象

右视形象

背视形象

左视形象

俯视形象

图 2-111　总体安装后的主体模型近视形象

图 2-112 所示的模型，即在总体安装过程中，对模型的瑕疵采用遮掩技术，从而获得好

的效果。

未遮掩前的残破缝隙　　用花卉巧妙地遮掩缝隙

图2-112　总体安装的遮掩技术

二、总体安装技术与程序

1. 总体安装技术

模型总体安装时，应针对不同物件，采用不同的安装技术。一般安装采用胶合、钉合、插合三项技术。这三项技术在使用时常常相互交叉、相互补充。一般地讲，主体建筑和配景安装采用胶合、钉合技术；植物、山、石采用插合、钉合技术；道路、水系物件采用胶合技术；各物件的配件采用胶合、插合技术。

2. 总体安装程序

环境模型的总体安装程序，原则上是按照先规划、后定位，先主体、后副体，先平面、后立体，先地形、后物件进行安装的。具体表现为“依序安装”：小别墅画定位线（画位置造型线）→别墅试装→道路成型→地形地貌成型→水系成型→草坪成型→别墅固定→植物固定→山石固定→配景物件固定→衬景布置→自然季节景观成型→小科技应用→总体适当调整（只能有少量的增与减、修与补、移与换）→装潢展示。由于模型的实用性对模型总体安装具有决定性作用，因而安装程序具有一定的灵活性，在实践过程中可以有个别调整。图2-113所示为“依序安装”的总体安装程序。

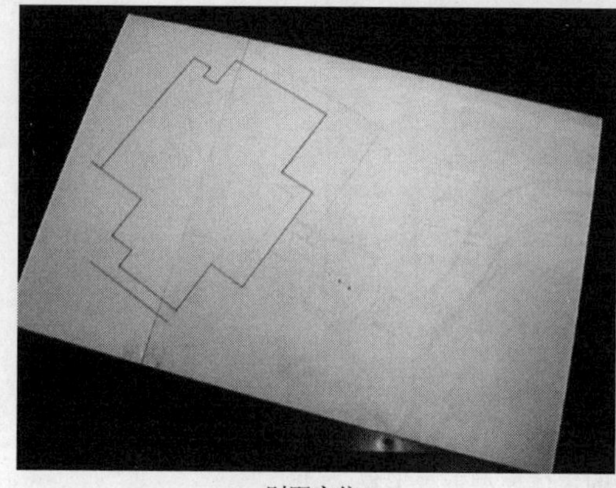

别墅定位　　道路、地形地貌、溪与湖、草坪定位线

图2-113　“依序安装”的总体安装程序

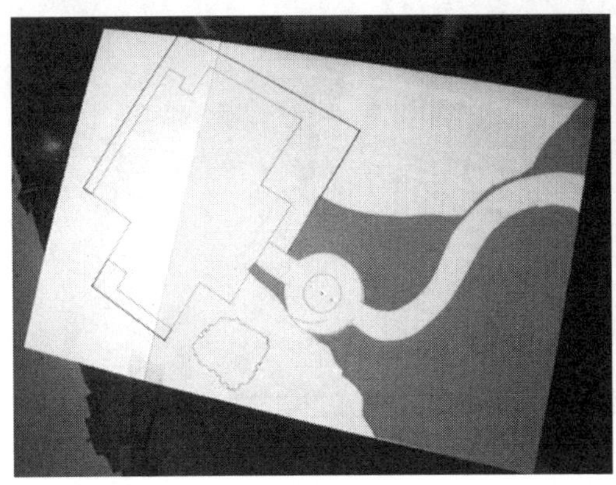

道路成型

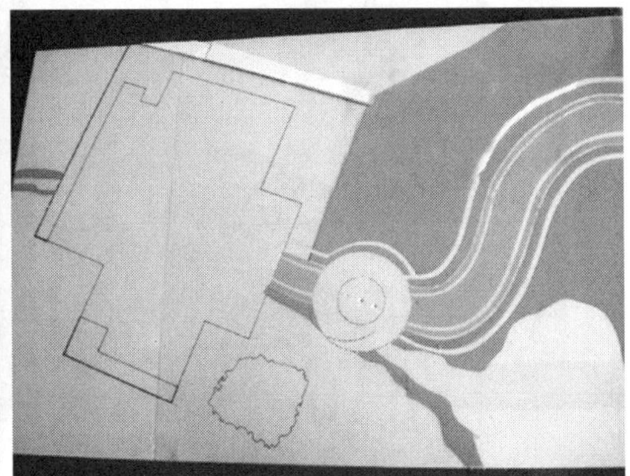

用绿色即时贴进行草坪制作

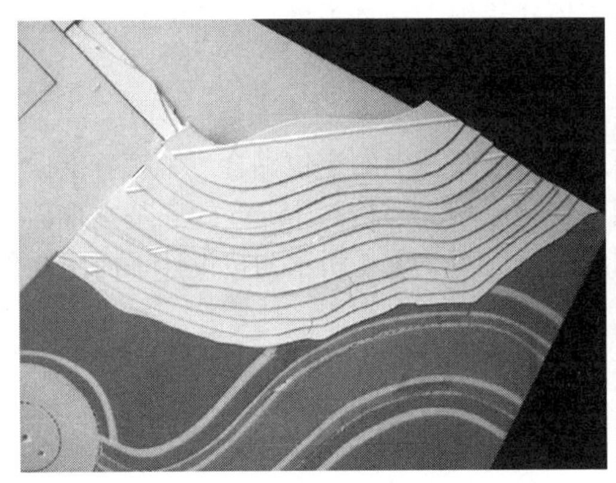

右侧坡形地貌成型

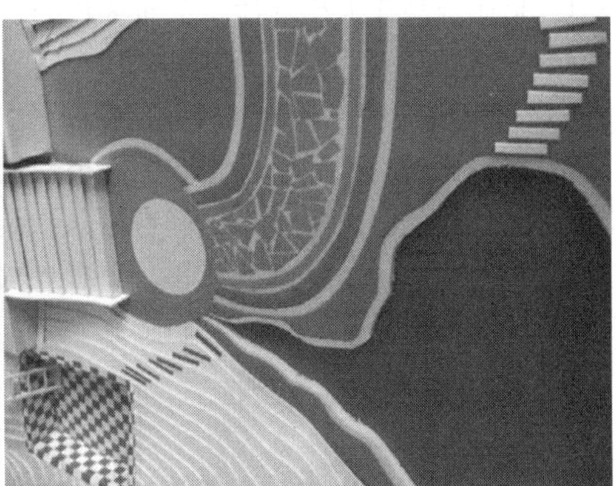

碎石铺路与左侧坡地、泳池、溪、湖成型

别墅安装

植物安装

图 2-113　“依序安装”的总体安装程序（续）

配景植物安装

衬景布置

图 2-113 “依序安装”的总体安装程序（续）

主体建筑模型是环境模型中的主角，也是总体安装的重中之重。此外，植物模型在环境模型中，是体现当代人生活质量的重要内容，主体建筑模型与环境模型的安装在一定意义上决定模型的成败。

3. 别墅安装与底基台阶制作

别墅底基预制成型后，模型底部满覆双面胶，对准底基上的定位黏合。紧接着根据别墅门廊取向进行底基台阶制作。底基台阶是预制件安装成型，即抬高 25mm 的底基主视面，增设宽大的梯形台阶，不仅方便交通，更彰显别墅气派。图 2-114 所示为按设计平面图制作的别墅底基台阶模型。

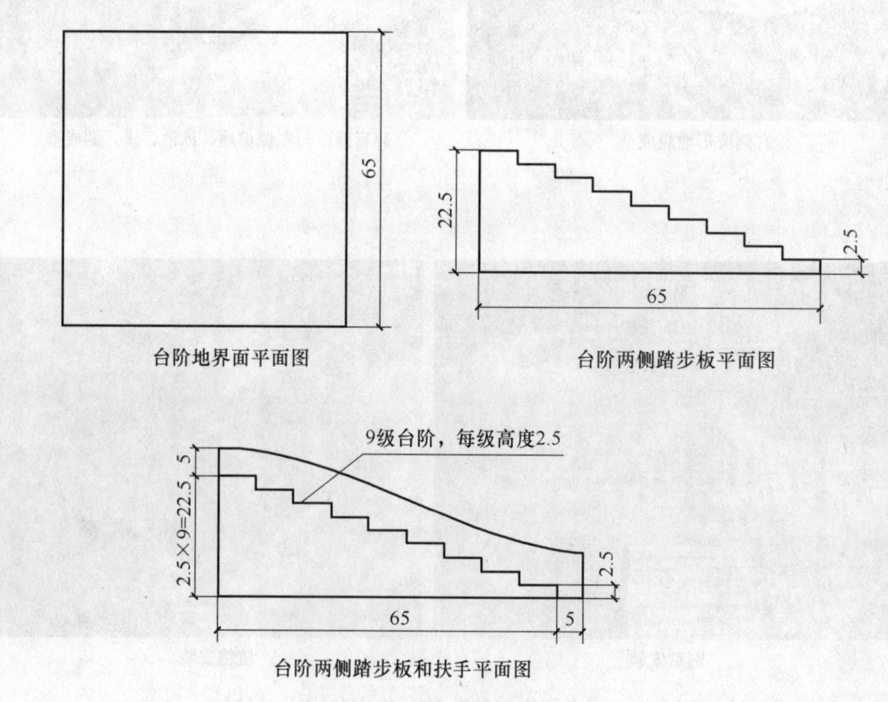

台阶地界面平面图

台阶两侧踏步板平面图

台阶两侧踏步板和扶手平面图

图 2-114 别墅底基台阶模型

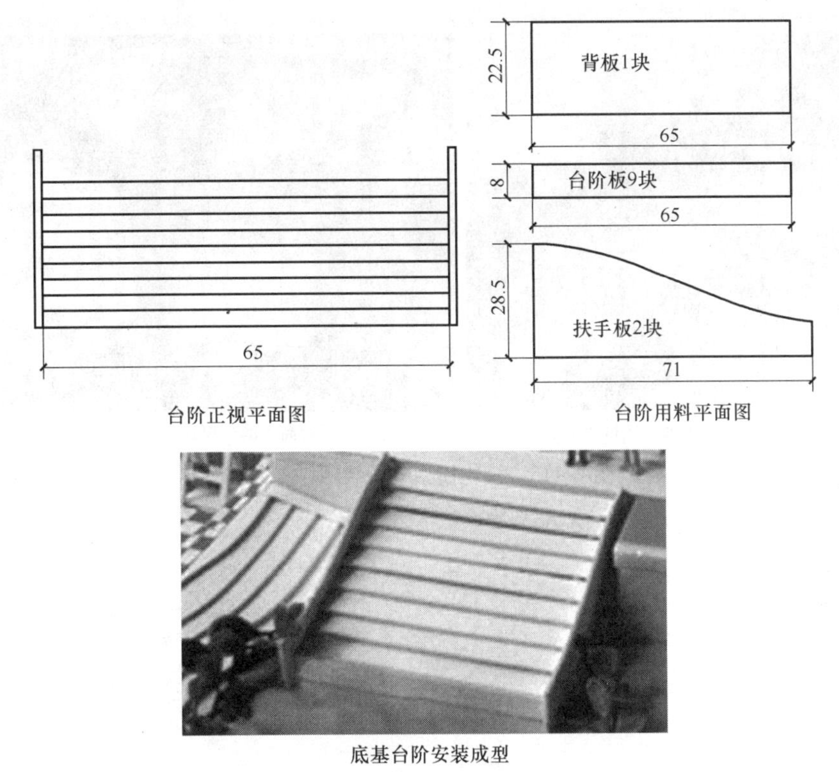

台阶正视平面图　　台阶用料平面图

底基台阶安装成型

图 2-114 别墅底基台阶模型（续）

4. 植物安装

植物安装除满足上述的总体安装原则、总体安装质量之外，这里只提出植物安装要注意的四个问题：一是画线定位。一般不画轮廓线，只画各植物的区域线，必要情况下，再画出各个植物排列的中心线。二是黏合、插合、钉合。只有草坪安装时涂胶黏合，其他植物则采用插合或钉合安装。三是排列形式。不同的植物在不同区域有不同的排列形式，乔木采用散排形式，灌木采用单行排列形式，花卉则采取纵横排列成方队的形式。四是先低后高，先小后大安装。即首先是草坪固定，其次是花卉固定，再次是灌木固定，最后是乔木固定。图 2-115 所示为植物模型的安装顺序。

首先低的草坪黏合安装

其次小的花卉插合或钉合安装

图 2-115 植物模型的安装顺序

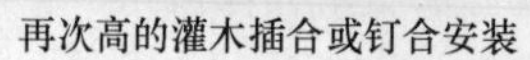
再次高的灌木插合或钉合安装

最后高大的椰树插合安装

图 2-115　植物模型的安装顺序（续）

第三章

办公楼建筑与环境塑料模型制作

第一节 概 述

提升现代城市形象除了“软件”条件外，还需要依靠各种建筑物“硬件”来体现。其中广场、饭店、商场、剧院等建筑物是“硬件”的重要组成部分，办公楼建筑和环境更是其中的重要角色，能直接提升该城市的档次。所以备受城市管理者和投资者热捧。他们除了对办公楼投入巨资、增大体量、突显个性外，还追求建筑的新思潮，张扬独特的风格，采用高科技和新材料等进行设计和施工。

因此，办公楼建筑与环境，比之其他建筑更需要预先制作模型。对于这种高品质的模型，都是选用品种多样、质地优良的塑料作为主材料进行制作。图 3-1 所示是代表城市形象的办公楼建筑塑料模型。

图 3-1 办公楼建筑塑料模型

一、塑料模型的形象特点

塑料模型的形象，相比较其他材质的模型，具有如下特点：

1. 真、用、美的形象

（1）真 是指这种模型能够把建筑形态表现得十分逼真。其中包括精确无误的尺寸真、精雕细镂的形态真、比原形更美的艺术性真。

（2）用 是指这种模型功能的实用性。制作模型的目的是为了让有关人员能直观、理性地审视该建筑物的形态外观、内部功能、环境搭配，便于对方案进行论证。

（3）美 是指该模型比未来的建筑物更有视觉感观的冲击力，更具有时代性、流行性和持久性的审美价值。图 3-2 所示是具有真、用、美高品质形象的建筑塑料模型。

2. 形态空间完整的形象

建筑空间是由建筑的外空间、内空间、界面空间这三大空间构成。

塑料模型能大量提供建筑物外在的体量、形状、色彩等外部空间，给人们以该建筑物的

图 3-2　具有真、用、美高品质形象的建筑塑料模型

整体感性认识。塑料模型可以形象地提供建筑物内部的结构和各区域的功能划分，让人们产生合理和舒适的感觉。塑料模型也可以表现界面空间，即建筑物界面的剖面构造空间，通过剖面结构，人们能解读它的材料构造、承重力、抗震级数、安全系数，以及不可见的与地质相关联的内容，还涉及新材料、新技术等内容。图 3-3 ~ 图 3-5 所示为建筑物的内外空间模型。

图 3-3　建筑室内卧室空间模型

图 3-4　建筑内外空中花园模型

3. 形态坚固的形象

由于制作模型的主材是塑料板，它具有的优良质量决定用它做出的建筑模型具有一定的硬度、强度，其形态具有坚固的特点。并能充分保证模型在长期置展、储存和运输中，不损坏、不破裂、不腐败。图 3-6 所示是用有机玻璃手工制作的坚固的建筑模型。

二、塑料模型材质与加工特点

1. 材质特点

塑料材料具有如下三个方面特点：一是具有固有的纹理、肌理、色彩。根据需要在模型本体上获得保留或张扬，使模型达到原先预想的品质。二是接受人为改造。人们可以采用各种技术手段和添加饰面材料等改造办法使它成为需要的肌理、纹理和色彩。这种“固有材质隐退法”充实和方便了模型的制作。三是具有很强的可塑性。它可通过

图 3-5　建筑室内客厅空间模型

手工、机制、热压等手段使模型整体形态、局部形态和细微形态成型。图3-7所示是由有机玻璃、PVC作为主材成型后，经喷涂使原材料肌理、色彩隐退的桥梁模型。

图3-6　建筑有机玻璃模型

图3-7　桥梁模型

2. 加工特点

在塑料模型制作时，可以对塑料运用如下加工手段。

一是手加工技术。塑料适应手工制作，使建筑塑料模型，不但是完整的、真实的制品，而且更是感性和理性都能认知的工艺品，甚至艺术品。图3-8所示是手加工的展示会场建筑塑料模型。二是机加工技术。塑料适应各类机加工设备进行加工，加工后的塑料模型近似于工业产品。图3-9所示是机加工的建筑形态塑料模型。三是程序控制加工技术。塑料适应运用计算机控制下的现代三维雕刻机或自动成型系统加工技术，用此技术进行加工的塑料模型又快又好，特别适合批量制作。图3-10所示是雕刻机加工的公寓楼建筑形态塑料模型。

图3-8　手加工的展示会场建筑塑料模型

图3-9　机加工的建筑形态塑料模型

三、塑料模型的材料

塑料模型的材料分为如下几类。

1. 主材

主材塑料是一个庞大家族，成为专题研究的对象，建筑塑料模型只是选用常见、常用、易购、易成型且性能稳定的PVC板材、ABS板材、EPS板材、EPC发泡板材、聚氨酯高密度硬质发泡块材等，尤其是含聚甲基丙烯酸甲酯成分的有机玻璃和PVC板材，是塑料模型制作最常用的主材。

（1）主材特点　塑料模型主材归纳起来有以下几个特点：一是规格齐全。塑料的规格有板材、棒材、管材等，并且表面光洁、平整、壁厚均匀。二是色彩丰富。塑料板材的颜色有金、银、黑、白、灰、红、黄、蓝、绿等各种色系，并呈现透明、半透明、不透明三大光、色效应。三是性能良好。塑料材质都具有较强的韧性、弹性和良好的机械强度，适应自然变形和人为变形的要求。四是材质稳定。塑料材料的厚薄、尺寸、肌理、纹理、色彩可长时间保持不变，并耐腐、耐损、耐水、隔热、绝缘，也有极少的塑料能导电，成为最佳的塑料电镀产品。五是加工手段多样。塑料可以用手工进行裁、截、割（勾割）、划、锉、锯、刻、刨、磨、弯、抛光、粘、压（挤压）等冷加工；也可用钻床、车床、刨床、铣床、锯床、磨床、抛光机和一些电动工具、机械设备等进行钻孔、切削、车圆、下料、造型、抛光等机加工；还可以用烘箱、电炉、煤气炉、气焊枪、吸塑机等进行热加工、气加工，甚至可以用计算机控制三维雕刻机、自动成型系统进行加工。六是可以人造纹理。人们用刮削、刷丝、磨毛等手工技术，也可用热压技术或使用机加工技术和喷涂技术，人为制造出沙面纹理、橘皮纹理、丝纹纹理、织物纹理、自然纹理等，以及表面高光、亚光、旋动光效应。图3-11所示为手工刷丝纹理示意图，图3-12所示为手工刮削纹理示意图，图3-13所示为热压纹理示意图，图3-14所示为有机玻璃部分材料。七是饰面精美。表面可以进行喷涂、丝网印、烫印、电镀、真空镀膜、镶嵌、覆贴等装饰技术，使得表面具有多样性的色彩、文字、图形、符号、金属化、装饰件等精美的饰面。八是快速黏合。在氯仿（三氯甲烷）粘连下，快速坚固成型，并便于利用锉磨、填料、刮腻子、覆盖等技术进行修补。九是价廉易购。主材大多是价格低廉，

图3-10　雕刻机加工的公寓楼建筑形态塑料模型

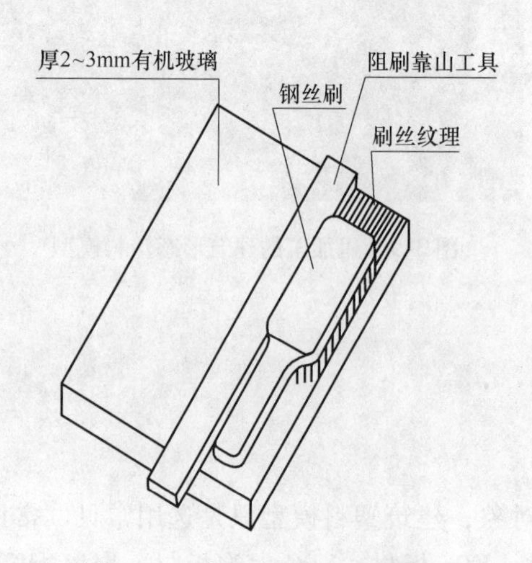

图3-11　手工刷丝纹理示意图

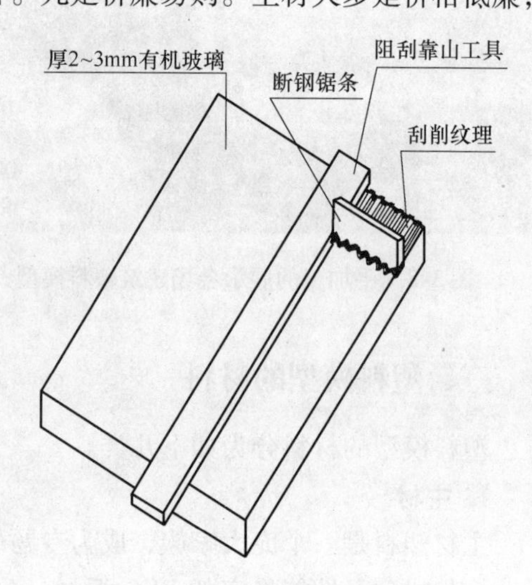

图3-12　手工刮削纹理示意图

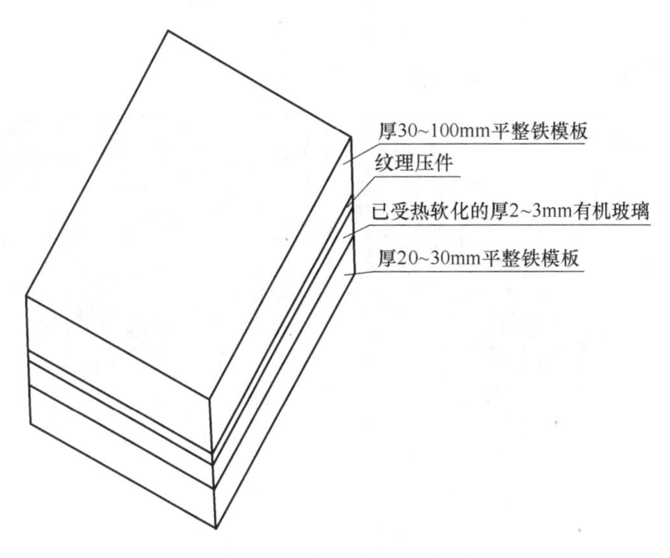

图 3-13　热压纹理示意图

可以在专业厂家或专卖店按重量（kg）购买，也可以按适用要求，在专业生产厂家选购更经济适用的边角料。

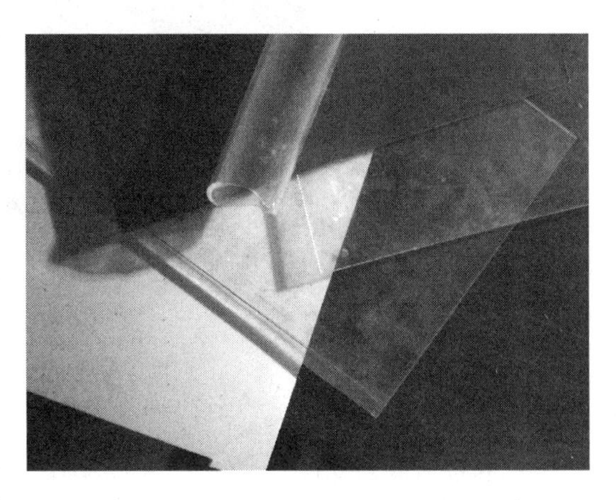

图 3-14　有机玻璃部分材料

（2）主材的选购　主材的色彩由于可以喷涂改色，故可不作为选购条件，选购的主要条件是如下两类板材的厚度：一是通用板材，是用量最多的板材，要求选购厚度 2 ~ 3mm；二是配用板材，是用量较少的板材，即配合界面有立体感和弧面感的薄型板材，要求选购厚度 0.3 ~ 0.5mm。一般超过厚度 4mm 的板材不予选购。图 3-15 所示为塑料模型常用材料。此外一些棒材、管材根据制作需要届时选购。

木质三合板、PS 塑料管、KT板、ABS 板、有机玻璃板

EPC 板材、EPS板材、聚氨酯硬质发泡块材

图 3-15　塑料模型常用材料

2. 辅助材料

一般塑料模型需要如下几类辅助材料（图3-16）。

装饰类材料

界面类材料

环境类植物用料

图3-16　常用的辅助材料

（1）装饰类　自喷漆、双组分原子灰泥子、钉头泥子、转印膜、金属自制件等。

（2）界面类　瓦楞纸、即时贴、透明薄膜等。

（3）环境类：此类所用的辅助材料最多。有地盘用料，参见图2-75。环境模型中的植物类和配景类用料完全可用纸质模型中的制作材料。

3. 黏合剂

塑料模型所使用的黏合剂主要有氯仿，又叫三氯甲烷、502胶、玻璃胶、双组分强力胶，以及粘标牌专用的双面胶等，见图3-17。

四、塑料模型的工具

塑料模型的制作工具可以用表1-1～表1-3中的工具。但是表中只有工具名称无图像，为了方便购买，图3-18～图3-23举例了部分必备工具的真实图像。

现提供的一些工具，都可以从市场选购，但是，还需要许多自制的二类工具，又叫工装夹具，是市场买不到而需要自己制造的工具。是保证模型品质、必不可少的工具，主要的有如下几种：

（1）改型工具　改型工具是将原有的工具改造成新的工具，如把整形锉的另一面或另

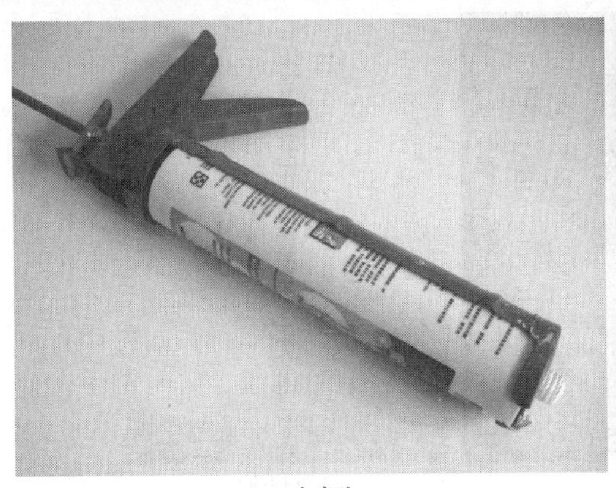

玻璃胶

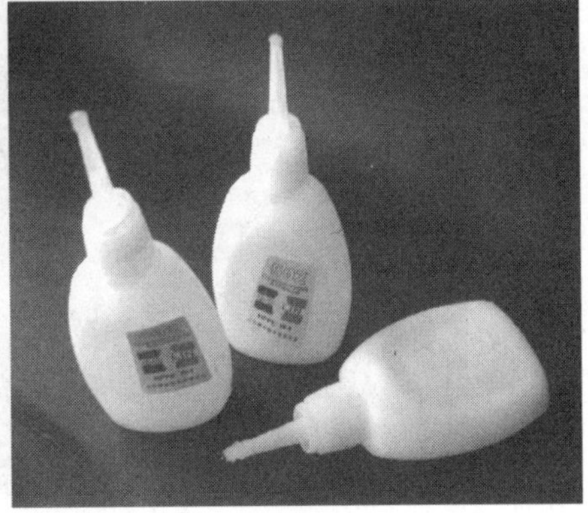

502 胶

图 3-17　常用的黏合剂

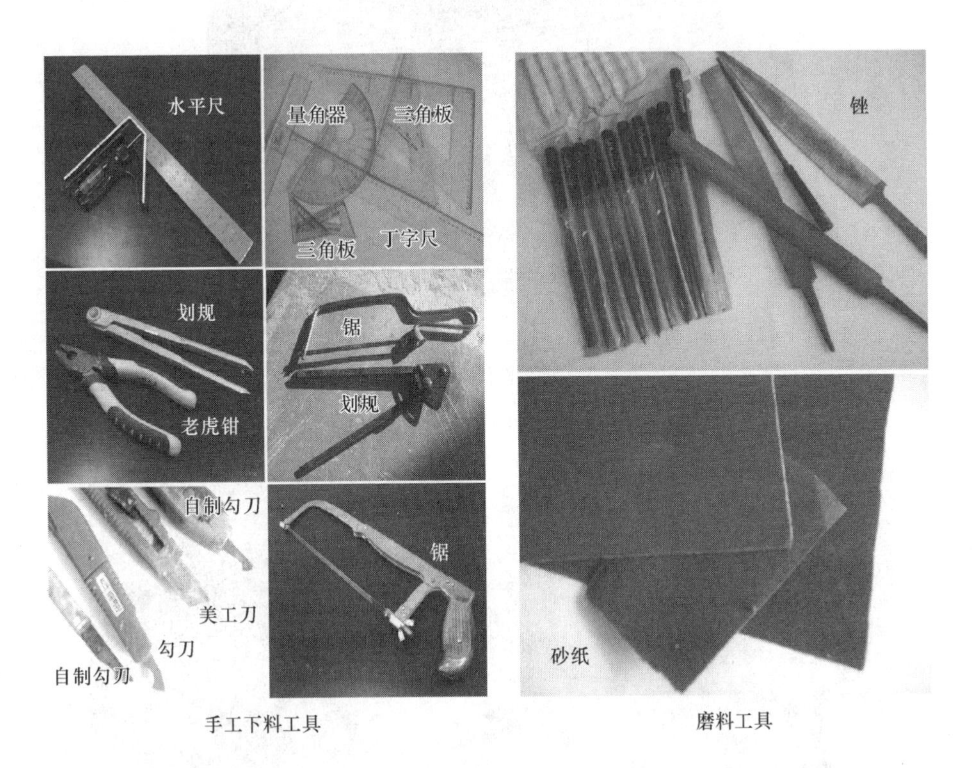

手工下料工具　　磨料工具

图 3-18　塑料模型制作常用的手工具

一边锉齿用砂轮机磨平，方便锉内孔、内角、内斜边制作。又如把钢锯条折断，或利用废钢锯条，成为锯孔的孔锯、勾工艺缝的勾具、刮小台阶的刮具，甚至可制造出比市场购买的更好的勾割工具。

（2）自制勾刀、划针工具　自制勾刀是用长度 120 ~ 150mm 的断锯条在砂轮机上按磨斜头→磨勾口→磨刀尖（尖而平）→捆扎把手的步骤成型，注意要边磨边浸水，以保证勾刀钢性。自制划针是选用直径 6 ~ 8mm 的优质钢棒，一头在砂轮机上边磨边沾水，直至尖锐止。

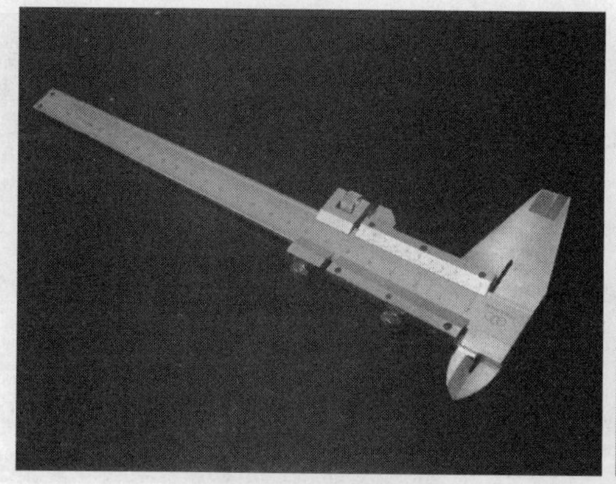

卡尺

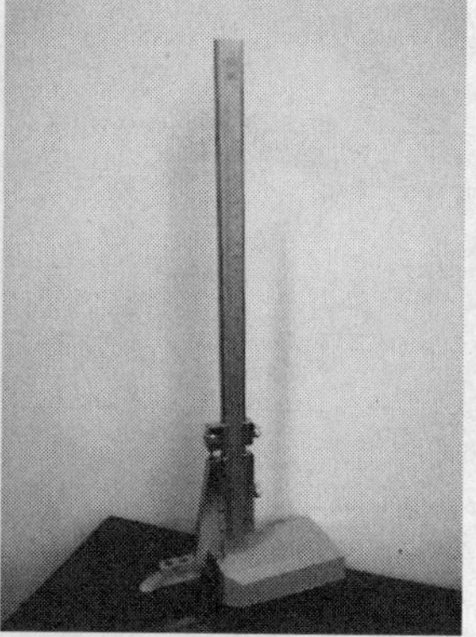

高度划线尺

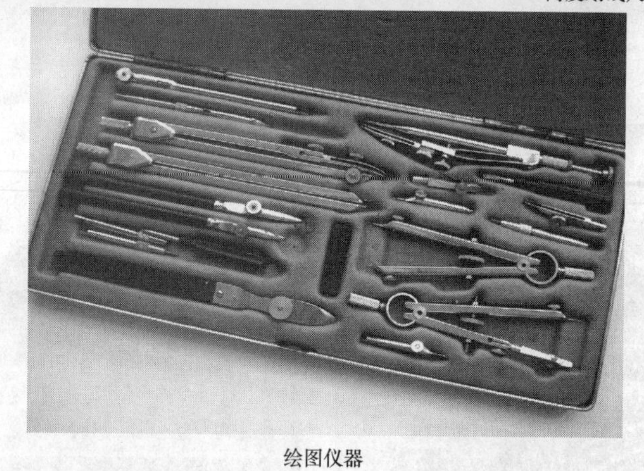

绘图仪器

图 3-19　必备的测绘和计量工具

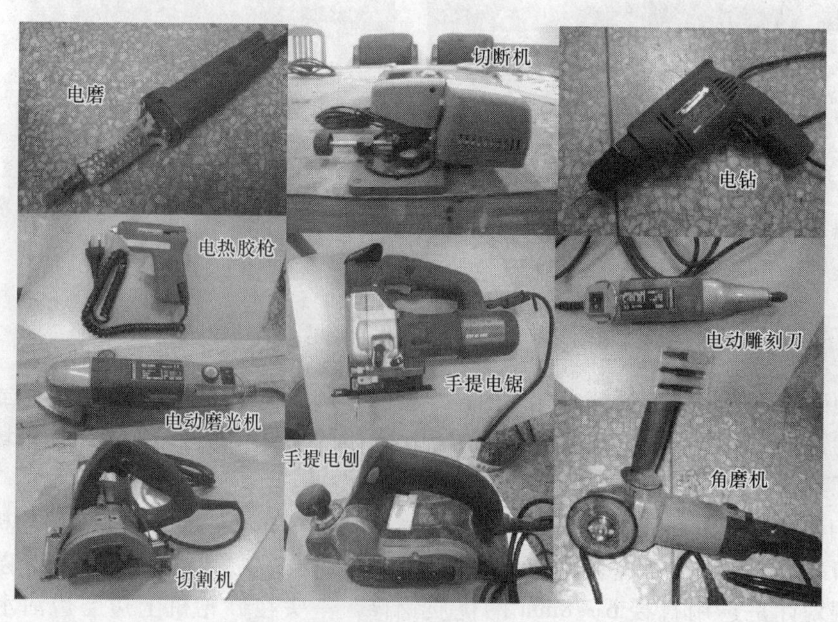

图 3-20　电动工具

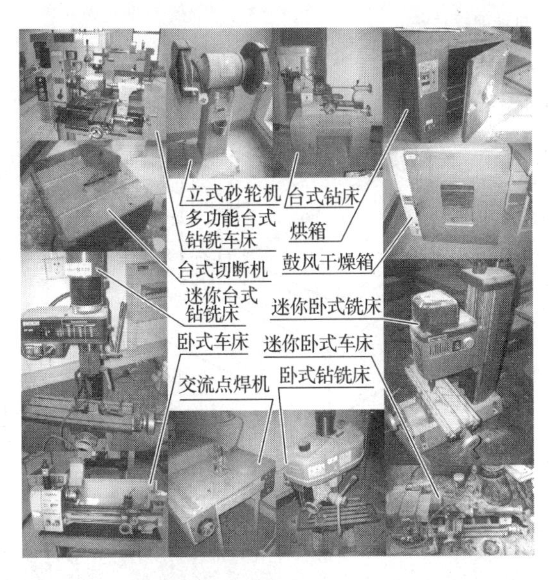

图3-21　常用的专用设备

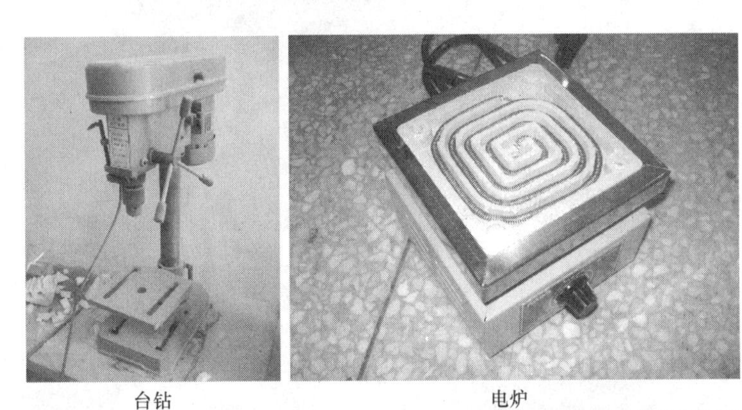

台钻　　电炉

砂轮机

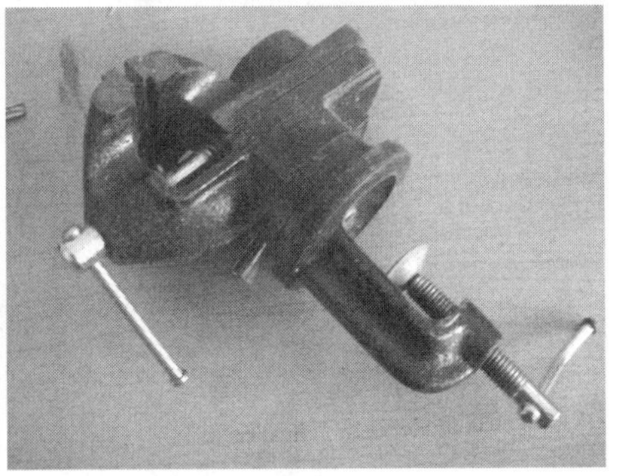

桌钳

图3-22　必备的专用小型设备四大件图像

（3）自制夹具　又叫卡具。夹具有活动式和固定式的，有一次性使用和多次使用的，有多种结构和多种规格的黏合固位夹具、设备加工夹具、夹料夹具等。图3-24所示为部分改型和自制的二类工具。

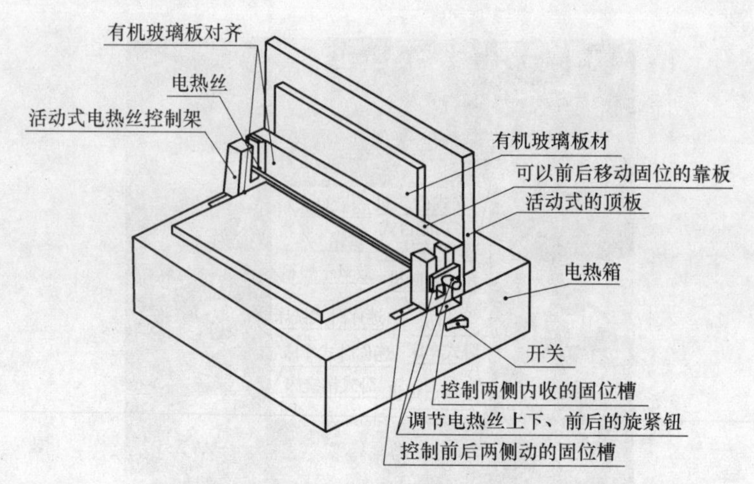

图 3-23　电热成型机设计图

整形锉改型的二类锉具

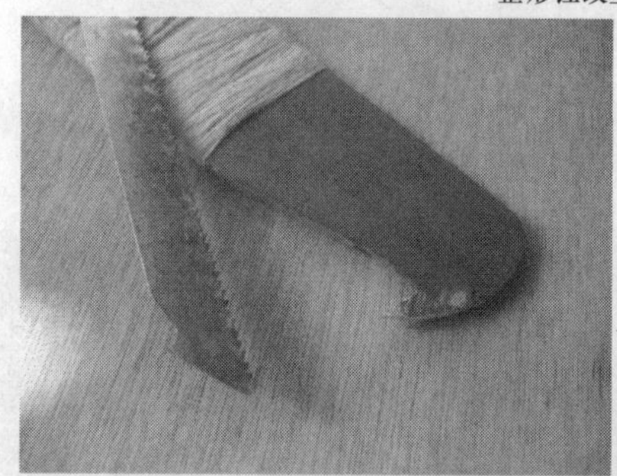

自制勾刀

自制固位夹具

自制钳口隔料夹具

图 3-24　部分改型和自制的二类工具

（4）自制靠山工具　靠山工具是二类工具中的一种俗称，实际上指加工中可以依靠的一种工具。这种工具有活动的和固定的，有多种形式、多种规格的勾割阻割靠山，有锉料边成角靠山，有黏合定位、定角和定距靠山等。图3-25所示是黏合定位、定角的靠山工具。

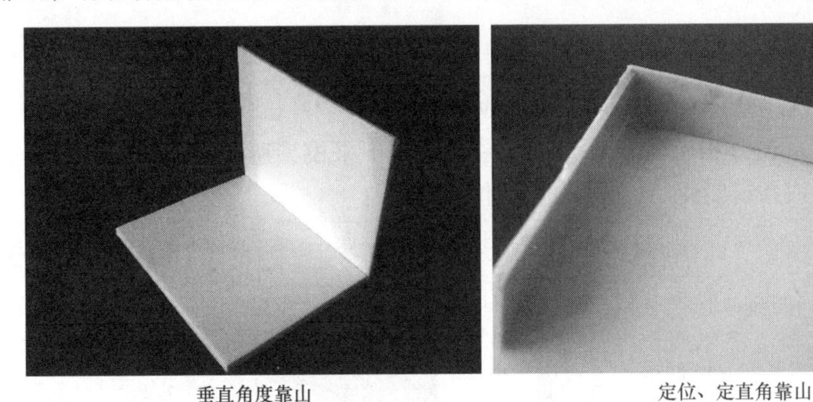

垂直角度靠山　　定位、定直角靠山

图3-25　黏合定位、定角的靠山工具

（5）自制模板　模板是制作模型的模型板，其形状与模型的构件相似。模型的弧面或曲面、弧边或曲边、弧线或曲线等尺寸准确、形态无误，就必须用活动模板或固定模板来保证。这些模板有一次性使用和多次性使用之分。一般情况下随用随制。

（6）自制模具　自制模具专指手加工的、简易的、一次性使用的、可供热成型技术或冷成型技术使用的凸模、套模、挤压模具等。图3-26所示为不同类型的自制模具。

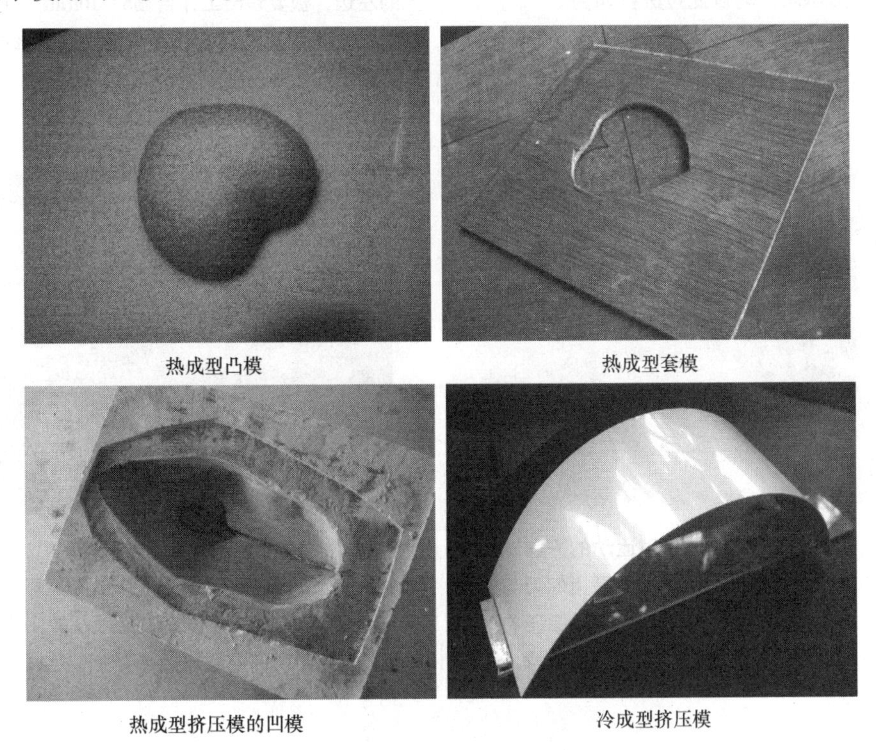

热成型凸模　　热成型套模

热成型挤压模的凹模　　冷成型挤压模

图3-26　不同类型的自制模具

五、成型工艺

成型工艺方面涉及两个问题，一是材料本身能承受的成型工艺，二是模型形态所要求的成型工艺。

1. 材料成型工艺

有机玻璃和PVC等材料能承受如下多种成型工艺。

（1）勾割料　勾割是指用勾刀从大型板料上勾割下来模型所需要的块料、条料。为保证勾割下来的块料或条料能使用，具体的勾割步骤如下：

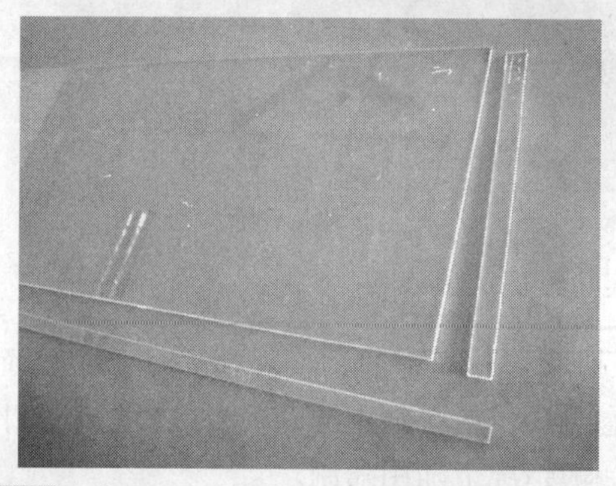

步骤1：基准边。在勾割下料前都要勾割一条宽度在5mm之内的废窄条，以产生板材新的基准边，后续的各个形态料，均以此边进行勾割。

步骤2：划线与靠山。首先要依基准边为准分别划出块料轮廓线，作为块料的勾割线。然后将板料摆放在人的左边，板要超出工作台面5~10mm。并即时将阻割靠山（丁字尺、三角板等）。对准勾割线摆放，切不可移动。

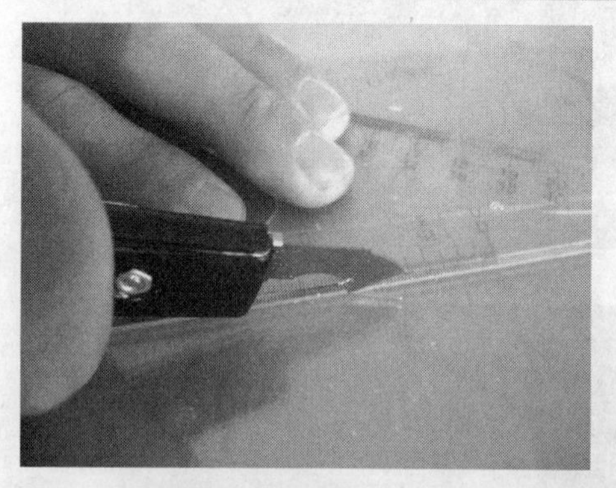

步骤3：勾向与夹角。勾向是勾刀运动的方向，要求勾刀从远向近作垂直方向运动。夹角是指勾刀与板面形成的角度，夹角必须控制在10°之内以保证勾刀尖口与板面垂直。绝不允许在靠山的左侧、上端、下端三个方向勾割。

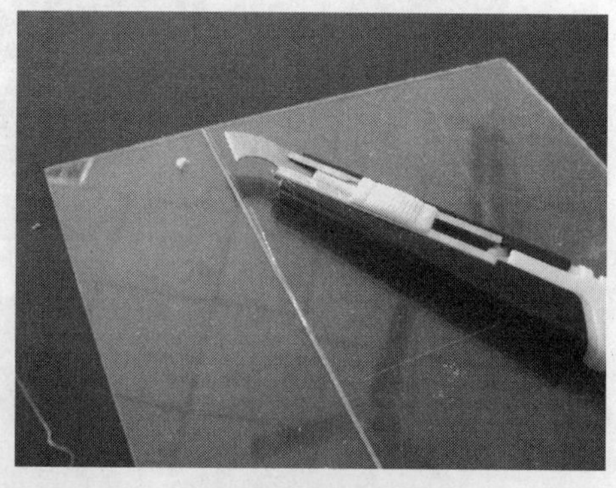

步骤4：刀次。刀次是勾刀勾割的次数。一般1~3mm厚的板勾割2~4次，勾割槽最佳深度是板厚度的1/2~2/3。注意每一次勾割必须从轮廓线头开始一勾到底，绝不允许中途开始或中途停顿。

步骤5：力度。力度指勾割时用力的大小。第一次勾割用力要小，严禁用力过大，只要勾一条供后续勾割的轨迹即可。随勾割次数的增加勾割的力度要不断增加。每次勾割产生长的线状料，证明勾割用力均匀，如果产生短碎料，说明未掌握好上述的勾割工艺。勾割的块料边不平整。

(2) 截料　截料又称断料工艺，或叫取料工艺，是勾割后的下料工艺。其中有小块料或宽条料的手截，有厚度4mm以上大块料的压截，有厚5mm之内的窄条料的具截。

① 手截。是用双手将已勾割的用料截取开，这是最常用的截料工艺。手截料工艺的具体操作步骤如下：

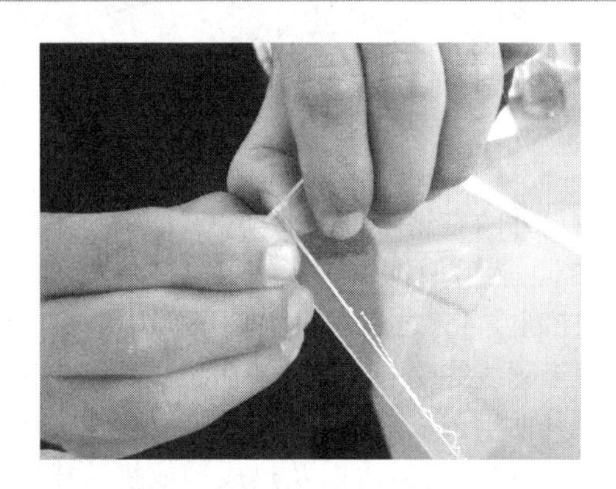

步骤1：预截。悬提板料，双手大拇指紧挨勾割槽顶端两侧，轻轻地、慢慢地扳出一条10mm左右的小裂缝，为后续截料作准备。

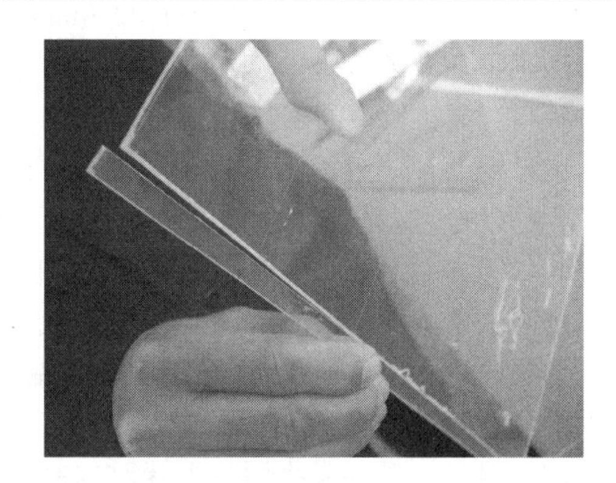

步骤2：断截。顺着小裂缝用双手进行小距离（一般10～20mm）地渐扳渐移，每一次扳动以感到槽缝向两侧转动即可，一直扳至终点裂开，也可以边扳边裂。禁止长距离扳裂。

② 压截。是一人或二人用手将放在工作台上的板料用力压断的工艺。是快速的一次截料法，常用于厚度3mm以上的大型块料的断截。具体操作步骤如下：

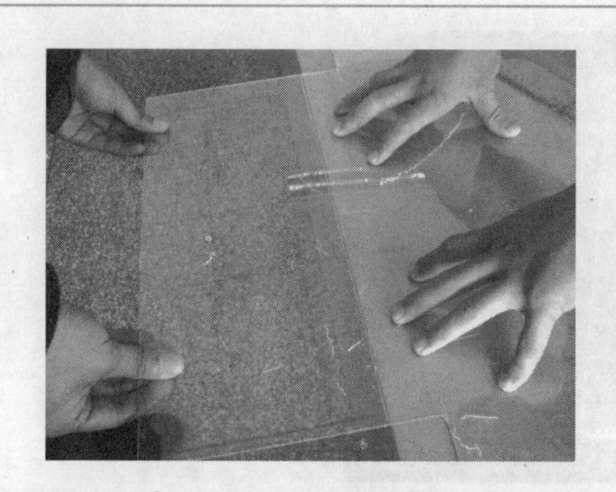

步骤1：摆料。压截时要求将板料平放在台面上，勾割槽缝对准工作台边。然后勾割槽两边各站一人，保证勾割槽不能移动。

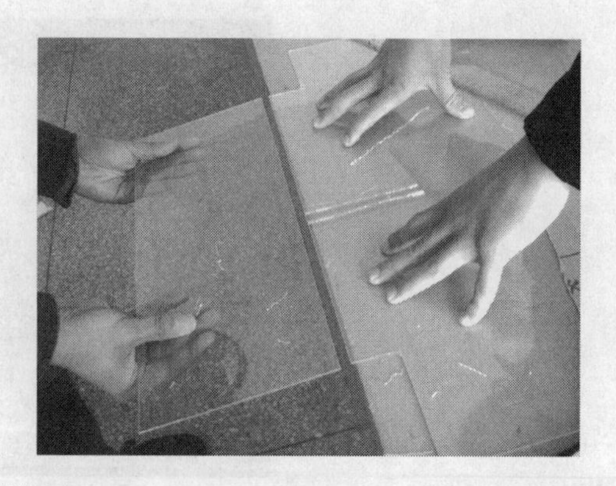

步骤2：压截。要求一人用双手压牢台面上的料，另一人用双手抓紧近身的水平边，对悬空的板突然用力猛压截。

③ 具截。具截是用钢丝钳、台钳等工具对厚度3mm以上小型块料和宽度1～5mm窄条料的断截工艺（图3-27）。要求用钢丝钳夹紧小型块料或窄条料，然后按手工预截、断截工艺进行。如果料太厚、勾割槽太浅，两边都是窄条料，可用两把钢丝钳夹住对扳，也可用台钳夹住材料再用钢丝钳扳截。

图3-27　具截料工艺

（3）锯料　锯料是用钢锯对厚度5mm以上板料和不同形态的块料以及不同粗细的棒材、管材等料，进行锯截的工艺（图3-28）。

夹料锯截，一般用台钳右侧夹住已画线的料，要尽量把需要截取的料放在钳口内，线放在钳口外的右侧与钳口垂直。线距钳口不能超过5mm，且越近越好。极少使用水平夹料、水平锯。然后用钢锯。距线外0.3～0.5mm预锯，也叫试锯。要求锯条与料的迎面构成的夹角控制在45°之内，自上而下勾锯2～3次，能见到锯缝后再用力推锯锯料，回锯时不锯料，直至锯线终端顺利通畅不阻齿锯料。由于钢锯条不能转向锯程，一些角形料、弧形料需要结合其他工艺成型。

（4）锉料　锉料是指用金工锉对勾割成的料边、锯成的料边以及热成型或拼装成型的面、边等锉平整或锉成一定角度的工艺。锉料分夹料锉或摆料锉。

① 夹料锉。夹料锉是用台钳夹住一块或多块材料进行锉加工。夹料时必须执行锯料的夹料要求。然后人站在台钳左侧，右手握锉柄、左手握锉头，使锉刀从左到右作斜向水平运动，还要求锉刀前进用力锉料，锉刀后退回收时只保持水平状不锉料，并且每次都要求从料头至料尾一锉到位，严禁分段锉。

对于夹料锉斜边或斜面时一般用卡尺按角度划出斜边或斜面宽度线，然后线放在近身一边用台钳夹住。要求先锉顶面的斜面，见料的顶边外侧均尖锐后锉料面的斜面均至线位止。图3-29所示为多层料叠合锉。

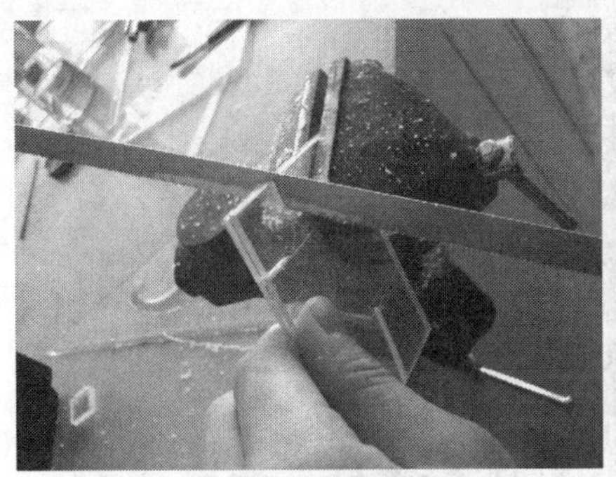

夹料锯截（要想方设法将成型料用桌钳夹牢然后左手抓料右手锯料）

锯角形料（可以锯一边后勾割另一边，或分别锯两边成型）

锯弧形料（可以锯一边或两边，之后未锯的相连料用钻床排孔成型）

图 3-28　锯料工艺

叠粘夹料（为了叠合的多层料被夹时不滑动，事先在叠合的边2~3处小面积黏合）

美工刀分离（锉成型的多层料只能用美工刀在黏合部位对准叠合缝，然后用捶打工具，轻锤美工刀背，渐进渐分离）

图 3-29　多层料叠合锉

② 摆料锉。摆料锉是对台钳无法将锉线全部夹住的大型块料、长条料，可将它们直接摆放在台面上锉的工艺。图 3-30 所示为摆料锉直边和摆料锉斜边，又叫锉倒角边工艺。也可以用符合角度的专用成角靠山锉倒角边。

图 3-31 所示为锉料面、锉内孔工艺，都属于难度较大的锉料工艺。

（5）磨料　磨料是指对成型件，用不同型号的砂纸将料面磨平整光滑的工艺。对太厚、太大的边或面，用锉或砂纸又难以磨平整的，可用机磨工艺。其他一般用手工磨平整。手工磨料要注意两个问题：

摆料锉直角边（要求将材料摆放在工作台右边，锉线要紧挨台边，锉边要悬空。然后人要站着或坐着，左手按住材料，右手握锉，使锉刀由上向下斜向垂直锉料，小型料可摆放在台钳上锉直边）

摆料锉倒角边（要将材料向外斜担放在靠人的工作台边上，锉的悬空斜边与桌面如能在同一水平面是最佳角度。人必须坐着，用左手抓住工作台下端的料，右手握锉，先水平方向锉料边的底角见尖角止，后水平方向锉料面的倒角边至划线止，逐渐成型）

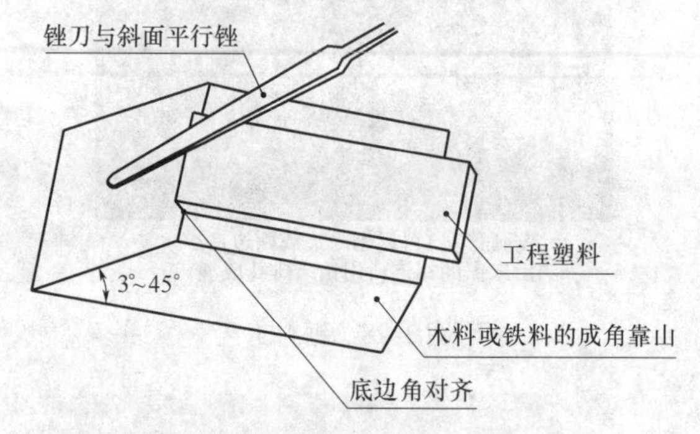

摆料在成角靠山上锉倒角边（要求料边底角靠挨靠山上端斜边平齐摆放。然后用锉刀顺靠山斜度锉成型）

图 3-30　摆料锉

锉料面（是指热成型的凸模质量不好和冷却时 收缩不均匀，有的拼装后材料厚薄不匀、面积不等，造成表面高低不平，这样的料面需要锉平整。可用夹料锉，更多的是用摆料锉。一边锉一边移动成型件，直至手感平整，目测无任何原面的亮点、亮面为止）

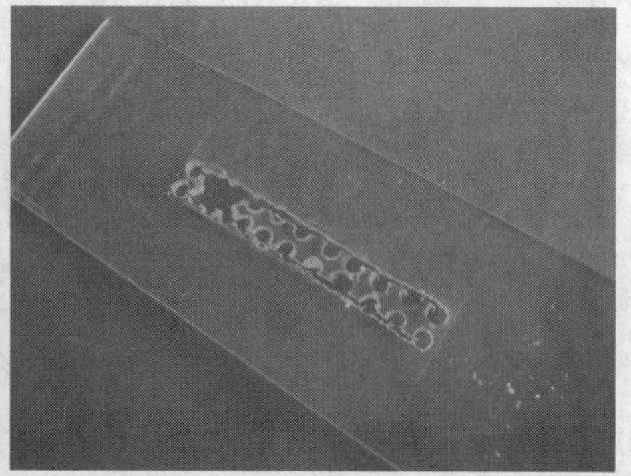

锉方形小孔（首先截除小孔废料。需要采用划线、钻排孔、锯截工艺成型，但是不能损伤内边和转角）

图 3-31　锉料面、锉内孔

夹料锉孔（对于很小块料的方形内孔，需要用台钳夹料，然后用改型的整形锉锉直边或倒角边）

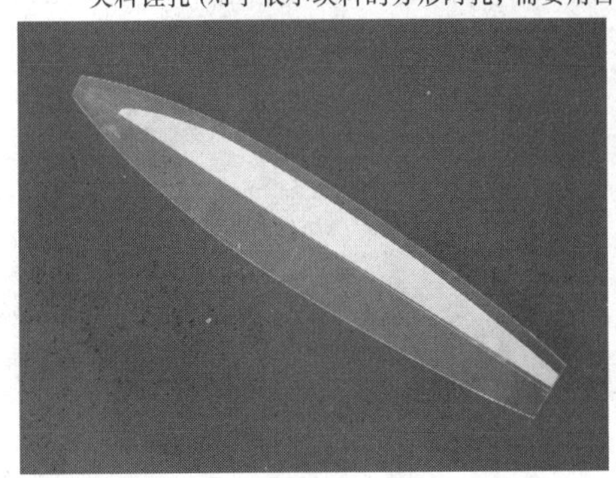

锉对称弧形孔（要保证弧形内孔两侧的弧线对称，预先用卡纸制作成单边弧形或两边对称的弧形模板。然后将模板覆盖在板料上）

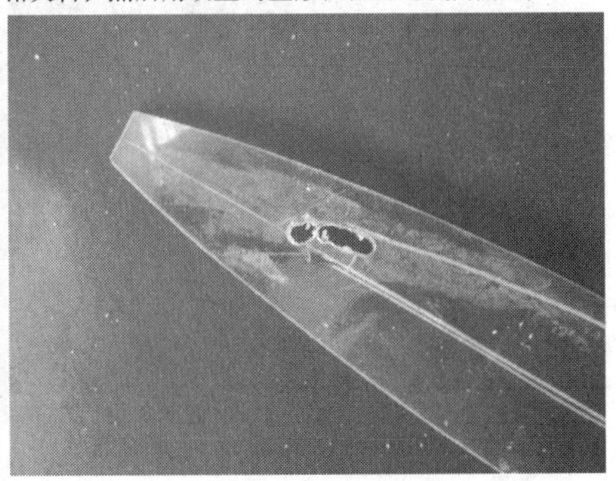

锉内孔（先用勾刀沿模板边勾割内孔，然后将模板翻转贴另一弧边时再用美工刀勾割内孔对称边，对于孔顶端，需要钻直径3mm工艺孔利于手工扳截后，用整形锉成型）

图 3-31　锉料面、锉内孔（续）

① 手磨动作。手磨动作有三种：一是成型件不动砂纸动的磨；二是砂纸不动成型件旋动的磨；三是成型件与砂纸互动的磨。

② 自制磨具。模型制作中常用砂纸作磨具。为了增加砂纸强度，加大摩擦力，将砂纸极容易改成适用的三种形态磨具。一是折叠磨具。是将砂纸撕成条状后折叠成的磨具。二是卷圆磨具。将条状或块状砂纸直接卷成圆柱状的磨具，是磨曲、弧、圆形态的常用磨具。三是包料磨具。是将砂纸裹包木质、金属等材料，包成圆柱形、方形、三角形的常用磨具。这三种形态磨具在使用过程中，砂纸可不断变更叠、卷、包的位置、方向，砂纸也能得到充分利用。图 3-32 所示为手磨动作工艺和自制的砂纸磨具。

（6）钻孔　孔有通孔、盲孔、沉头孔，有小孔、大孔，有圆孔、半圆孔、椭圆孔、方孔、异形孔，也有单孔、单排列孔、多排孔（齐排、错位排），此外还有成型孔与工艺孔等多种类型与形态。钻孔要掌握如下要领：一是确定钻孔工具。要按照孔的种类、形态和具备的工具条件，分别选择钻床、手电钻、烧红的铁钉、铁画规等。二是划出钻孔线。按基准线划出孔的中心“+”字线。三是控制钻速。钻速是指钻头进料的速度。一般钻速要慢，尤其用直径在 8mm 以上钻头，来钻材料厚度在 3mm 之内的孔，以防止料孔破裂、夹钻或伤手，不但速度要慢，还要先进行 1 ~2 次的试钻，再逐步钻通。四是钻特殊的孔要用一些工

成型件不动砂纸动的磨（为了保证成型件表面无残留磨痕，要求砂纸水平方向直线动磨）

成型件与砂纸互动磨（首先是能被手抓住的成型件前提下，双手反方向直线动磨或旋磨）

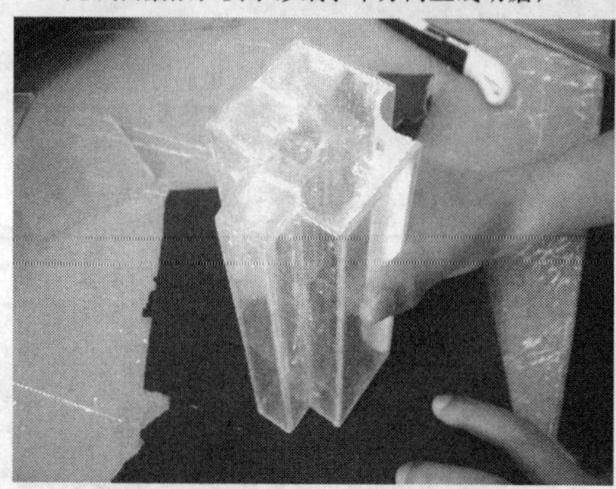
砂纸不动成型件旋动的磨（为了磨面的平整，成型件必须顺时针或逆时针方向旋磨，严禁直线磨）

三种自制磨具

图 3-32　手磨动作工艺和自制的砂纸磨具

艺技巧。如钻盲孔时，一定要按盲孔规定的深度尺寸，在钻床上调整好控制钻头下降的尺寸，然后钻孔成型。如钻沉孔，因为沉孔是由小的通孔和大的退拔孔组成，所以，先将小通孔钻通，然后换钻头按盲孔的工艺钻大退拔孔成型。五是板料厚度 4mm 以上钻大型孔。应该先画孔的轮廓线和内侧的排孔线，以及各个排孔的中心“ + ”字线。再钻紧靠的排孔，需要时结合勾割或锯料工艺，最后用锉、磨工艺成型。如果是一个圆心的大型通孔，且板料厚度在 3mm 之内，可以直接用铁画规成型，如果是大的方形孔，先在紧靠方孔内的 4 个角分别钻直径 3 ~4mm 孔，这 4 个孔就是工艺孔，然后勾割 4 个边。有效地保证截料时，材料不会发生破裂。图 3-33 所示为模型制作中经常钻的孔。

（7）刨料与铣料　刨料是为了使板材的边平直、变斜面、变薄面，或使表面出现条纹、交叉纹等纹理，用刨刀对板料进行加工的工艺。刨料的成型工艺有两种。

一是手工刨料。是指用手工操作木工刨子刨料。将画好刨位线的板料垫高摆放在工作台上（使料边在刨刀范围内），推刨至线位成型。二是机床刨料。是使板面出现纹理的成型工艺。机刨一般要由刨床工人操作，选择刨刀、调好刨距、刨速和进料深度。有效地使直线、交叉纹成型。

铣料是指使用立铣床或卧铣床对板料进行铣加工的工艺。使板料的边成为直边、斜边；使板料的面成为平整面、凹凸面或特殊的纹理和肌理面；使厚板料有效地下料，此外，可有效地使模型具有工艺缝、直边槽、斜边槽等。

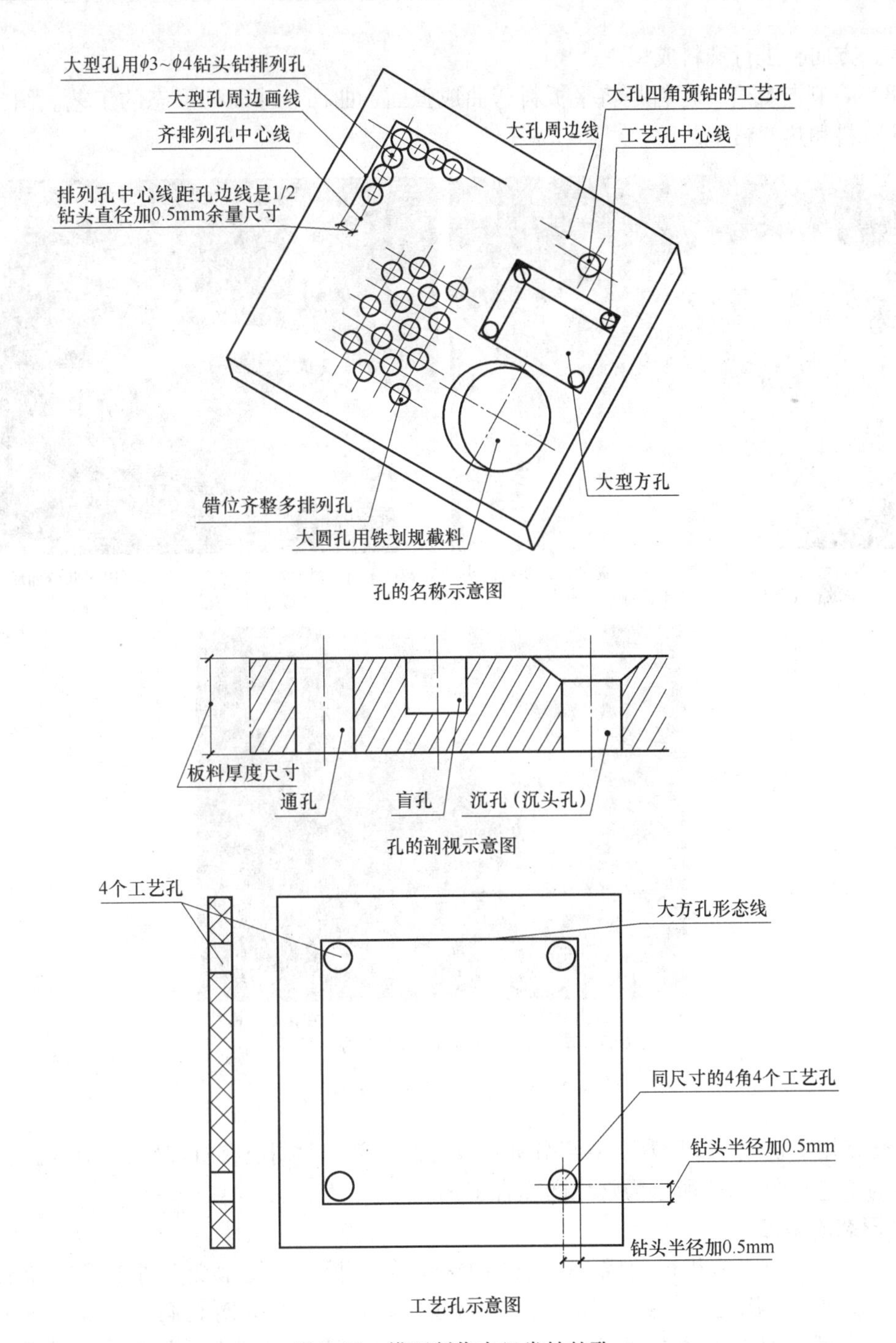

图 3-33　模型制作中经常钻的孔

为了使铣料能产生平整光洁肌理，以及有规则的线纹、旋动纹，甚至产生棱角、棱锥、棱台等精美纹理，一定要在专业人员指导下，选择立铣床或卧铣床，选用一定直径的圆铣刀或一定厚度的片状圆盘铣刀，调整好铣角、铣距、铣速和进料深度，边铣边注入机油或肥皂水，同时清除铣屑，这样既能降低温度又能保持板料肌理光洁。对于要产生棱角、棱台等精美形态或精彩纹理的模型，只要多次重新调整铣床的铣角、铣距、铣速，或多次重新摆放板料角度、方向，进行铣料成型。

（8）弯料与黏合　弯料是将平板料弯曲成弧面、曲面、球面等形态的工艺。图 3-34 所示为冷弯料和热弯料工艺。

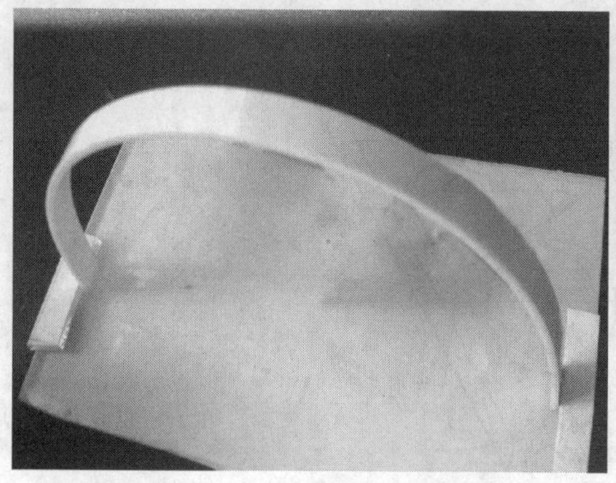

定形模单向弯料（条料更具有良好的弹韧性，只要将两头安放在定形模上，有效地单向弯曲成型）

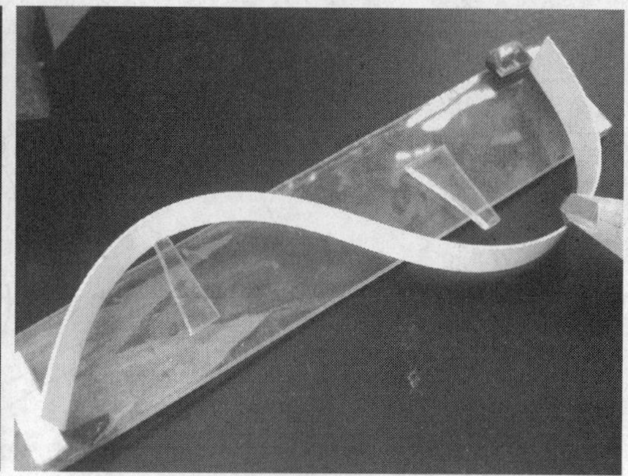

弯模多向弯料（对于较窄的条料，可以多向弯曲成型。一般厚料、宽边料不易成型）

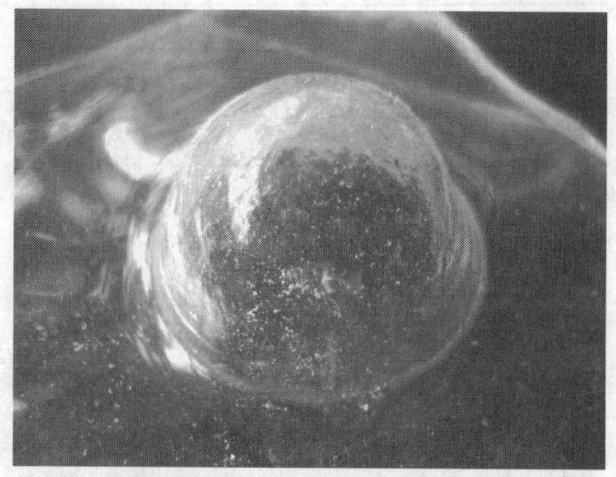

热弯料（选用厚度2～3mm板料，受热软化后在预制的模具上热弯成曲面体、弧面体、半球体等形态成型）

图 3-34　冷弯料和热弯料工艺

黏合是用氯仿或 502 胶水、双组分强力胶等黏合剂，对同质有机玻璃、PVC 材料进行黏合成型的工艺。图 3-35 所示为常用的黏合工艺。

2. 形态成型工艺

（1）形态类型　有机玻璃或 PVC 材料的棒、管、板等，能承受多种多样的加工工艺，因此，也就极大地满足了千变万化的建筑与环境模型形态成型时对它们的要求。图 3-36 所示的建筑模型的形态类型图通过平视、仰视、俯视、透视识别出模型形态三大类型。要使这许多类型形态有效成型，除了材料本身能承受的成型工艺外，还需执行一些新的成型工艺。

① 界面平面形态。界面平面形态是以透视分析呈现出的建筑地界面、立界面和顶界面的底部平面形态。图 3-37 所示为界面的平面形态示意图。

② 界面立体形态。建筑模型的立界面和顶界面一般表面都是凹凸形态，成为有多种立体感的界面。图 3-38 所示为办公楼立界面在视觉中的立体形态。

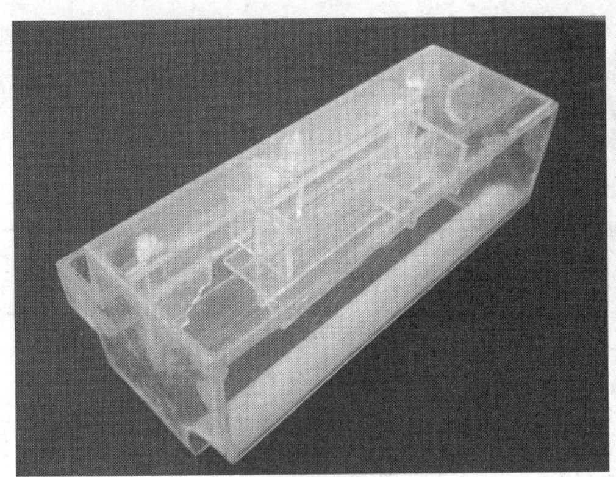

对位黏合（要先划黏合边或黏合面的定位线，再按线黏合）

过渡桥架黏合（指两块被黏料之间预黏合多个与被黏料等高的似桥柱块料。然后黏合料在桥架上面有效地保证成角、成对称面、弧面等形态成型）

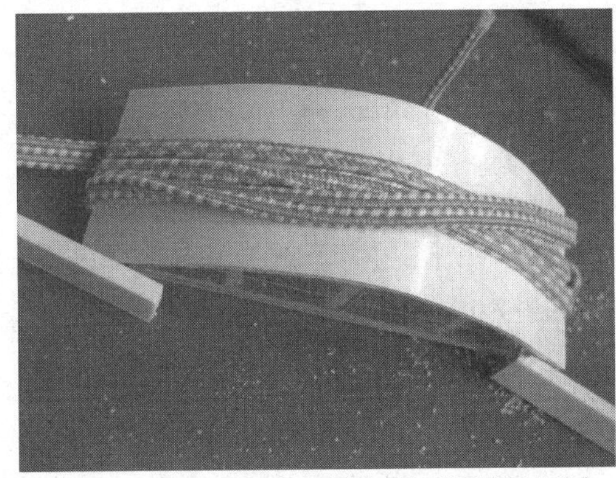

捆扎黏合（利用松紧带把需要黏合的材料捆扎起来黏合，24h后解带成型）

图3-35　常用的黏合工艺

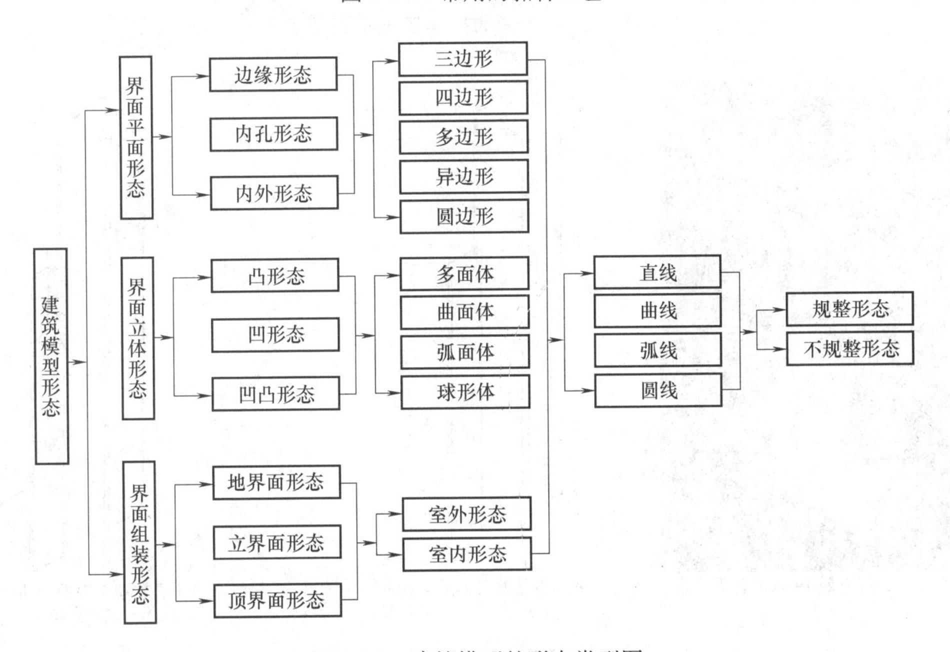

图3-36　建筑模型的形态类型图

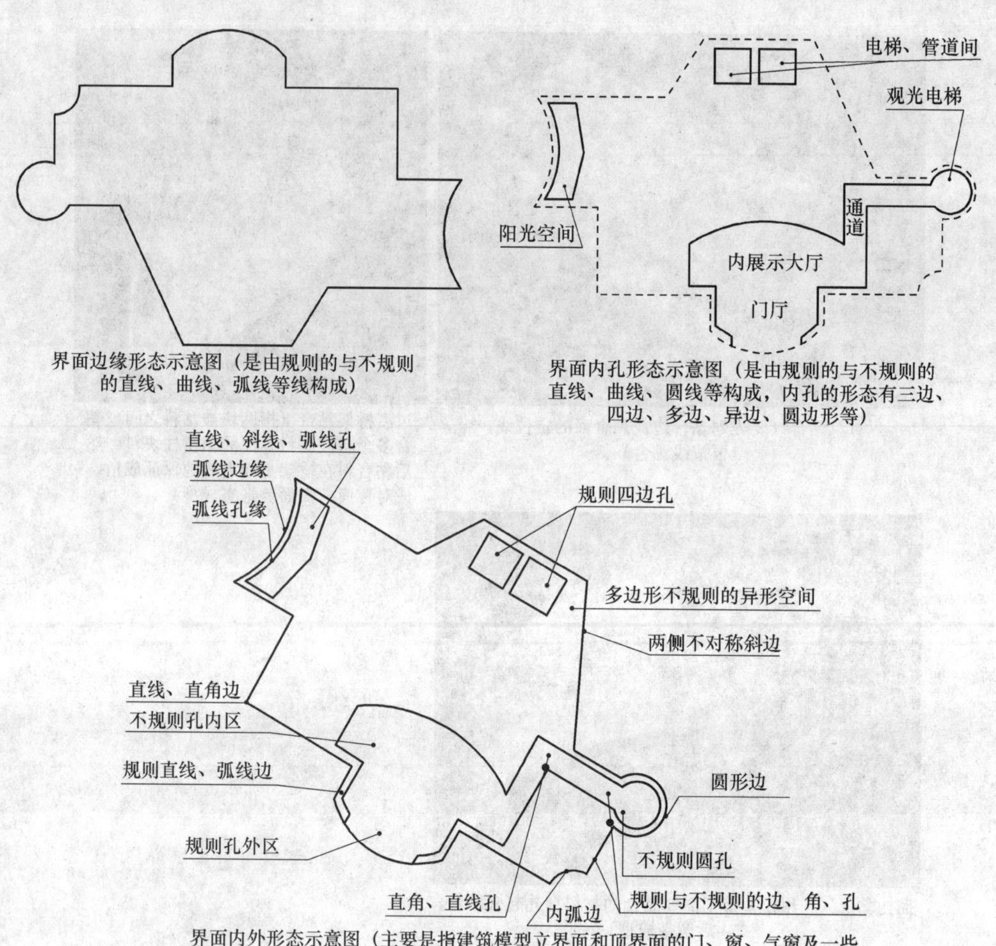

图 3-37　界面的平面形态示意图

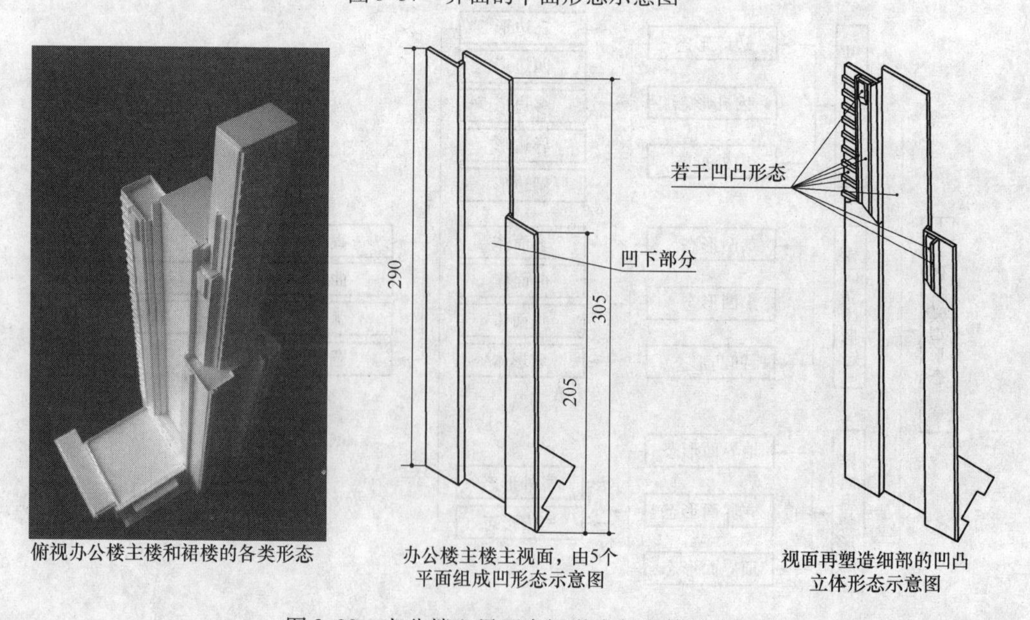

图 3-38　办公楼立界面在视觉中的立体形态

③ 界面组装形态。是由地界面、立界面、顶界面组装后的三维空间形态，是真正意义上的建筑模型立体形态。

（2）冷成型工艺

① 冷成型步骤。冷成型是不需要加热而用手工或机械加工使模型成型的工艺，是制作建筑与环境塑料模型中，经常使用的成型工艺。冷成型工艺的主要步骤是：下料、平面形态制作、立体形态制作、修补。图 3-39 所示为冷成型流程图。

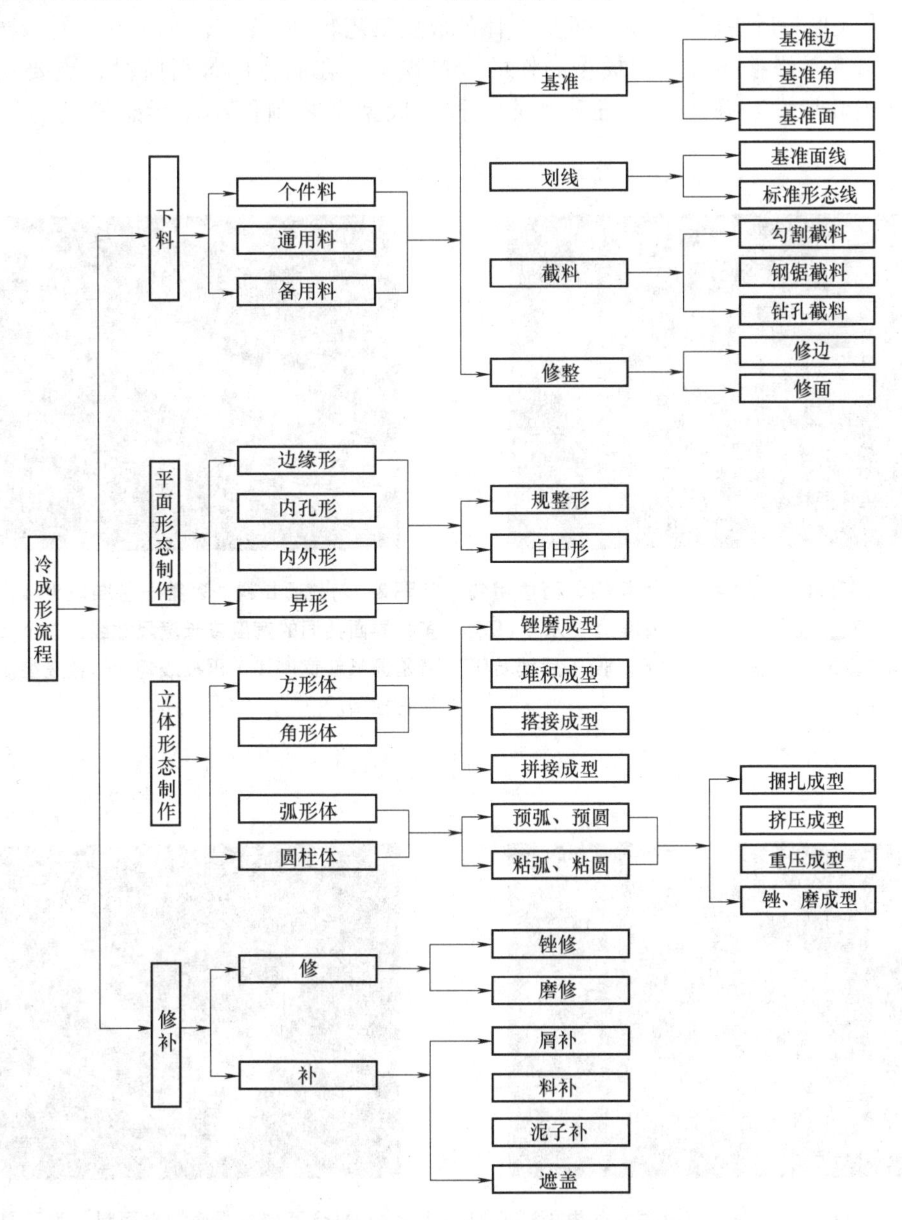

图 3-39　冷成型流程图

② 冷成型制作。在下料、平面形态制作、立体形态制作、修补整个工艺流程中，要掌握以下几个要领：

一是基准。这是任何模型制作的最重要工艺。基准反映在基准点、基准线、基准面上。这些基准的点、线、面，也随着成型工艺的进展，在前基准的基础上不断地产生新的基准点、线、面。

二是划线。这是模型制作的重要工艺。每一形态必须先划线后成型，绝不允许不划线就进行勾割。

三是严格执行“四先四后”的成型工艺。即先边缘形少的料后边缘形多的料，先长料后短料，先大形料后小形料，先平面后立体的成型工艺。

四是修整。修整要贯穿在模型制作的全过程中，在制作的最后阶段，更要保证模型的形态准确和尺寸准确的“双准”要求。按冷成型工艺制作小屋形态模型的具体步骤如下：

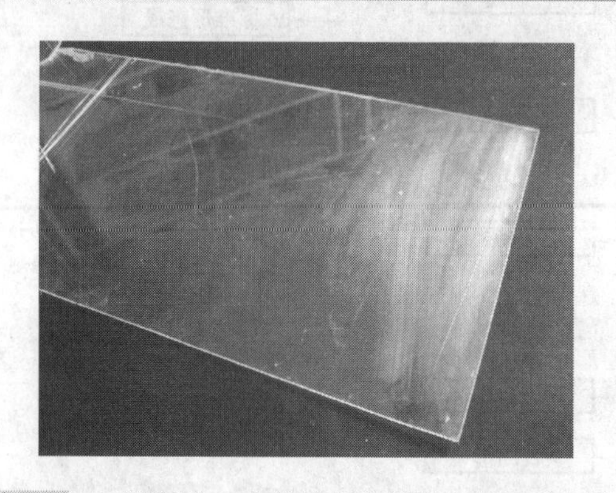

步骤 1：下料基准。也就是在大板料相邻两边用勾刀勾截、修整，使其成为第一基准边（水平基准边）和第二基准边（垂直基准边）。便于后续若干小块料勾截。

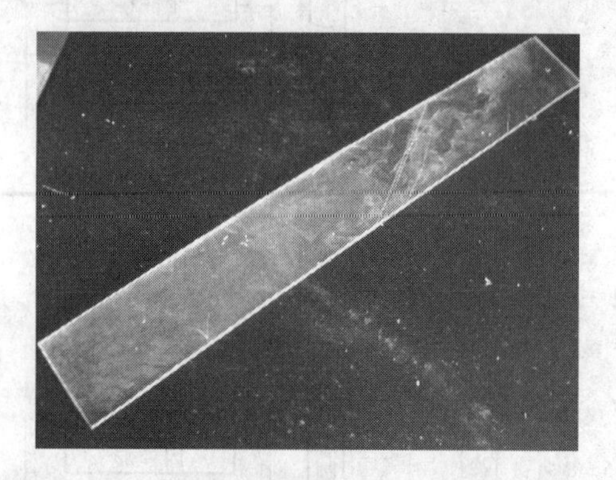

步骤 2：勾截通长料。以第一基准边为准，划一条多数界面共同的宽度或长度尺寸线，这个尺寸线也就是通长料宽度线，再按线勾割修整成型。通长料应有数条。

步骤 3：勾割块料。是在通长料中勾截界面料。如果通长料是界面的宽度尺寸，此时就按界面长度尺寸划线、勾割、修整成型。

步骤 4：黏合两端立界面的平面料，为了界面垂直和牢固，即时黏合加强料。

步骤5：黏合前后两立界面的平面料，用卡尺测算尺寸划线、勾截、修整、黏合成型。

步骤6：黏合后屋平顶两侧和前面立界面的平面料，用卡尺测算尺寸划线、勾割、修整、黏合成型。

步骤7：黏合顶界面的平面料，用卡尺测算尺寸划线、截料成型。

步骤8：黏合坡顶两侧山墙界面的平面料，用卡尺测算尺寸划线、截料成型。

步骤9：黏合单坡顶平面料，用卡尺测算尺寸划线、截料成型。

步骤10：小屋形态模型成型先预制弧顶侧屋，后休整成型。

(3) 热成型工艺

① 热成型步骤。热成型工艺是指有机玻璃或PVC的板材，有时也用棒材、管材，借助于热源加热软化成型的工艺。热成型工艺可以使立方体、弧形体、圆柱体、异形体、球形体等成型。图3-40所示为热成型工艺流程图。

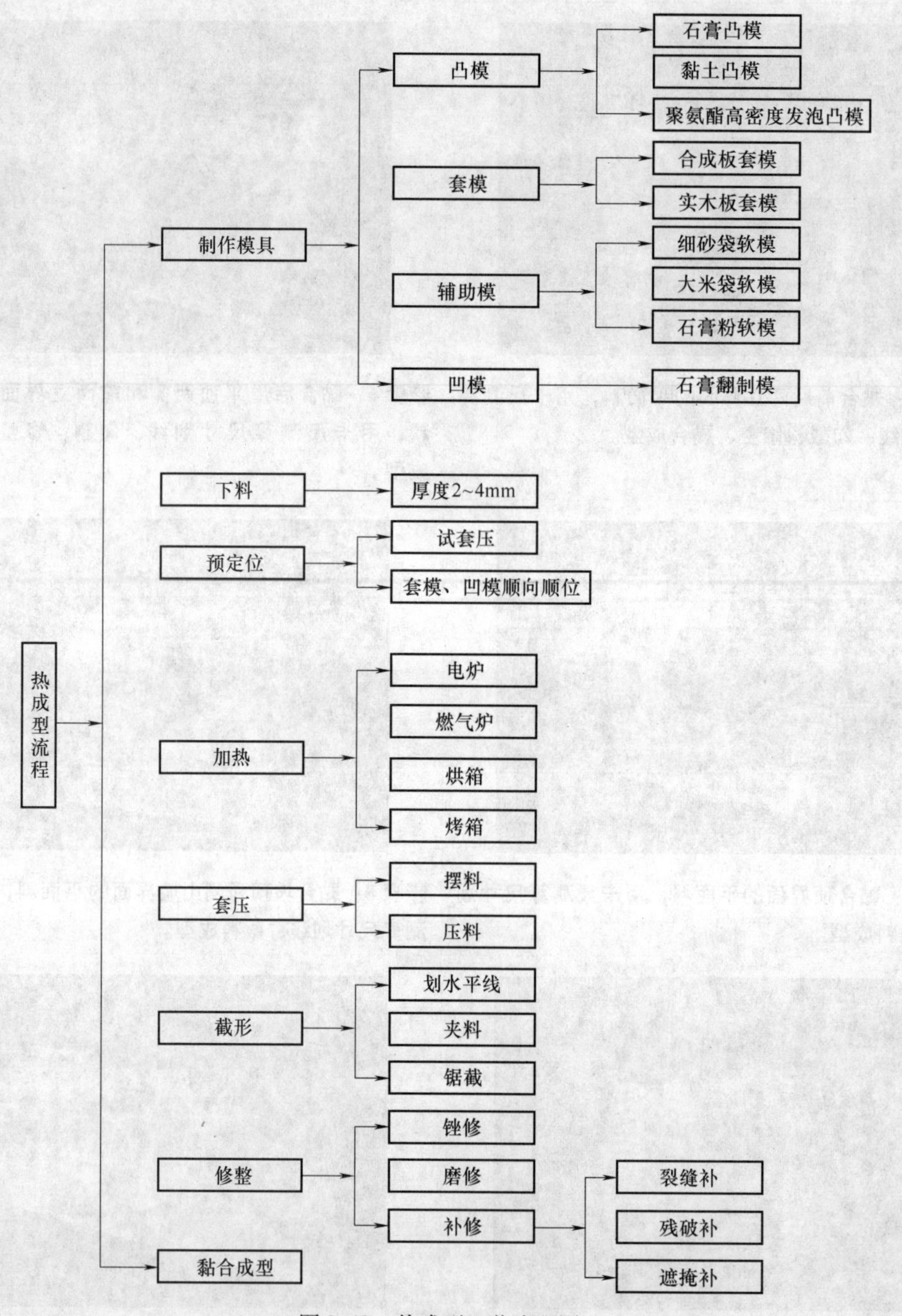

图 3-40　热成型工艺流程图

② 制凸模。作凸模要注意如下几点：

一是用料。如制作直径小于 300mm 的小型凸模，可使用石膏，也可使用聚氨酯发泡材料或黏土。使用聚氨酯时，要选用 200 ~ 250 密度的发泡材料。如制作直径大于 600mm 的凸模，需要用木料作为主材。

二是形态。凸模一般是半球形，对于不对称的球形凸模，则要用两个半球形凸模来制作，以便于套压成型。如果是立方体凸模，特别要注意各转折边均要有半径 5mm 以上的小圆角，以避免套压时板料产生多折边或断裂。

三是尺寸。立方体凸模尺寸的计算公式是：$(C-2H-GC)\times(K-2H-GC)\times(G-H+M)$；圆弧形凸模尺寸的计算公式是：$(Z-2H-GC)\times(G-H+M)$。其中 C 是长、K 是宽、G 是高、H 是材料厚度、Z 是直径、GC 是公差尺寸（一般为 1～2mm）、M 取 10～15mm。

四是成型。首先备略大于凸模体量规格的规整块料或棒料。然后多次划线、切割、修整成型。球面体凸模的具体制作步骤如下：

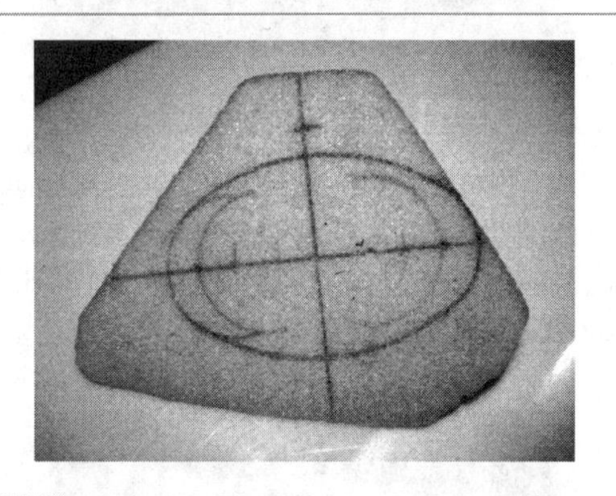

步骤 1：划线。在成型块料的上面与底面划凸模同轴心圆形线。

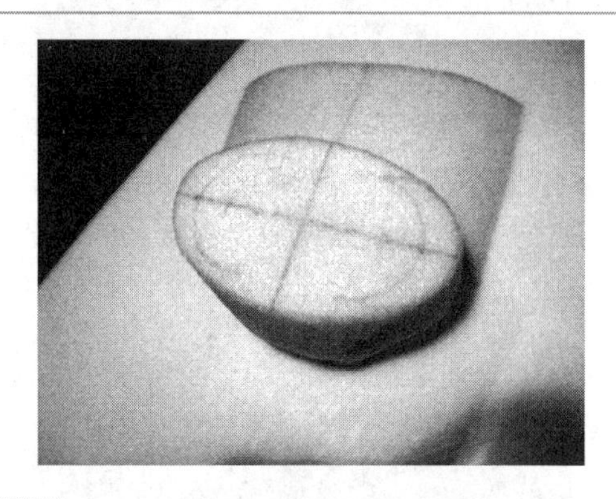

步骤 2：制圆柱体。按圆形线先方后圆形作垂直切、割、磨成型。

步骤 3：球面定位。球面定位应在圆柱体 10～15mm 高度线上，线下是热成型件被压的废边位置。

步骤 4：制球面。按定位线朝向用“削土豆式”方法、多次边切、削边划线，直至圆中心，再经修、磨成型。

③ 制套模。制作套模要注意三个问题：一是套模的内孔按凸模底部边缘形态制作。如果凸模边缘呈内收或外放尖状形，需要预先切除，待模型制作的最后阶段配制补上去掉的尖状形态料，这是为了套模内孔强度，尤其是热压件易成型，而采用“先缺后全”的成型工艺。二是要计算套模的内孔尺寸和边缘尺寸。方形内孔尺寸的计算公式是 $(C+2H+GC)\times(K+2H+GC)$，圆形内孔尺寸的计算公式是 $(Z+2H+GC)$，其中 C 是长，K 是宽，H 是材料厚度，Z 是直径，GC 是公差尺寸，一般为 1～2mm。套模边缘尺寸，是在内孔尺寸的基础上朝外放 80～100mm（大内孔要在 100mm 以上）。三是如果是多边多弧的异形方形孔或异形圆形孔，用上述公式计算比较困难，这时可用便捷的“徒手划尺寸线”的工艺来划线。套模的具体制作步骤如下：

步骤1：备料。制作套模可根据套孔大小选用3～5层的胶合板，特大的凸模可选用厚18～20mm的实木板。

步骤2：凸模底部平稳放在板料上，用尖头芯的铅笔杆靠凸模边缘垂直划线，由于铅笔半径尺寸，已是材料厚度2mm和正公差1mm的尺寸，因此划出的线就是套模的内孔线。

步骤3：用美工刀或线锯按线外截孔料，并锉修成型。

步骤4：试套。将套模套在凸模上，目测周边间隙是否达到要求，有问题只能扩大修套模，禁止修改凸模。

④ 制辅助模。辅助模又叫压模，分软模和硬模两种。软模是在缝好的布袋内装些细砂或大米等。硬模是用木料制作。软模是使方形和圆弧形的顶端，有凹方形、凹圆弧形的成型。先把套模套压在凸模面受热软化的板料上，然后拿软模或硬模对准凹形中心快速下压。如果下压有偏差，可立即用旋压（圆弧形）或移压（方形）来纠正。

⑤ 下料。是下热成型的板料，应选用厚度2～3mm有机玻璃，由于此料无须精确尺寸，用“目测截料”法下料。图3-41所示为下料方式。

⑥ 预定位。由于受热软化的板料，会很快冷却变硬，不利于套压，因此，预定位是板料加热前的准备工序。把凸模和套模同孔、同向放在操作人员的右边靠近热源，以方便快速套压，以免套压时手忙脚乱。

⑦ 加热。加热要根据板料大小来选热源。可选用的热源有电炉、烘箱、燃气炉，有的甚至可选加工机箱机柜的钣金工厂的大型烤房，有的还可使用吹风机、开水等作热源。如果用手控操作，必须戴两副棉纱手套，把材料悬空在电炉或燃气炉加热。使用电炉加热，要悬

下方形料（用“目测截料”法，将凸模放在板料上，目测凸模高度和余料20~30mm尺寸，用勾刀直接勾截）

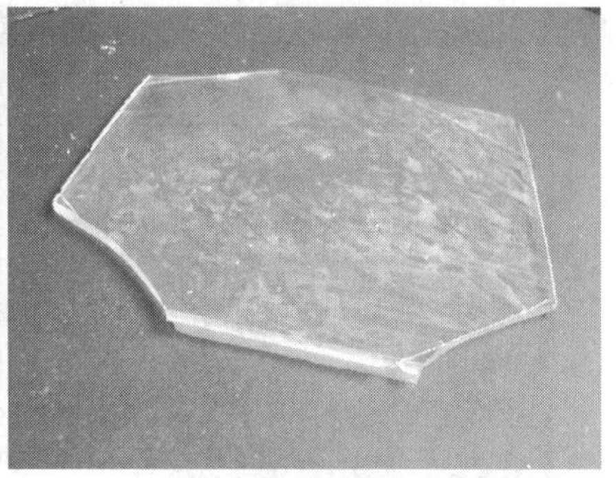

下四角料（勾截方形料 4 个角，使块料的周边都有20~30mm的预放边，使板料受热套压时能均匀冷却）

图 3-41　下料方式

空相距 3 ~ 10mm。使用燃气炉加热悬空相距20 ~ 25mm（图 3-42）。如使用烘箱中加热，厚度 3 ~4mm 的板料，温度控制在 140 ~ 150℃。用手操作小块材料加热，一定要使用夹子。在明火加热时先使反面、后使正面受热，然后快速顺向转动使周边受热，直至目测全部软化即用。禁止受热时间长、温度过高，使板料内产生气泡。

图 3-42　用燃气炉加热软化板料

⑧ 套压。套压是热成型的关键环节。套压的要求是“放料准、套压快、慢取件”。放料准是指目测板料的中心对准凸模的中心，把料放下。套压快是指套模对准凸模中心，快速套压。慢取件是指受热件完整冷却后脱模。

如果还需要辅助模成型，则必须在套模压稳的瞬间，用辅助模进行凸模顶部成型。如果套压失败，只要板料不开裂，还可以再次加热，使材料软化再进行套压。如果凸模太高，边缘陡峭，或由于套模未对准凸模中心等原因而产生的折边厚、粗、大、长和边缘弧度不一致等问题，可通过用电吹风机吹热风等，使局部受热软化，再进行用手工修整，最后还可以用冷成型修补工艺解决。套压的具体步骤如下：

步骤 1：一般需要二人以上配合。一人将板料受热，并即时放在凸模上，这时与另一人手中的套模同握对准凸模用力快速套压。

步骤 2：冷却取件。套压后需待3 ~ 5min 后取下套模和热压件或手感热压件已经冷却时取件。

⑨ 截形。截形是截除从凸模上取下的成型件周边废边料的成型工艺。截形的具体制作步骤如下：

<table>
<tr>
<td>
步骤 1：划线、夹料。截形前要划线，用高度划线尺沿着成型件的周边，划球面体的实际高度线。如果废边过长，致使划线尺的划线头接触不到划线位，则要先勾截过长的废边再划线，然后用台钳夹住废边料。</td>
<td>
步骤 2：锯料。按“垂直夹、平行锯”的原则锯截形。垂直夹是将废边与台钳口垂直紧夹，平行锯是使钢锯条与废边保持平行，进行渐锯、渐移、渐夹、渐成形。</td>
</tr>
<tr>
<td colspan="2">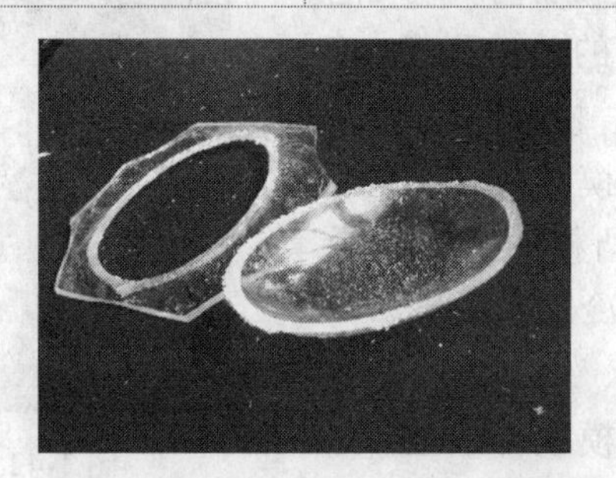
步骤 3：底部平整。为了保持球面体底部平整，禁止“水平夹、垂直锯”。必要时再用锉修成型。</td>
</tr>
</table>

⑩ 修整。修整是捆扎黏合后的球面修补平整的工艺。修整的具体制作步骤如下：

<table>
<tr>
<td>
步骤 1：捆扎。将锯截成型件对合后，用直径 5mm 或宽度 8mm 以上的松紧带捆扎，禁止移动后黏合。待 24h 后解带。</td>
</tr>
</table>

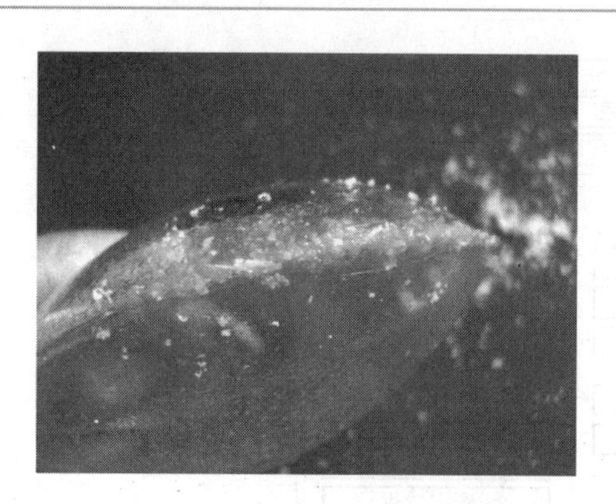

步骤2：补屑。是用有机玻璃屑补残破缝隙。粘后的屑料要高于成型件平面，如果与面平齐或低于平面，凝固后屑料会陷进平面，增加再补屑工作量。

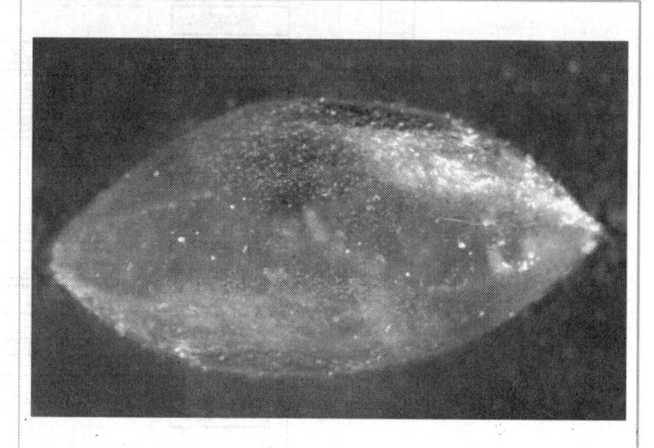

步骤3：锉磨。黏合的球形体表面用锉刀、砂纸甚至砂轮机锉、磨成平整、光滑的表面。

第二节　办公楼建筑塑料模型制作典型实例

办公楼是公用或共用建筑，其特点是投资大、体量大，且形制新颖，施工周期长，是时代风格和新技术、新材料的集成。由于整个建筑体现了设计师个人设计风格、设计理念和设计成果，所以办公楼建筑设计和模型制作，要突出以感性为主导，强化形制个性，彰显特异感。同时强调建筑空间安全、安逸和楼宇的智能化。为此，比之其他模型制作，就更要遵循感性和理性结合的创意理念和科学的制作程序。

一、制作步骤

图3-43所示为办公楼建筑与环境模型制作步骤。

二、形象创意与表达

1. 创意理念

设计师的创意理念，来源于知识的积累，来源于现代的理念，来源于实践，也来源于投资方提供的各种信息，一个完整的设计方案，其创意过程还必须体现“遵循、突破、主动”的三大理念，且具鲜明的设计内涵，才能设计出高价值、高品质的建筑形象产品。

（1）遵循　即指建筑设计必须遵循的制约条件。形象创意一是委托设计，二是投标设计。不管哪种设计，设计师都要遵循投资方的各种制约条件，只有吃透投资方和相关方面的意图和要求，才能取得设计的主动权，发挥出最大的创意能量。

（2）突破　设计师要以积极热情的态度、聪慧的头脑对待制约条件，只是遵循而不是受命，应该突破“桎梏式”的制约。用新概念、新知识、新材料、新技术等进行标志性的、个性化的形象创意，使之具有引领未来超前设计的个性特征。

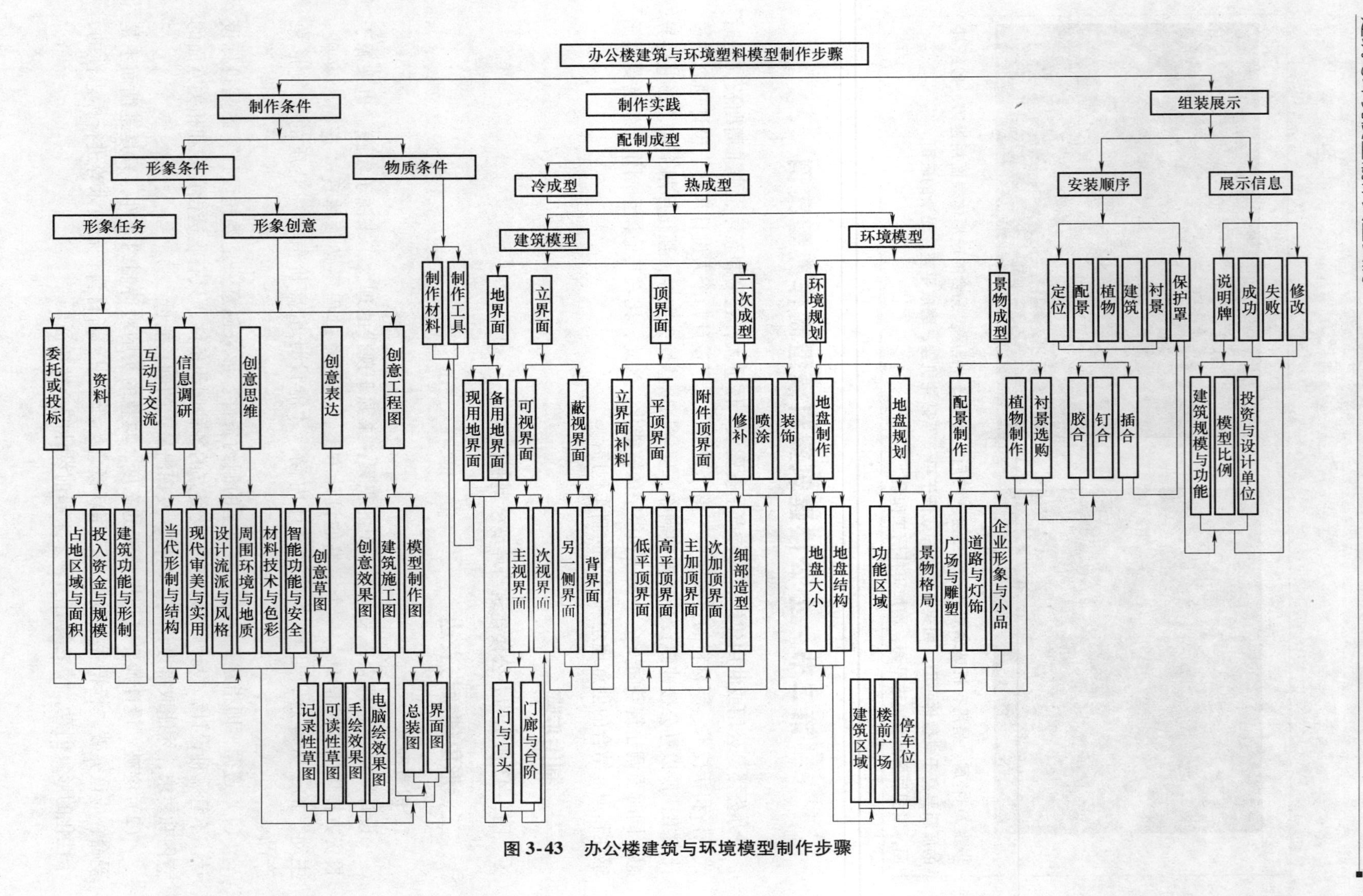

图 3-43 办公楼建筑与环境模型制作步骤

（3）主动　即主动与投资方进行互动交流，掌握对方提供的信息，并能取得预想的共识，甚至取得一些创意理念的认可。另外还主动利用信息时代的网络优势，获取更多的创意信息，就能变被动为主动。

2. 形象创意内涵

现代商务办公楼一般具有如下几个鲜明的个性内涵。

（1）具有现代美感形象　这幢现代国际化办公楼表现为占地多、形制高大，具有新材料、新技术支撑，由挺拔的大线条、大块面、大几何形构成形体，并使形体各界面具有多起伏、多错落、多块面的抽象几何形态等特点，使整个大楼成为具有现代审美感的形象（图3-44a）。

（2）楼宇气势磅礴　办公楼宇采用增建大厅这一裙式建筑，既使空间、功能多样化，又起到陪衬、烘托主楼气质和缓冲主楼单一直立的孤独感，形成楼宇整体的磅礴气势。

（3）线条互补的形式美感　在大厅顶界面增建弧形门头和圆形楼顶，并采用弧线条、圆线条互补，使得由点、线、面构成直线型的主楼具有对比与统一形式美的视觉享受（图3-44b）。

（4）楼宇的个性色调　采用浅灰色楼体、蓝玻幕墙和用红的醒目点缀色，营造出办公楼的现代国际流行色，这种具有个性色彩的特点，能给人以心灵的震撼。详见精品赏析里的彩图。

（5）精湛、灵巧的制作工艺　从办公楼模型形制中可以看出制作工艺的交叉性，如一些细部形态均有多个后续成型工艺，这是其他模型，包括雕刻模型都不会有的复杂工艺。这会让人们感叹形制的精美，更感叹手工工艺的精妙（图3-44c）。

a）一幢具有现代化美感形象的国际化的商务办公楼模型

b）俯视商务办公楼模型的磅礴气势和线条互补、形体大统一小对比的形式美

图3-44　具有形象创意特点的商务办公楼建筑与环境模型

c）正侧视手工工艺的精妙模型

图3-44　具有形象创意特点的商务办公楼建筑与环境模型（续）

3. 创意表达

（1）草图　分为记录性草图和可读性草图两种。

① 记录性草图（图3-45a）。又叫概念性草图。和纸质建筑模型草图一样。随时随地用寥寥数笔，快速地记录下头脑中迸发出的激情、闪电式灵感火花的抽象符号的草图，这是真正意义上的感性形象的真实记录。

② 可读性草图（图3-45b）。可读性草图是在记录性草图基础上，经筛选、深化，并含有一定理性思考，而绘制的形象图。这些可读性草图可以让有关人员识别建筑形制的各个要素，从而有效地交流、评判。

（2）效果图（图3-45c）　效果图是设计师通过冷静的理性思考，对可读性草图进行筛选或互补，得出自我感觉良好的1~2个完整的创意形象。然后，凭借艺术表现力在二维平面上表现出三维空间的建筑形态形象图，该效果图比纯艺术作品和工程蓝图更具有丰富的形象视觉语言，使人在逼真、诱人、充满魅力的图画前产生共鸣、共识。

a）徒手用美工钢笔、毛笔以水墨技法绘制的记录性草图

图3-45　创意形象效果图

b）徒手用签字笔、鸭嘴笔、绘图仪器运用线描技法绘制的可读性草图

c）徒手用水粉色浅层法（渐层法）绘制的具有艺术魅力的效果图

图 3-45　创意形象效果图（续）

（3）工程图　工程图是让投资方识读的施工图，在熟知和认可设计方案书、形象创意效果等资料且与设计方签约后，就要以严谨的工作程序，用工整、规范的制图标准绘制出施工图，同时绘制出模型制作图。

在建筑模型制作中，还需要大量的时间精心、耐心地绘制总装图、部件图、零件图等若干图样。但是在模型制作过程中，也会有随机性、变动性。因此，模型图可以简化绘制。图 3-46所示为简化绘制的地界面施工图和模型制作图。

三、制作流程

图 3-47 所示为商务办公楼模型制作流程图。

四、主楼建筑塑料模型制作

商务办公楼是由主楼和裙楼共构形式组成，为了便于制作，可先制作主楼，后制作裙楼，最后组装成型。

1. 地界面制作

地界面制作要注意四点：一是绘图。由于后续立界面料只有厚度 1mm 围粘，地界面平面图可按 1∶300 绘制。根据需要还绘制立界面黏合位置不同的地界面图。二是厚料成型。选用厚度 3mm 有机玻璃或 PVC，使后续立界面围制黏合的接触面大，便于黏合牢固。三是边缘内藏。使后续立界面围粘后无拼接缝。四是同形两料。为同时制作两块同质、同形、同尺寸的块料，并在各自中心部位勾截手工操作孔，两块料中一块为现用料，另一块为备用料，为后续形态一致和整体牢固，以及顶界面必要的生根黏合用。图 3-48 所示为主楼地界面制作平面图。

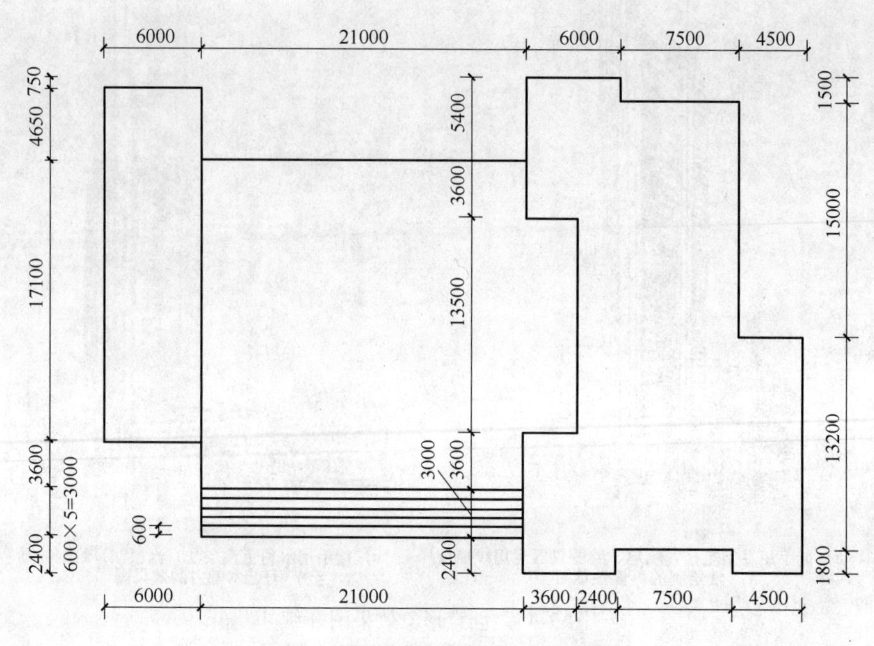

地界面实际尺寸的施工图

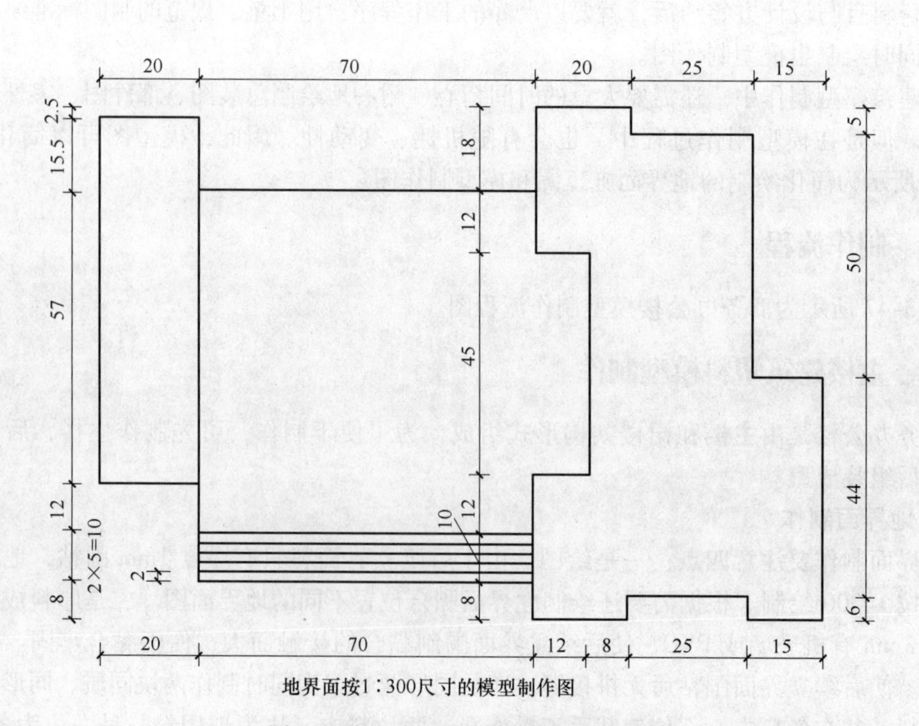

地界面按1∶300尺寸的模型制作图

图 3-46　地界面施工图和模型制作图

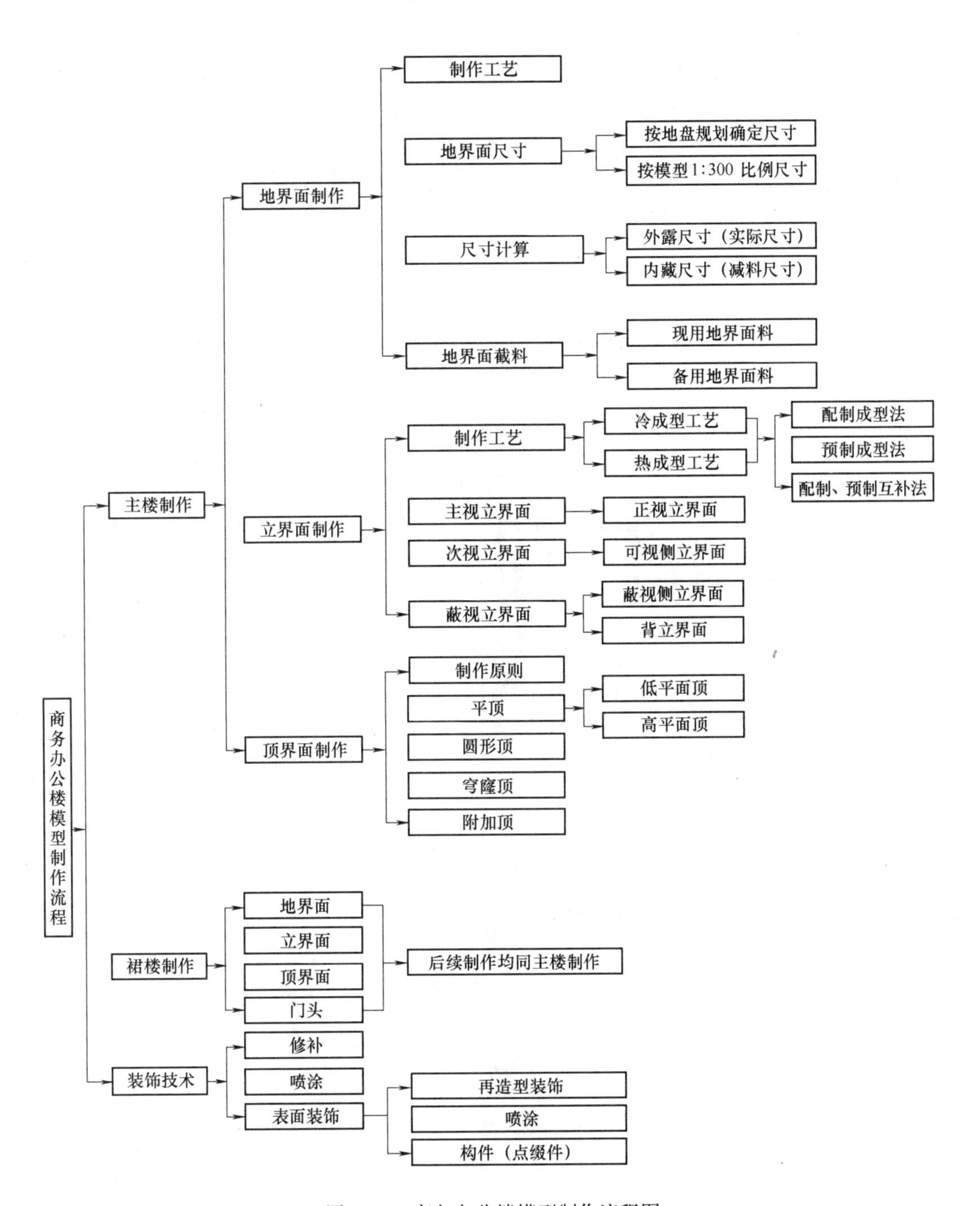

图3-47　商务办公楼模型制作流程图

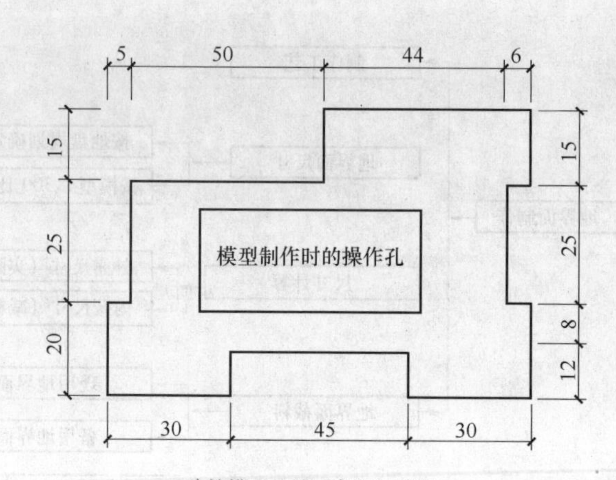

建筑模型地界面实际尺寸图

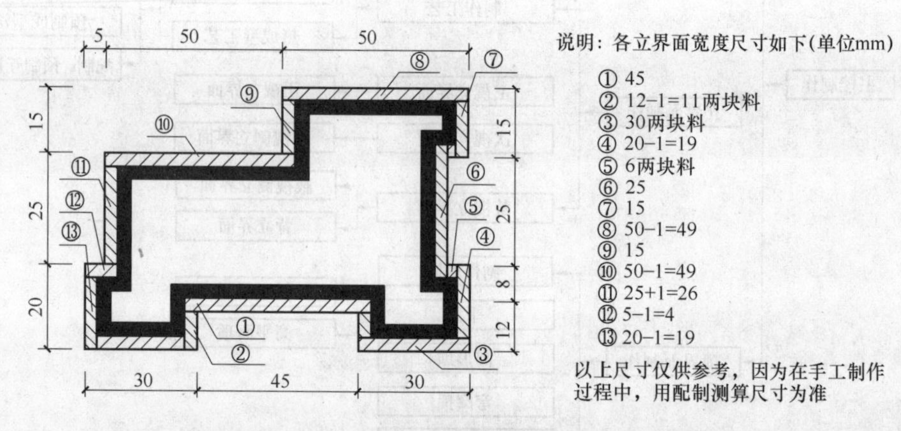

说明：各立界面宽度尺寸如下(单位mm)

① 45
② 12−1=11两块料
③ 30两块料
④ 20−1=19
⑤ 6两块料
⑥ 25
⑦ 15
⑧ 50−1=49
⑨ 15
⑩ 50−1=49
⑪ 25+1=26
⑫ 5−1=4
⑬ 20−1=19

以上尺寸仅供参考，因为在手工制作过程中，用配制测算尺寸为准

立界面在地界面边缘表面立黏合形式，地界面料的尺寸计算平面图

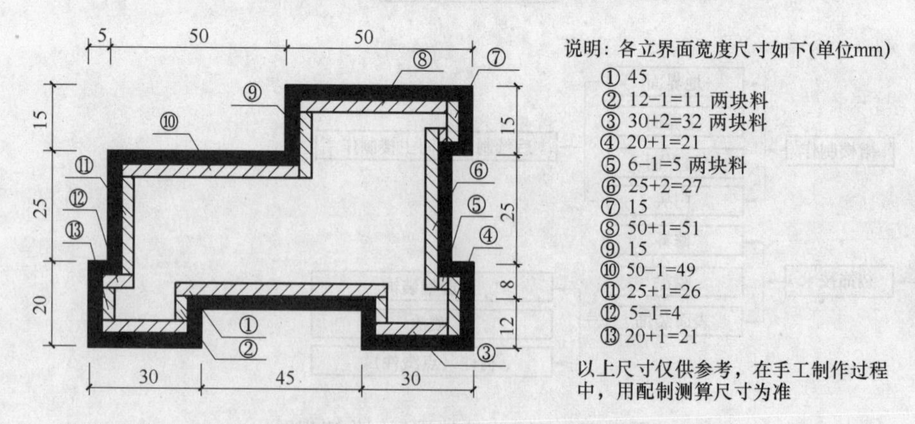

说明：各立界面宽度尺寸如下(单位mm)

① 45
② 12−1=11 两块料
③ 30+2=32 两块料
④ 20+1=21
⑤ 6−1=5 两块料
⑥ 25+2=27
⑦ 15
⑧ 50+1=51
⑨ 15
⑩ 50−1=49
⑪ 25+1=26
⑫ 5−1=4
⑬ 20+1=21

以上尺寸仅供参考，在手工制作过程中，用配制测算尺寸为准

立界面在地界面边缘断面围黏合形式，地界面料的尺寸计算平面图（建筑模型实用的成型工艺）

图 3-48　主楼地界面制作平面图

地界面的具体制作步骤如下：

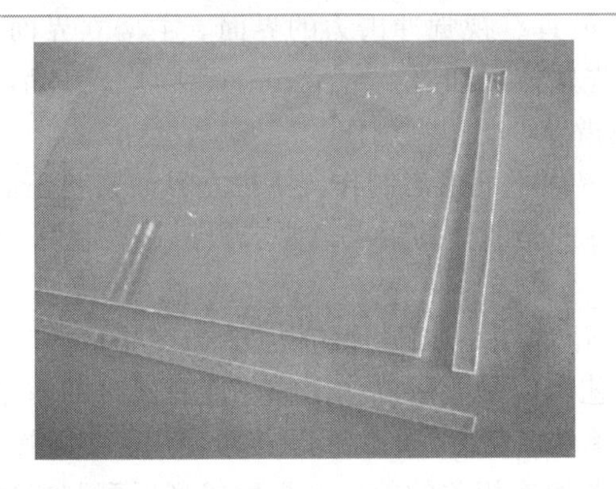

步骤 1：用料基准。使第一基准边和相邻的第二基准边成型。

步骤 2：勾截整料。先在大板料基准边处划两个地界面线，然后分别勾裁成型

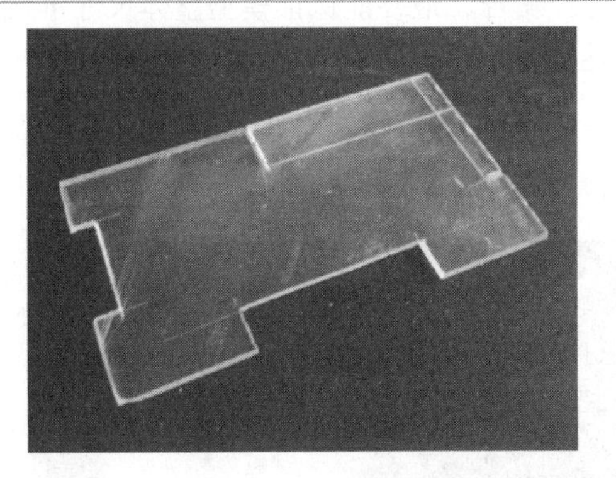

步骤 3：勾截小料。也就是勾割地界面 3 处凹形小块料。

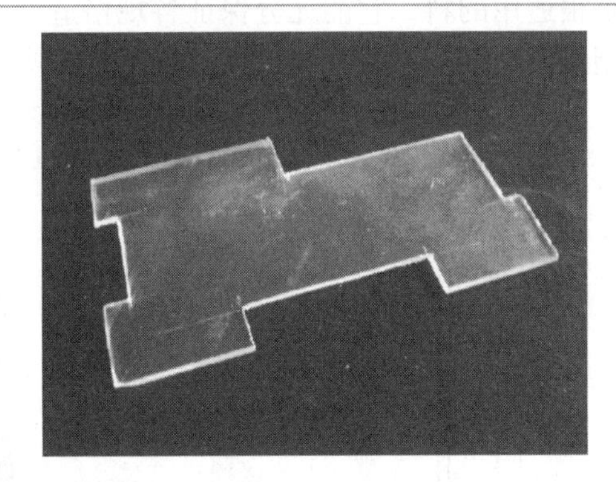

步骤 4：修整。用锉刀将周边断面锉平整，尤其是各角必须是尖锐的直角。

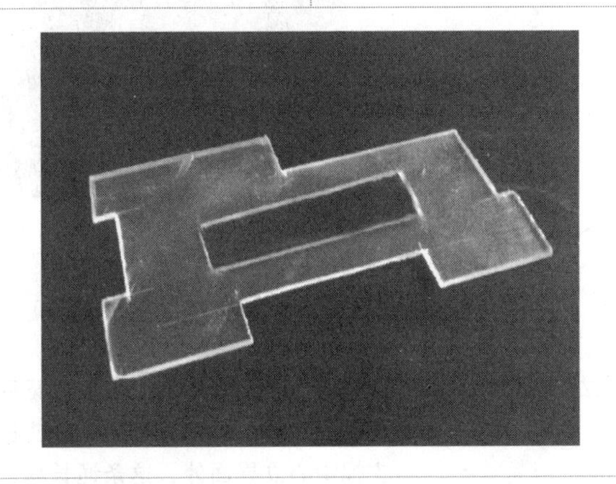

步骤 5：操作孔。现用料要勾割手能伸进去的操作孔。

2. 立界面制作

建筑模型的立界面是形态丰富的界面，也是最具有视觉冲击力的界面。主楼立界面制作，总的是执行先平面后立体、先凹形后凸形、先整体后细部、先大型后小型、先墙体后幕墙的“五先五后”原则。这五项原则直接有效地指导手工模型制作。

（1）主视立界面制作　这里突出的是主视立界面平面形态制作。主视立界面又叫正面、门脸面，它是与人的视线最接近的界面，所以此界面是制作的重点，要求做到“实制”“真制”“精制”。

在制作中，对于预制成型法应该慎用。此法虽然适用于批量化的模型制作，可以成为多地、多部门、多人通力合作、组装便捷的成型工艺。但是要求制作图样不能有丝毫的差错，同时还需要投入多的人力、物力、财力。因此，单件模型制作时，此法极少使用。实际操作时，多数情况下采用配制成型法，即每个界面均在相连相关的前一个界面成型后配制成型，严格按照前工艺流程进行：测算→划线→截料→吻配→黏合。此法可免返工、免若干烦琐的精确尺寸计算，尤其是免去复杂结构件制作，每次后续用料不一定是图样中的实际尺寸料，却是很适用的料，它能充分保证各规格造型料的吻合黏合，最终能保证模型整体尺寸准确和模型品质由始至终的一致性，使模型成功率也达到100%。主视立界面的具体制作步骤如下：

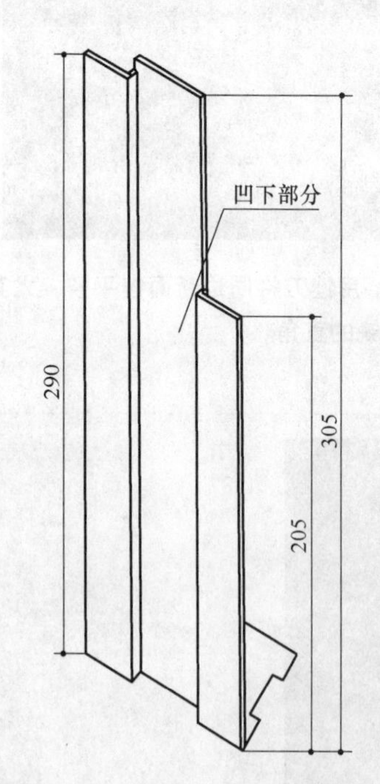

步骤1：绘图。绘制主视立界面制作示意图。

步骤2：勾截通长料。通长料宽度是按图样中右侧立界面高度205mm确定，长度要超过总长度430mm。模型中除主视中心立界面外，这条通长料，可供其他视区共15个立界面截料。

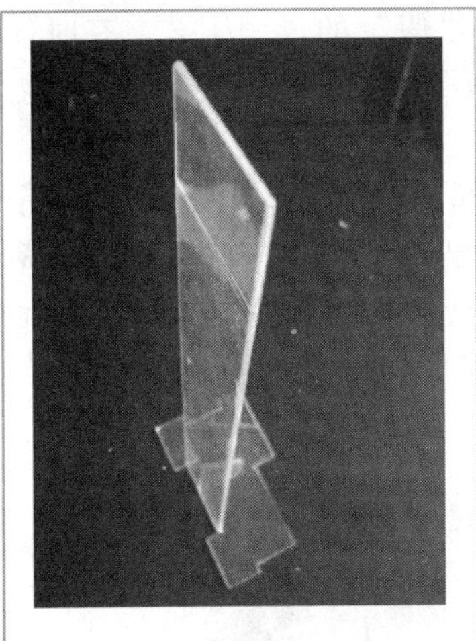

步骤3：制作中心立界面料。此料是专用料，除宽度与地界面配制测算外，它的高度按图样标注尺寸截料，经修整吻配后与地界面断面黏合。

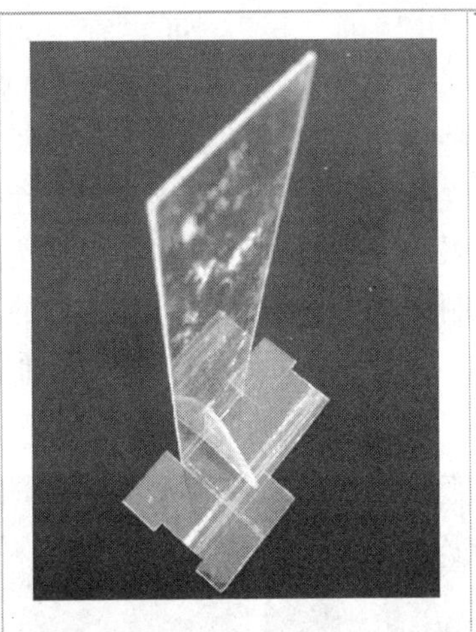

步骤4：加固中心立界面。在中心立界面黏合的同时准备好角料，在其背面黏合保证此面垂直和牢固。

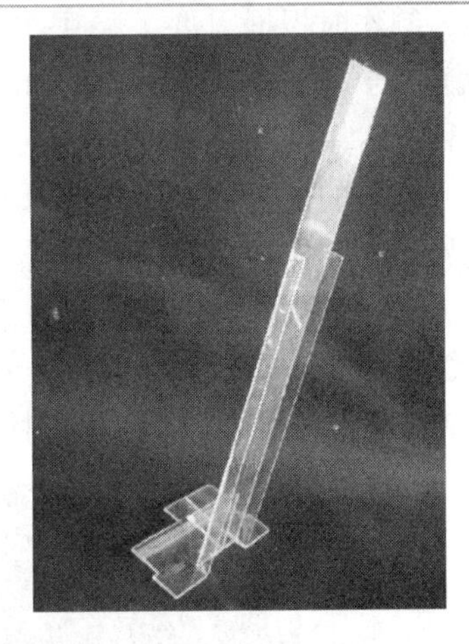

步骤5：制作两侧进深界面。配制测算尺寸后，在通长料的一端划线截料，并修整、黏合成型。对于左侧立界面高出85mm的料，待各视区立界面成型后，再用配制成型法补料。

步骤6：卡尺测算尺寸。每一个立界面截料前，都必须用卡尺配制测算尺寸，然后截料成型。

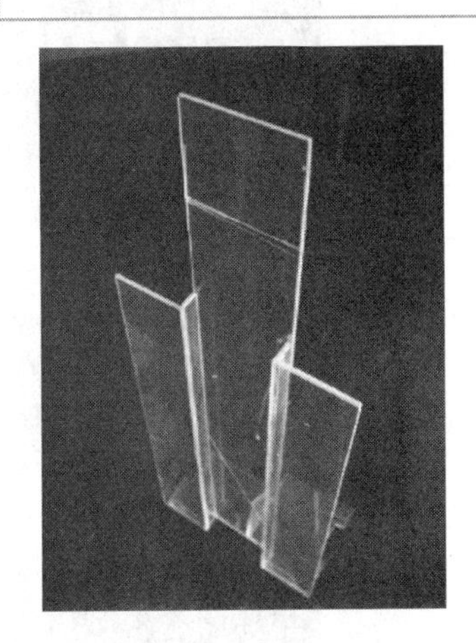

步骤7：制作两侧迎面立界面。按卡尺配制测算尺寸，为了遮挡与左右两块料断面的拼接缝，预放大1mm。划线截料、修配与地界面断面黏合成型。

（2）次视右侧立界面制作　次视立界面一般指主视界面的左侧或右侧的立界面，如何界定，要按模型在地盘中摆放的位置，也就是观众视觉能看见的模型侧界面来确定。现在把右侧立界面确定为次视立界面。此外还要注意制作的艺术手法。由于是侧面而不是正面界面，制作时根据需要，采用可“实”可“虚”、可“真”可“假”的成型工艺。有时候“虚”与“假”能有利对比和陪衬主视立界面的“实”和“真”，使主视正立界面更精彩，这种艺术手法也是模型制作的一种妙用手法。

这里的次视立界面与主视界立面具有同样现代感、审美性价值，因此，次视区域有五个立界面的制作与主视立界面制作采用几乎等同的工艺。也是按配制成型法按中心立界面、两侧进深立界面、两侧迎面立界面制作的顺序成型。需要注意的是为了遮挡背面立界面的断面拼缝，需要右侧迎面料预放 1mm。图 3-49 所示为次视立界面制作示意图，它的制作步骤与成型工艺借鉴主视立界面的制作。

次视中心立界面成型

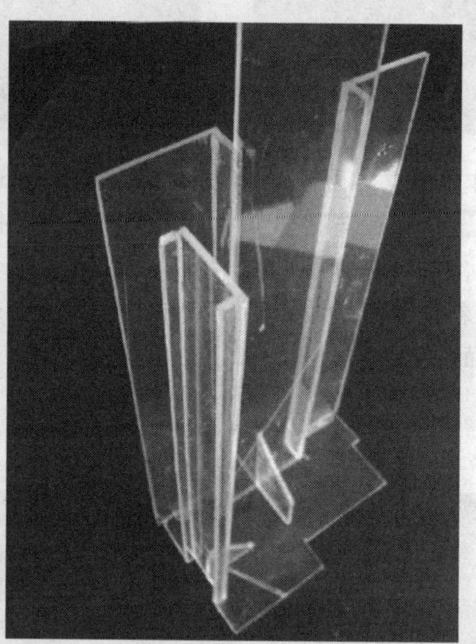
次视两侧进深立界面成型

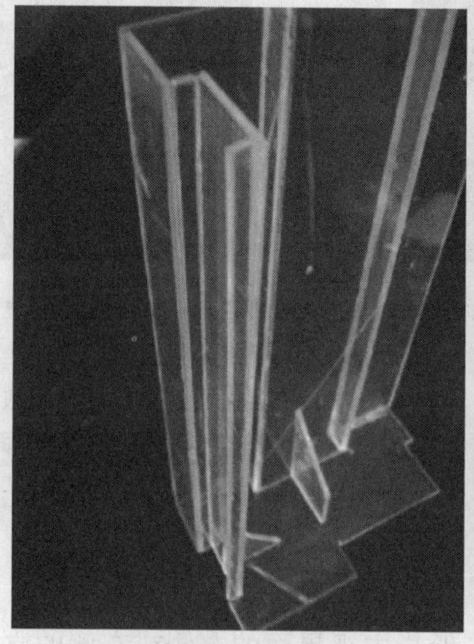
次视左侧立界面成型

次视右侧立界面预放1mm成型

图 3-49　次视立界面制作示意图

（3）蔽视背立界面制作 蔽视背立界面是视觉被遮蔽的、看不到的界面。需要视觉移动才可看见。它的制作艺术手法，如果没有特殊需求，与主视面要求相反，是用“虚”“假”的艺术手法，给人以“虚中有实”“假中有真”的审美情趣。蔽视区域背立界面是由3个立界面构成，按从左到右的逆时针制作，每一界面料按配制成型法截取，无须预放尺寸。图3-50所示为蔽视背立面制作示意图。

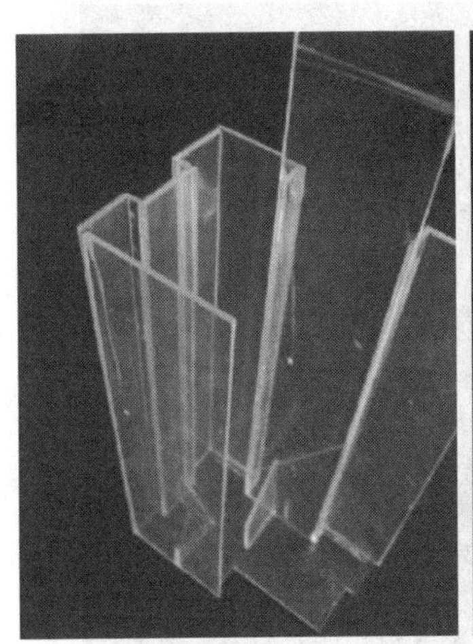

左侧背立面成型

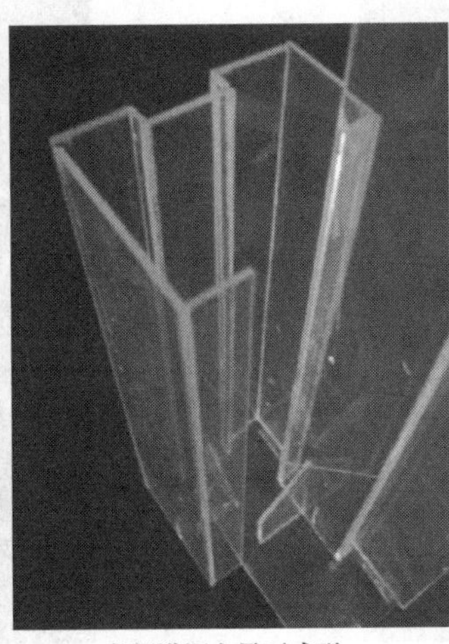

背侧进深立界面成型

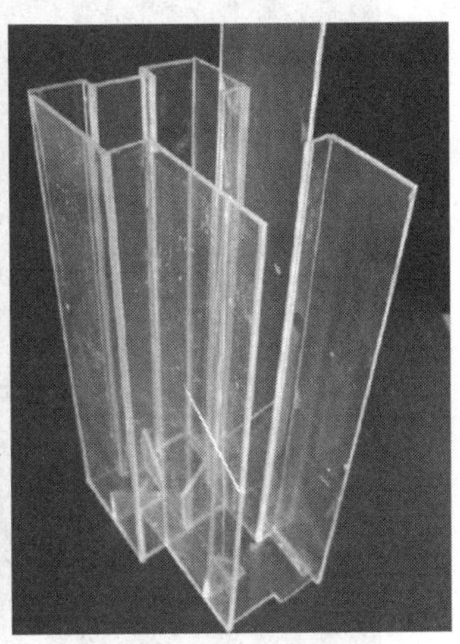

右侧背立界面成型

图3-50 蔽视背立界面制作示意图

（4）蔽视侧立界面制作 这里是指主楼左侧立界面制作。即主楼次视面的对应面制作。蔽视区域侧立界面由3个立界面构成。3个立界面也是逆时针从左到右围制。图3-51所示为蔽视侧立界面制作示意图。

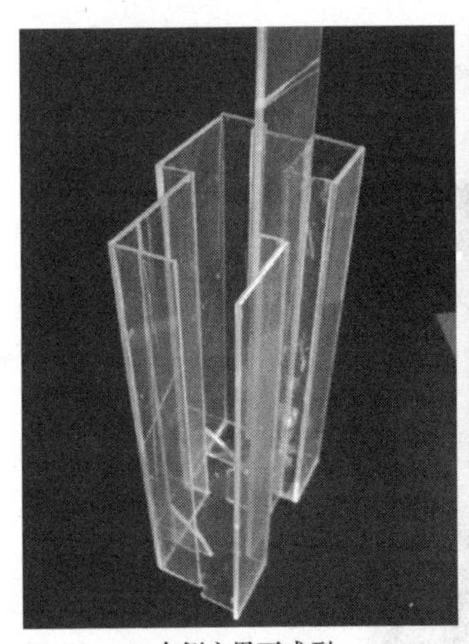

左侧立界面成型

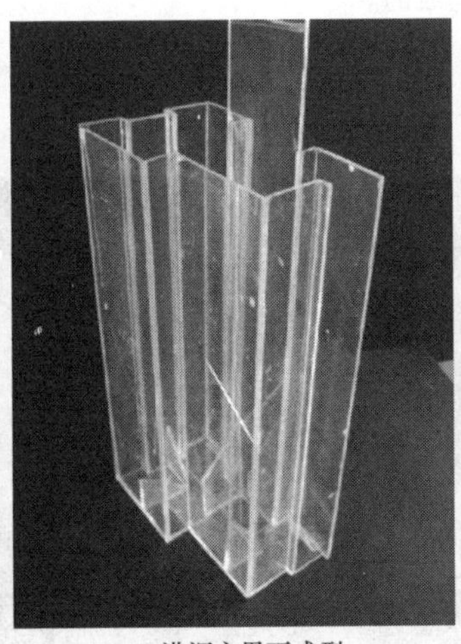

进深立界面成型

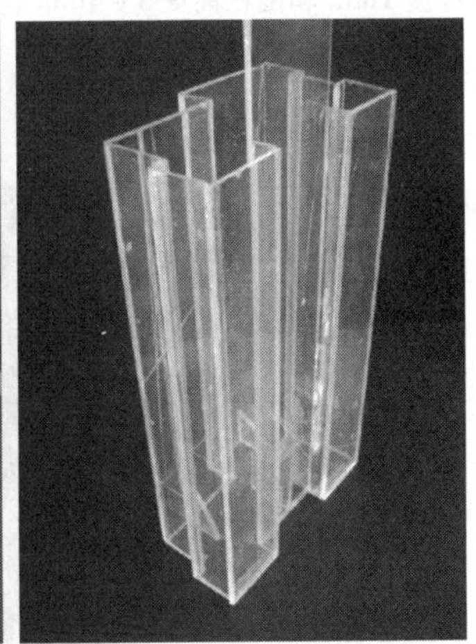

右侧立界面成型

图3-51 蔽视侧立界面制作示意图

3. 顶界面制作

商务办公楼的顶界面是高低起伏、错落有致的平型顶界面，其中有大面积的主顶和小面积的副顶，还有电梯顶、空中花园顶及不具实用价值的装饰顶和栅栏顶等。这些顶界面形态都是下沉在立界面内。

办公楼建筑模型顶界面共有高低、大小不同的四个顶界面。在制作过程中，要执行先低顶后高顶、先大顶后小顶的原则。

（1）低层楼平面顶制作　低层楼平面顶的具体制作步骤如下：

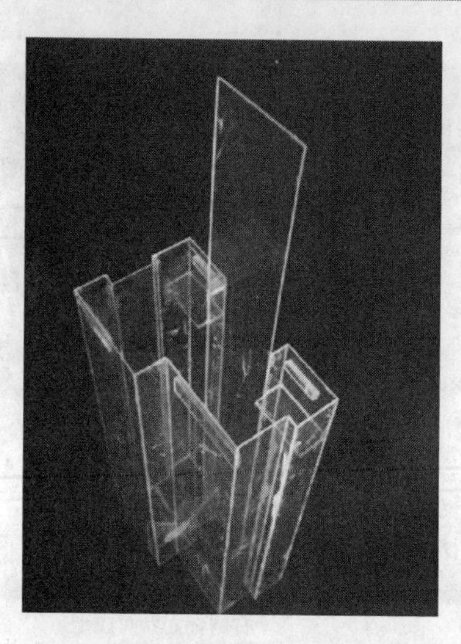

步骤1：粘补阻沉定位料。在低层楼立界面内补粘平面顶下沉定位料。这种补下沉定位料也可在各立界面未黏合前就用卡尺划线、补料黏合，阻沉料只要一边光洁的废边小条料、小块料，它们在各立界面内侧4～5mm线下黏合，4～5mm尺寸是由顶材料厚度1mm和围栏高度3～4mm构成的。

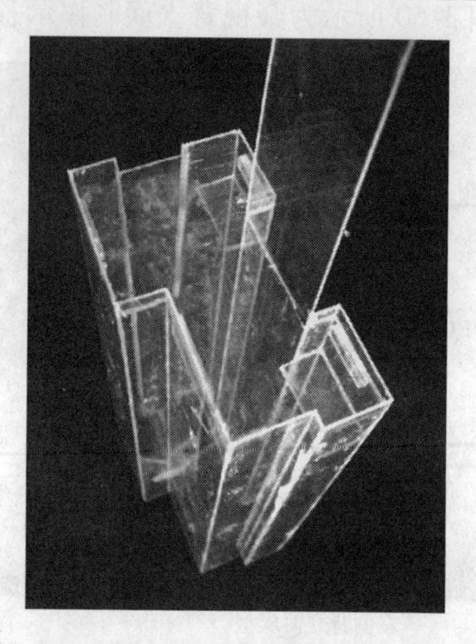

步骤2：启用定形、定位料。是指启用预制与地界面同形态、同尺寸的备用料。必须先试装后黏合，如果难以放进界面内，只能对备用料进行适当修整。

步骤3：定形、定位料安装黏合。将适用的备用料对准阻沉定位料安装稳定后，即时用氯仿黏合。俯视时使平顶界面成型，同时又使围栏成型。

（2）高层楼平面顶制作　高层楼平面顶制作是指高出低层楼顶的 3 个楼顶制作，具体有下沉在立界面内的顶和不下沉在立界面内的顶之分。根据外观和使用功能，高层楼顶从不同方位看有最高顶和次高顶，按照最高顶到次高顶的制作顺序制作。高层楼立界面和顶界面的具体制作步骤如下：

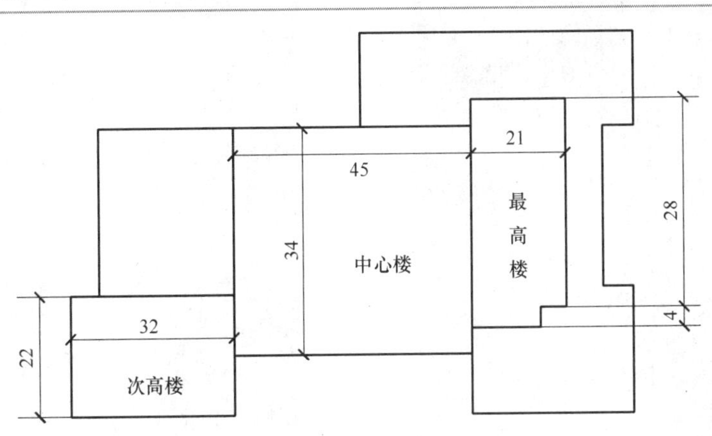

步骤 1：绘图。即在备用料上按效果图绘制确定 3 个高顶的位置，并按图样尺寸，在成型的低层楼顶画出 3 个高层楼顶位置线。

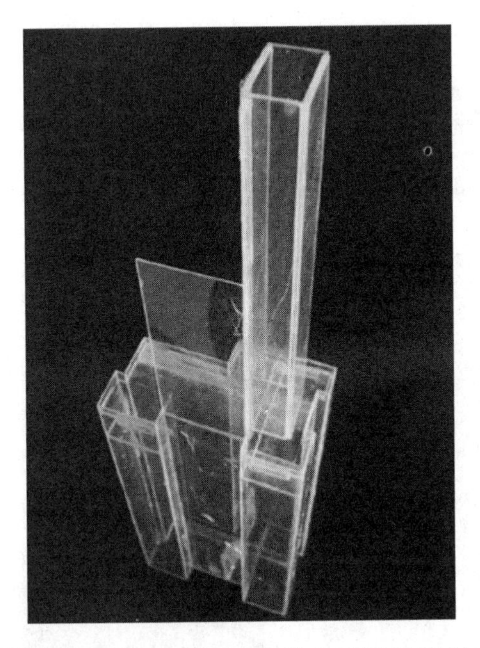

步骤 2：最高楼成型。最高楼立界面用预制的 172mm×106mm 通长料，按 4 个立界面尺寸配制截取、补料、黏合成型。

步骤 3：中心楼成型。中心楼用预制的 100mm×103mm 通长料，按各立界面尺寸配制截取、补料、黏合成型。

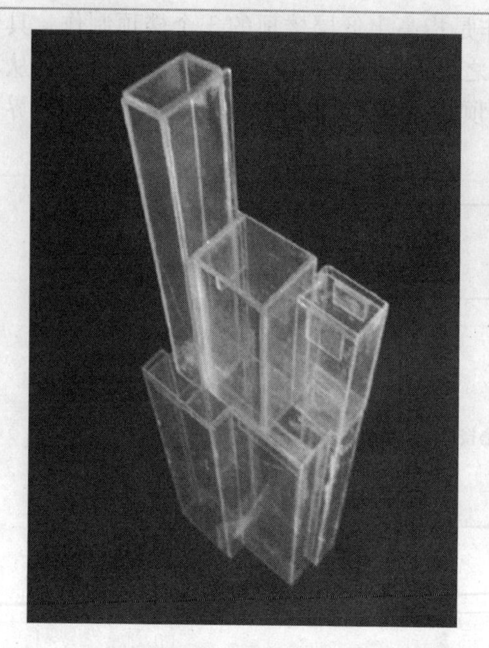

步骤4：次高楼成型。次高楼用预制的88mm×108mm通长料，按各界立面尺寸配制截料、黏合成型。

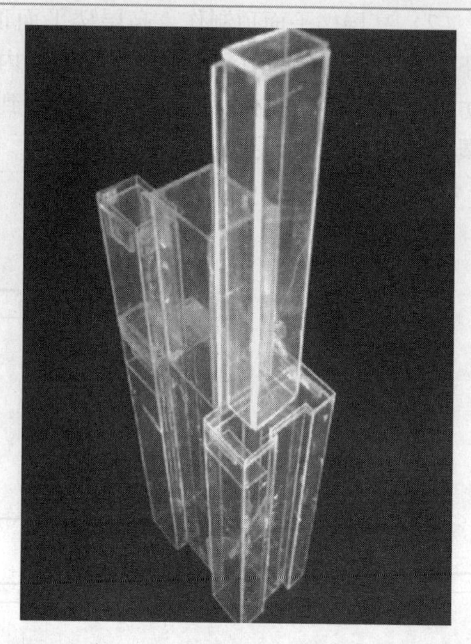

步骤5：高楼平面顶成型。3个高楼平面顶按不同楼顶造型配制截料。然后按备用料成型工艺黏合成型。

（3）顶界面附加构件制作　顶界面附加构件是指顶面栅栏和避雷设备等。栅栏的成型已经随各楼层顶界面同时成型。图3-52所示为避雷针模型，是移用书写完的圆珠笔芯，用透明胶带保护金属笔头后，笔身均喷白色自喷漆，然后安装在最高楼上成型。

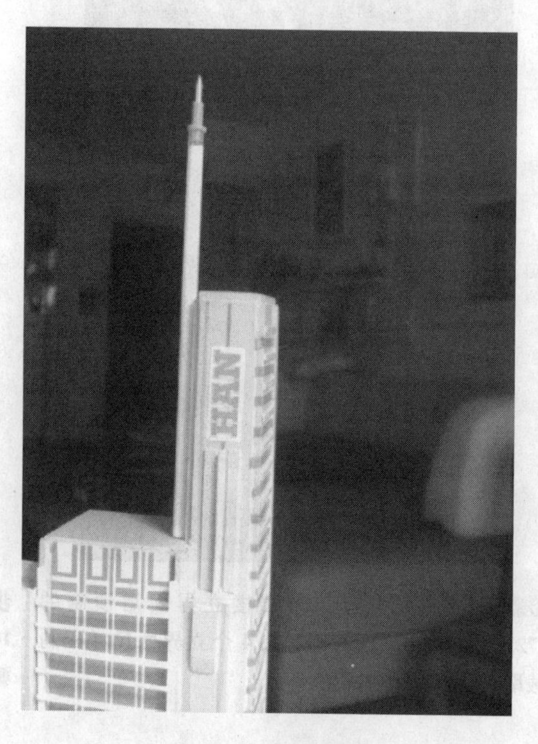

图3-52　避雷针模型

五、裙楼建筑塑料模型制作

1. 分体制作与成型工艺

办公楼裙楼是指与主楼组合的大厅建筑，也叫主体主楼的副体。一般办公楼的大厅是在主楼内部，设计中独辟为裙楼，是为了裙楼与主楼一高一矮的强烈对比，产生强烈的视觉冲击力，也使整个办公楼具有节奏感。且与主楼风格、气派相呼应，更好地烘托主楼高大挺拔和多样功能，同时也充分表现自身功能和形态的美学价值。

（1）分体制作优点　分体制作有如

下优点：一是有利于整体制作。是指有利于主楼整体和裙楼整体制作。分体后相互间省去很多配合尺寸的测算，同时还可省去在整体制作过程中不断翻动的麻烦。二是有利于细部制作。裙楼精美的大门、柱、门头、台阶和左侧立界面的大窗户、立柱等的细部造型，分体制作时会带来很多便捷。三是有利于整体形态品质的保持。分体制作不会损坏主体的形态品质。四是有利于组装和再加工。如裙楼与主楼组装部位，有多个接触面，组装后可以达到“天衣无缝”的效果。图 3-53 所示为分体制作的裙楼模型。

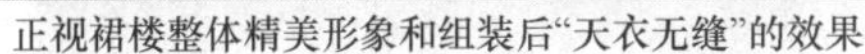

正视裙楼整体精美形象和组装后“天衣无缝”的效果

侧视裙楼细部精雕细镂的形象

图 3-53　分体制作的裙楼模型

（2）制作工艺　裙楼制作是采用预制与配制互动成型工艺。“配制尺寸、预制成型”法和“预制备料、配制成型”法的新方法有效地使裙楼成为精美的模型。

2. 地界面制作

为了与主楼多变形态呼应，又不过多矫饰，在方形裙楼左侧设计成后退错位的观光侧厅，既使形态更具丰富的立体感，又使呆板的方形地界面有了丰富变化，为了制作方便，图样尺寸与原尺寸略有变动。地界面的具体制作步骤如下：

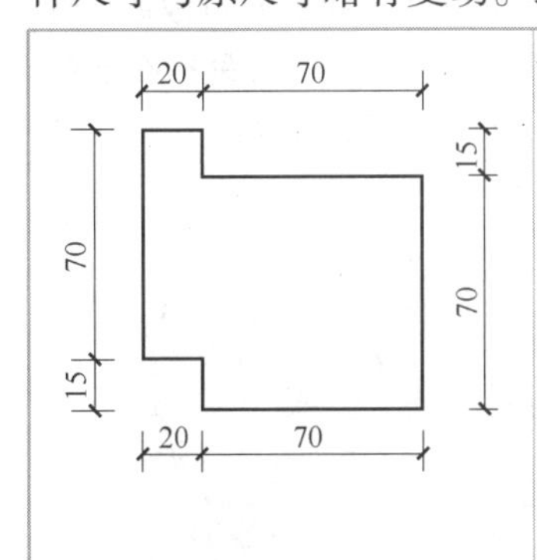

步骤 1：绘制地界面平面图。是绘制地界面平面实际尺寸图。

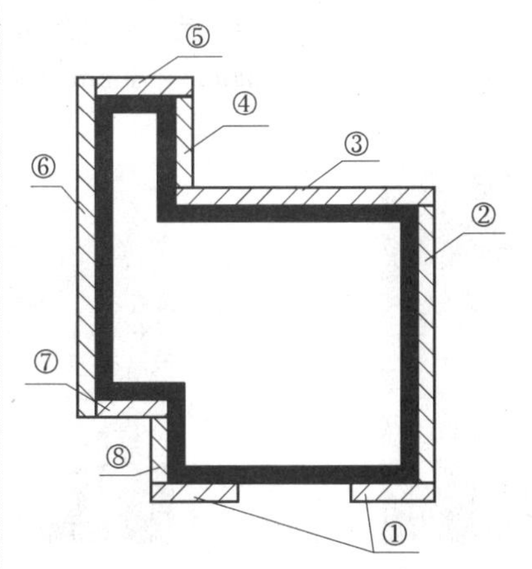

说明：各立界面料均是厚1mm，各立界面宽度尺寸如下（单位mm）：

① 15+1=16（2块）
② 70
③ 70+1
④ 15−1=14
⑤ 20+1=21
⑥ 70+2=72
⑦ 20
⑧ 15−1=14

以上尺寸仅供参考，在手工制作过程中，用配制测算尺寸为准。

步骤 2：绘制地界面黏合图。是绘制各立界围粘的地界面减料图。

步骤3：制作地界面。在板上按图划线、勾截、修整成型。

3. 立界面制作

进行裙楼立界面由简洁到精细的形态制作和各立界面拼粘缝被隐藏的要求，就要改变主楼正视立界面到次视立界面制作的常规程序，现在从右侧立界面开始按逆时针顺序制作成型。裙楼立界面的具体制作步骤如下：

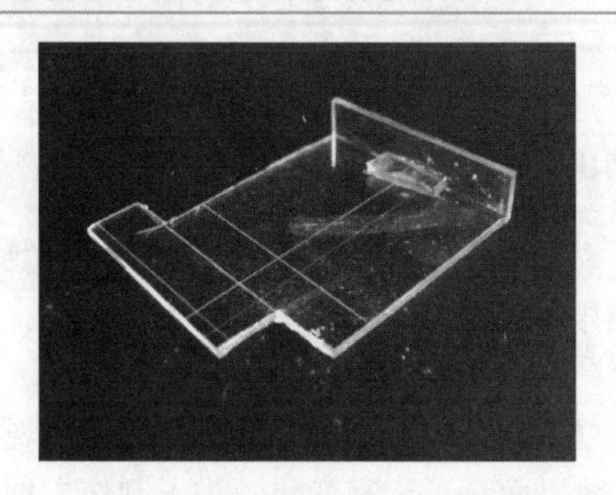

步骤1：右侧立界面成型。首先预制宽度33mm（立界面高度尺寸）、长度280mm的通长料，然后按配制测算尺寸截料、修整、黏合成型。

步骤2：背立界面成型。背视立界面共有3块，其中70mm料按配制测算尺寸，用通长料截取、黏合。另外两块是附属观光厅用料。需另行在预制28mm×90mm的通长料上截取、黏合。

步骤3：左侧立界面成型。这是具有视觉价值的形态面，由大型观光窗和两处宣传墙组合，两处宣传墙从28mm×90mm截取、黏合成型。

步骤4：制作观光窗架。按设计截取上架宽料，下架窄料，然后料背覆双面胶，在纸上按要求定位粘贴。

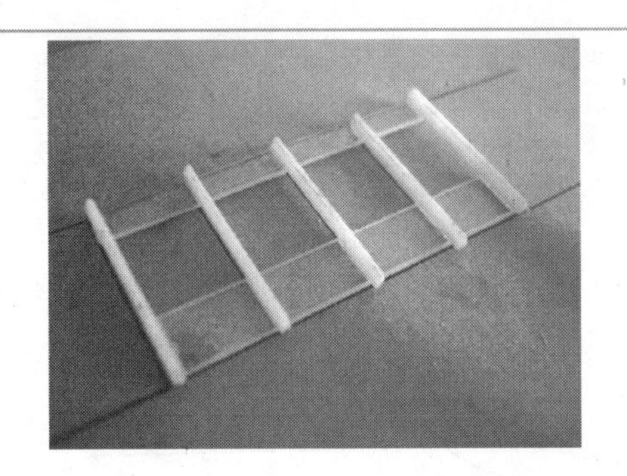

步骤5：制作观光窗柱。与架料同厚度1mm料，预勾截5根柱体，然后再上、下架上等距离长断面黏合成型。

步骤6：观光窗组装成型。预制的观光窗与两处宣传墙黏合成型。

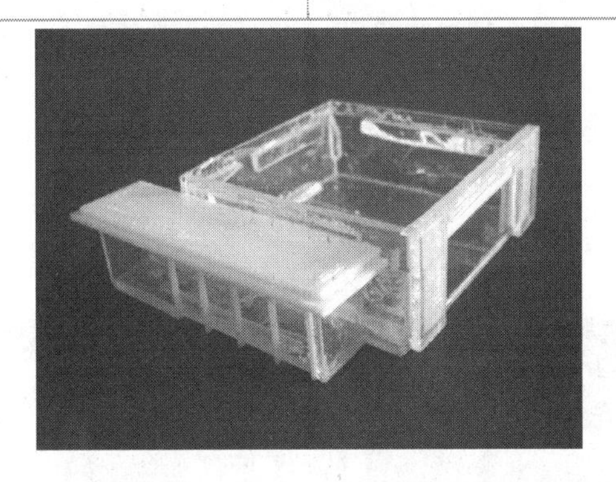

步骤7：观光厅顶成型。预制两层出檐平顶，随观光窗同时黏合成型。既减少后续工作量，又使观光窗稳固。

4. 正立界面制作

正立界面由两侧装饰墙外、大敞开的门洞、进深感的门内隔墙、大弧形门头、柱头饰的立柱、三坡向的门头台阶等细部构件组成。对这些构件进行精致的制作，直接提升大厅的气势和彰显商务办公楼的企业形象。正立界面细部构件的具体制作步骤如下：

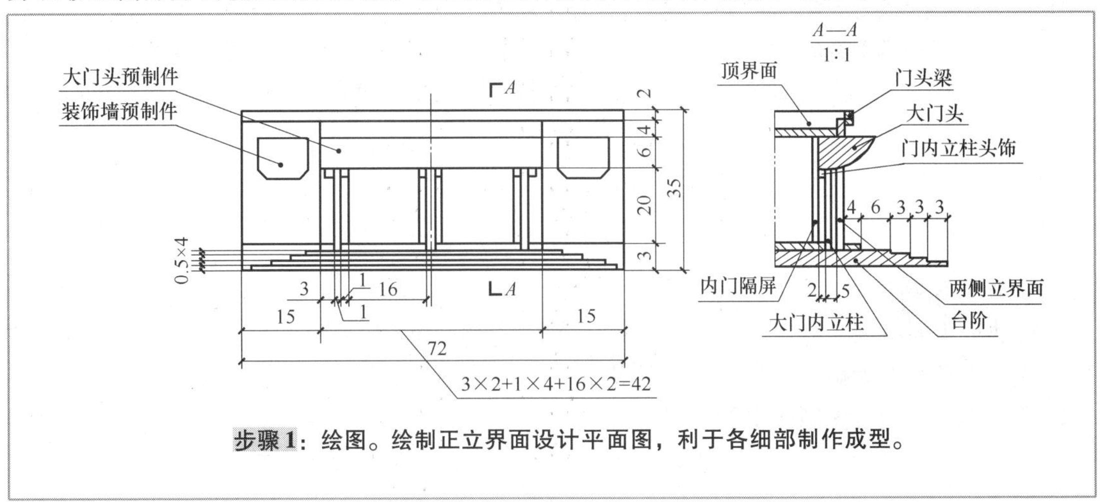

步骤1：绘图。绘制正立界面设计平面图，利于各细部制作成型。

步骤 2：门墙、梁成型。是用厚度 1mm 有机玻璃料，按左、右、中心 3 处门内隔墙图样尺寸截料、黏合成型。用厚度 2mm 有机玻璃料，按左、右两侧有雕饰的装饰墙和门头梁图样尺寸截料、黏合成型。

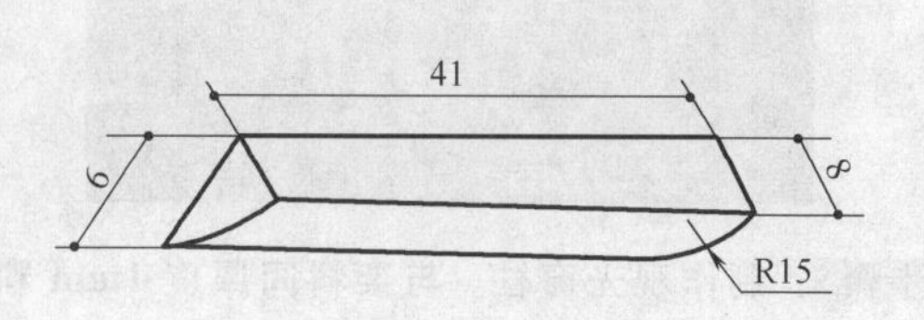

步骤 3：绘制门头图。弧形大门头是大门更具有立体感的重要物件，需要单独绘图。

步骤 4：弧形大门头成型。是用厚度 3mm 料叠粘成厚料，然后按图样要求进行锉、磨、锯等工艺成型，并即时与门头梁黏合成型。

步骤 5：制作柱体、台阶。是用厚度 1mm 料，按柱头、柱体和两侧装饰墙的图样尺寸勾截、修整、叠接、黏合成型。台阶制作是用厚度 0.5mm 料，按门前台阶的图样尺寸勾截、修整、叠粘成型。

5. 顶界面制作

裙楼顶主要有高、低 2 个平顶界面和一个大型穹隆顶。其中低顶在立界面制作的步骤 7 中已成型。高顶即为裙楼主厅顶。它的特点是内沉 3mm，成为周边有护栏的顶和一个大型穹隆顶。主厅顶的具体制作步骤如下：

步骤1：阻沉料黏合。在立界面内侧上端用卡尺划4mm线，然后用边角料在线下粘贴，形成阻沉构件。

步骤2：平面顶成型。用厚度1mm料配制截料、修整，按位置在阻沉构件上黏合成型。

步骤3：穹隆顶成型。圆穹隆顶制作是用热成型工艺预制件居高顶中心黏合成型。

6. 主体与副体组装

主体与副体组装是指裙楼与主楼合拢黏合组装。组装时，要注意以下两点：一是两大件要黏合牢固。尤其是主楼凹进的栅栏幕墙的大空隙处，需要增料补缝，做到“天衣无缝”。二是两大件地界面要平整，并保证它们的垂直度和稳定性，切不能摇摆。图3-54所示为主体与副体组装后经喷涂的视觉形象。

六、外观细部制作

精心制作出精彩的、具美感的细部形态，是模型真正的灵性和灵魂。在细部制作过程中要掌握好制作的时间段和重点界面。

1. 细部制作的时间段

根据细部制作可行性，对于不同界面的细部制作有以下四个时间段供选择：

补缝隙（组装后条料补大厅与主楼间的大缝隙，
达到严丝合缝的精美品质）

正视形象

右侧视形象

背视形象

左侧视形象

图 3-54　主体与副体组装后经喷涂的视觉形象

第一时间段是部分界面、部分细部，可随相关的大几何形态同时成型，这样虽然便于制作，但是难保证组装时与其他相关界面细部的密切配合。

第二时间段是在全部界面大几何形态成型后，再给各界面细部统一制作，这是常用的手工成型工艺。

第三时间段是经喷涂后进行细部制作，如模型中的即时贴门、窗、幕墙和悬空栅栏预制构件等细部制作。

第四时间段是在表面装饰技术时一并成型。

一般情况下，各界面用同质材料的条、块面等营造细部立体形态，可在第一或第二时间段制作；各界面用即时贴等不同材质的条、块等营造细部平面形态，在第三或第四时间段制作；对于预制的独立构件均可在总装时装配成型。图 3-55 所示为不同时间段的细部制作。

2. 主楼各界面的细部制作

主楼是由 5 个不同高低的楼层构成，其中有一个与右侧等高的楼层在左侧背后。在正视和次视区域内的 4 个楼层界面是主楼的脸面，是细部制作的重点，直接关联到其他界面的细部制作，也直接关系到模型品质。它们有平面、立体、雕饰件等丰富多彩的细部形态，也都有各自的制作工艺。图 3-56 所示是主楼各界面细部制作形象。

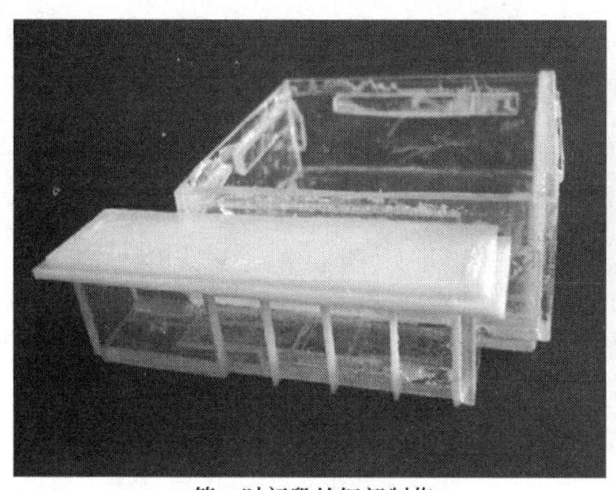

第一时间段的细部制作

第二时间段的细部制作

第三时间段的细部制作

第四时间段的细部制作

图 3-55　不同时间段的细部制作

经过细部制作的裙楼精美形象

图 3-55　不同时间段的细部制作（续）

主视面各高层楼正立界面细部制作形象

主视面第三高层楼（中心楼）正立界面幕墙和悬空栅栏细部制作形象

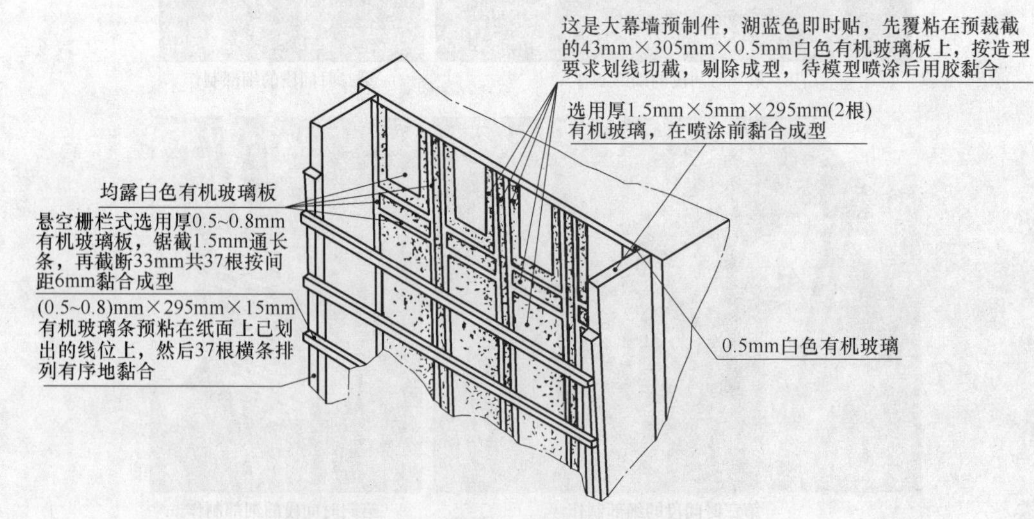

绘制三维图解读主视面第三高层楼中心立界面细部制作

图 3-56　主楼各界面细部制作形象

选用薄有机玻璃板，勾截(0.5~0.8)mm×2mm×5mm共33条，按间距8mm与界面同时黏合成型

下沉3mm平顶

待喷涂后4mm×(20+22)mm湖蓝即时贴黏合成型

喷涂前就使用(0.8~1)mm×4mm×293mm×(205+88)mm有机玻璃条粘贴成型

喷涂前用2mm×15mm×(205+88−35)mm有机玻璃条粘贴成型

预制2mm×8mm×23mm下端30°斜面的有机玻璃雕饰件，在喷涂前黏合成型

1.5mm×(205+88−35)mm中灰色即时贴条，待装饰时黏合成型

3mm×260mm白色即时贴条，待装饰时黏合成型

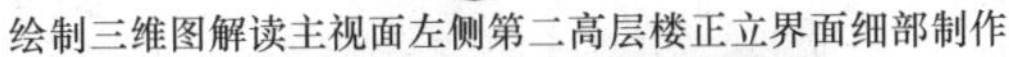

绘制三维图解读主视面左侧第二高层楼正立界面细部制作

主视面左侧第二高层楼正立界面细部制作形象

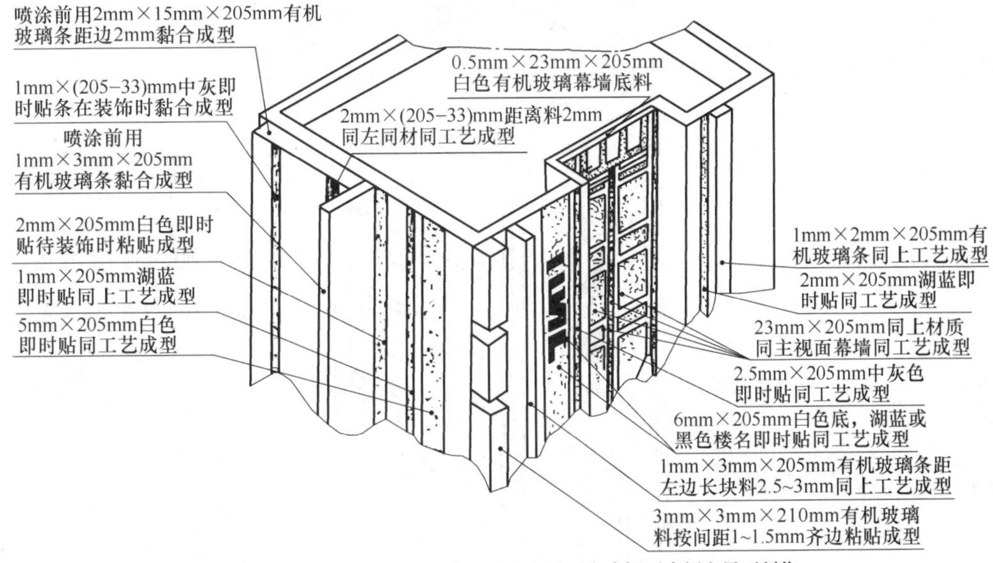

绘制三维图解读主视面右侧高层楼正立界面和次视面右侧立界面制作

图3-56　主楼各界面细部制作形象（续）

3mm×(172~88)mm中灰即时贴同工艺成型

与主视面第三高层楼正面细部同材、同形料、同工艺成型

1mm×84mm中灰即时贴同工艺成型

绘制三维图解读主视面右侧第四高楼细部制作

次视面第四高层楼右侧立界面细部制作形象　主视面右侧最高楼正立界面细部制作形象

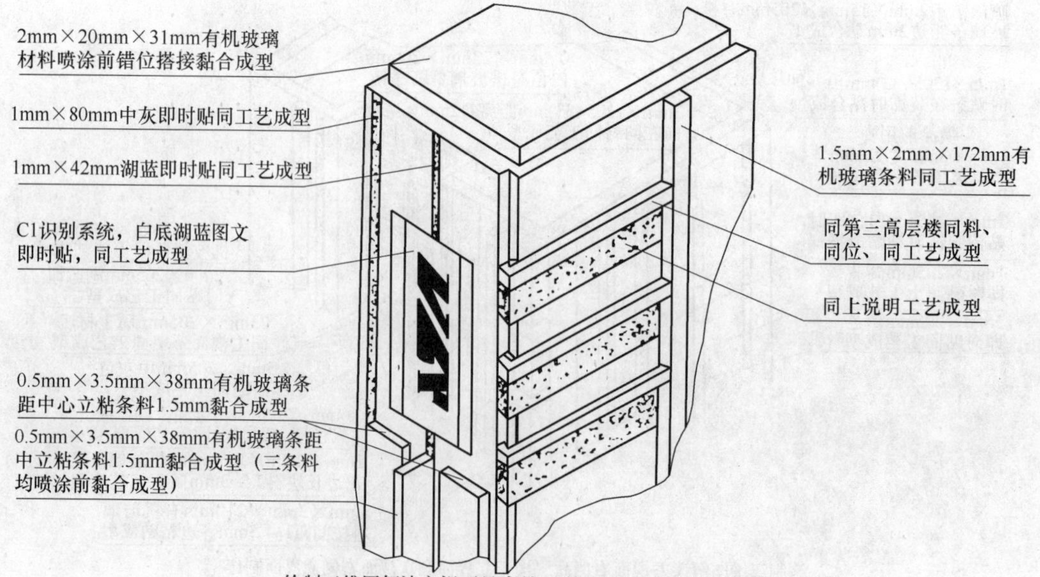

绘制三维图解读主视面最高楼正立界面和右侧正立界面细部制作

图3-56　主楼各界面细部制作形象（续）

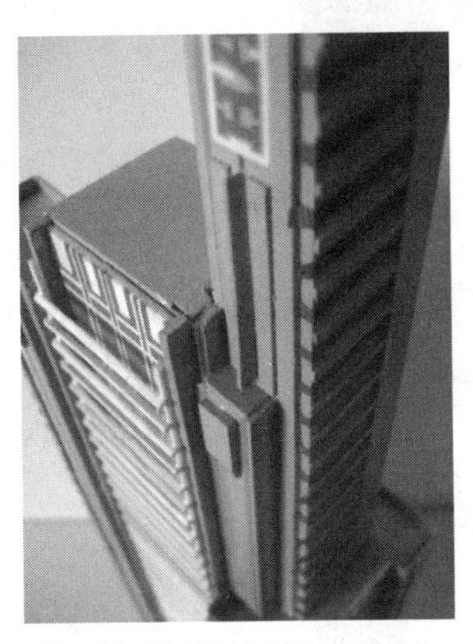

主视面最高楼右侧立界面细部制作形象

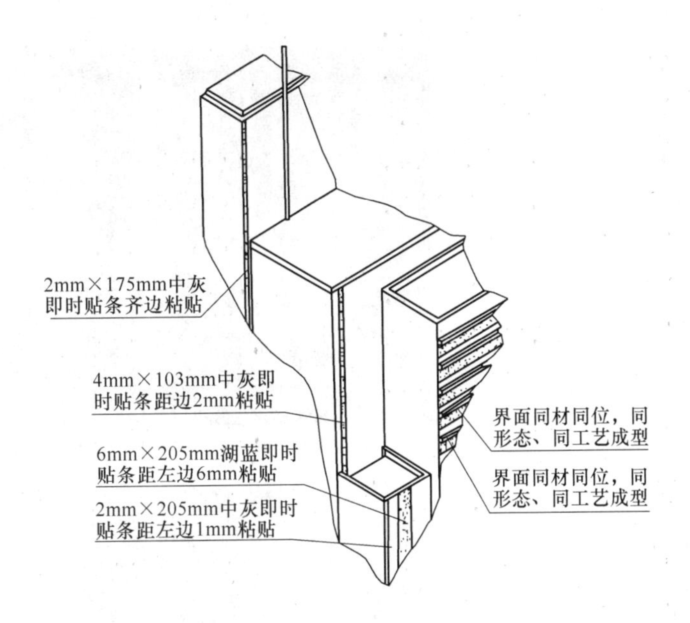

绘制三维图解读主楼背部各层楼细部制作

背视面主楼立界面细部制作形象

图 3-56　主楼各界面细部制作形象（续）

3. 表面装饰技术

表面装饰技术又叫二次成型、二次加工技术。这是建筑模型制作的最后关键阶段。未装饰前的建筑模型，只是粗陋的原始形态。这是因为使用了不同个体和使用了不同色彩、透明度、材质、厚薄的材料，以及在配制成型法中分别使用冷成型工艺和热成型工艺等因素，会带来模型的废边、缝隙、色杂、材杂、残破、划痕等毛病，需要二次加工技术。添加表面色彩、进行表面喷涂，附加表面文字、图形、色线、识别性符号，以及安装装饰构件等技术，真正提升模型品质。图 3-57 所示为未做表面装饰的主楼形象。

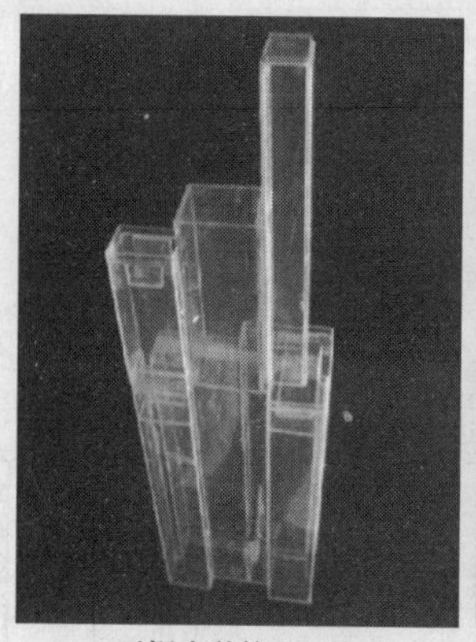
正视未装饰的形象

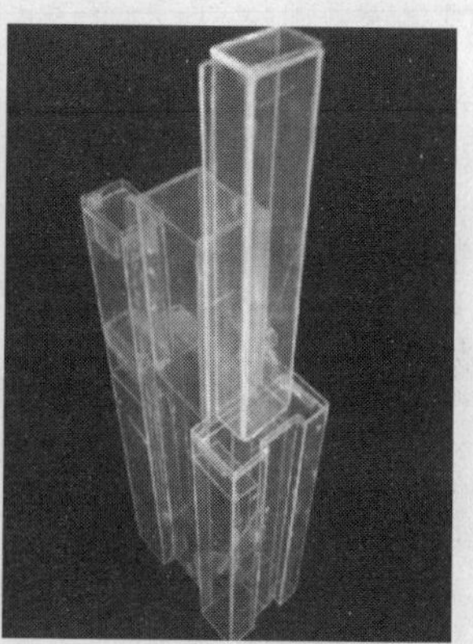
右侧视未装饰的形象

背侧视未装饰的形象

左侧视未装饰的形象

图 3-57　未做表面装饰的主楼形象

图 3-57 中的 4 个形象，由于使用了透明有机玻璃，虽然有晶莹剔透似水晶玻璃的美感。但是不易快速地识别形态，需要进行修补、喷涂、装饰等二次加工技术。

(1) 修补　修补最常用的有修、补、盖 3 类工艺。

修：即锉修、砂纸磨修、断钢锯条刮修、机加工修等。

补：即屑补、泥子补、小型料补等，对于屑补需要注意的是，使用何种材料就用何种材料的屑补，禁止不同材料的屑补。

盖：即装饰件遮盖、即时贴遮盖或文字、图形遮盖等（图 3-58）。

未用即时贴遮盖的残破和缝隙

用即时贴遮盖后的效果

图 3-58　修补技术

（2）喷涂　目前有效的喷涂工艺是选购自喷漆喷涂成型，在喷涂工艺中特别要注意以下几个问题：一是要进行喷前处理。要对表面先修补、清洁，再喷涂。二是要有合格的喷涂环境。要求在喷涂工作室或室外晴天、阳光强、高温环境进行喷涂，这样既能保证色彩光洁度，又能快速固化。阴天、雾天、雨天和风量大的环境中尽量不要喷涂，以免表面色彩灰暗、发雾、无光洁度。三是喷底漆应符合要求。喷底漆时，先用白色喷漆，可分两次进行，第一次是为了显露视觉难以识别的残破、裂缝、划痕等毛病，便于再次修补；第二次称为面漆打底子喷涂。每一次都需要浅喷模型的所有面2～3遍；且每一遍都必须在前道漆完全固化后进行，禁止一次喷完。四是喷序要正确。是指各界面喷涂顺序：按背界面→蔽视侧界面→次视界面→主视界面的顺序进行。由于地界面是不可见的视界面，可喷涂也可不喷涂。五是必要的喷修。缺乏喷涂经验的人，操作时往往会急于一次求成，或意图以喷漆来遮盖裂缝、划痕、小瘪塘等毛病而过量猛喷，因为喷涂只会暴露毛病，绝不会遮盖毛病，这种过量的喷涂会造成表面漆料流淌的丑陋痕迹，此时需要用水磨砂纸沾水轻磨至平整待干后，再匀喷2～3次。六是要规范套色喷涂的先后顺序。要先喷白色底色后喷浅色面色，待漆固化后，用粘贴的遮挡措施后再喷深色。按先喷大面积主调色后喷小面积色，先喷立界面后喷顶界面的顺序喷涂。但是对于小面积点缀色，也可在预喷小型料后，再拼粘成型。七是要执行喷涂技术规范。要求喷距与模型间距控制在300～400mm；要求喷角（喷料射角）是在模型上方小于45°的方向斜向喷射；要求喷量是少喷、薄喷、满喷、匀喷；要求喷数是2～3或3～4次；要求喷向、喷速是从左到右、从上到下、从后到前、从隐蔽处到显露处的喷向和轻力、慢速的喷速。对于喷向变化可将模型转动或人转动喷涂。

（3）装饰　装饰包括两方面，一是再造型装饰，二是符号性装饰。

① 再造型装饰。再造型装饰又叫细部构件形态装饰。通常采用“虚”和“假”的艺术表现手法。如对于众多且复杂的门、窗、结构、配件等手工不可能制作，也无必要制作的这些构件，一般用即时贴先满贴在相关界面上，后划造型线，用美工刀裁切，再经剔除，使门、窗显现出整齐划一的品质，达到“虚”中有“实”“假”中有“真”，真假难辨的艺术境界（图3-59）。

观光厅天窗顶再造型装饰，是先用即时贴定位覆贴

天窗顶经划线、裁切、剔除、成型

图3-59　用即时贴再造型的装饰工艺

主楼中心玻璃幕墙先覆贴蓝色即时贴，后划线、裁割、剔除工艺成型，使“假”幕墙有“真”幕墙的美感

图 3-59　用即时贴再造型的装饰工艺（续）

② 符号性装饰。符号性装饰主要用楼名、公司名的中、外文字等，以及门牌、灯箱、灯饰等，显现出企业形象或品牌要素。制作时，用计算机设计、打印、剪贴，或即时贴刻制、移贴，或转印膜刮贴等“真实”成型工艺。如果不是展示模型、标准模型，可用“示意”表现手法，用旧画报、杂志、印刷宣传品中文字、图形等剪贴成型。这里特别要提出的是，选用可读性强的文字时要注意：一是字体与笔画，当前多为粗黑体、粗综艺体。二是字形与大小，需要按粘贴位置、面积和模型内容决定，一般选用字形大小不一的扁、长、正方 3 种字形。三是字色与字义，字的色彩以企业形象标准色为准，字的含义（内容）尤其要求避免注册商标、版权纠纷和健康词句等；为表达企业形象或建筑特色，可用原形、原词、原句文字时剪去其中 1 ~2 字或断其中 2 个以上笔画，形成没有完整清楚的内容，既达到示意功能，又避免版权纠纷的巧妙成型工艺。图 3-60 所示为办公楼的符号性装饰。

主楼文字装饰

裙楼主视面文字装饰

图 3-60　办公楼的符号性装饰

裙楼观光厅次视面文字装饰

办公楼多处色带装饰

图 3-60　办公楼的符号性装饰（续）

4. 大栅栏装饰件制作

装饰件又叫点缀件，它犹如人身上的项链、手镯等装饰品。办公楼模型已有太多的装饰件。其中有最具鲜明个性的幕墙前的悬空栅栏装饰件。此件虽无使用价值，但是具有现代感，更让人感叹建筑所展现的新材料、新技术魅力，也让人认识手工艺模型的精湛技艺。大型栅栏装饰件模型是按设计效果图和制作工程图，使用“预制备料、配制成型”法进行的预制件制作。大栅栏装饰件模型的具体制作步骤如下：

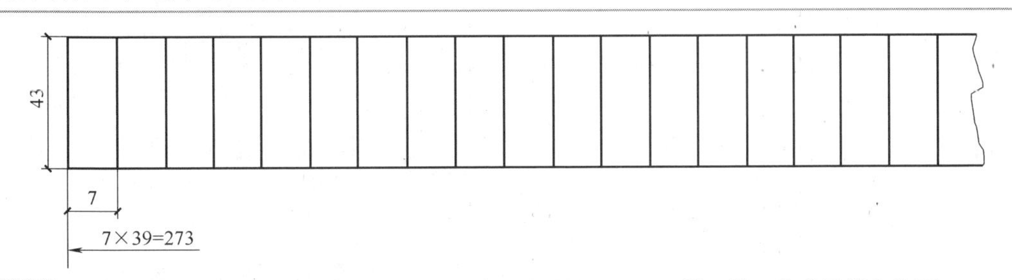

步骤 1：绘图。在卡纸上画出栅栏宽度 43mm 和每根栅栏间距 7mm 的图样，作为栅栏定位图。

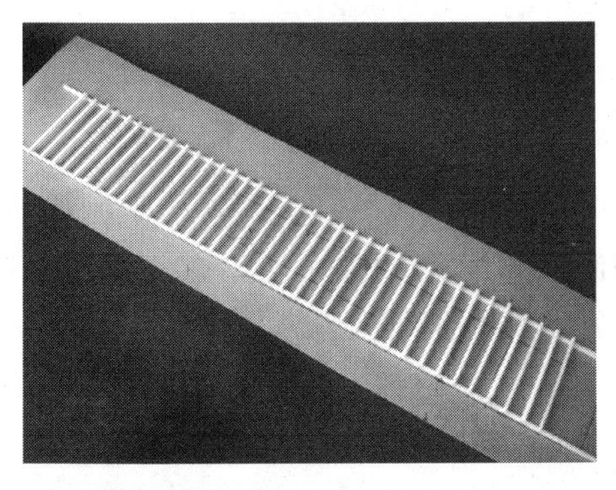

步骤 2：勾截 2 条 1mm×1.5mm×280mm（含余量尺寸）料，用双面胶粘在宽度线内侧，然后剪截 38 根长 43mm 条料，按 7mm 间距线用镊子丢放、调整、对位，及时用氯仿小心滴粘。禁止用笔涂粘，禁止用手拿料、压粘和以条料变位。

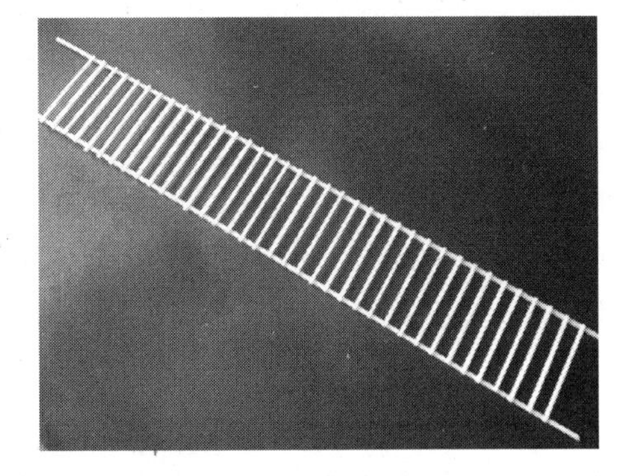

步骤 3：修整。待各条料固化后用剪刀小心修剪，如发现未粘牢的条料补滴粘成型。

步骤 4：组装。经喷涂白色漆后，先定位，按试配、安装、稳定后极小心地黏合成型。禁止氯仿过量、外露、溶化破坏漆面。

第三节 环境塑料模型制作典型实例

办公楼的环境包括两种类型，两者相辅相成。第一是共享环境，也就是城市的大环境。如城市道路、公交站台、灯饰、树木、标志、商场名、广告、路牌、交通指示、交通指示灯、街景等都应该相互协调，有的甚至连色调等都不允许改变。第二是私用环境，即具有该土地使用权的业主所管理的环境。它包括建筑用地和周边绿化和楼前广场的环境。设计时，不但要符合城市规划的要求，更要突出企业形象，能显示办公楼的气派、实力、亲和力，其中有的景观要体现企业形象基本元素，包括广场上的雕塑、花坛、喷水池、灯饰、休闲椅、城市小品、垃圾箱、广告牌和便民停车场等设施。从而使楼前广场环境与建筑模型成为相得益彰的整体。商务办公楼环境模型以私用环境为重点。

一、制作步骤

环境模型是按图 3-61 所示的办公楼环境模型制作步骤制作的。公用环境由城市管理部门规划，一般不允许随意规划。图 3-62 所示为办公楼私用环境模型。

二、地盘材料与制作

地盘是整个办公楼环境模型的基础，建筑物和环境都要在这个基础上进行制作。

1. 地盘材料

地盘制作需要多种材料。选择时要注意四点：一是所选的材料要便于建筑模型、配景模型、衬景模型的安装和环境规划中的地形、地貌的制作。二是所选材料要质轻、坚固，不易

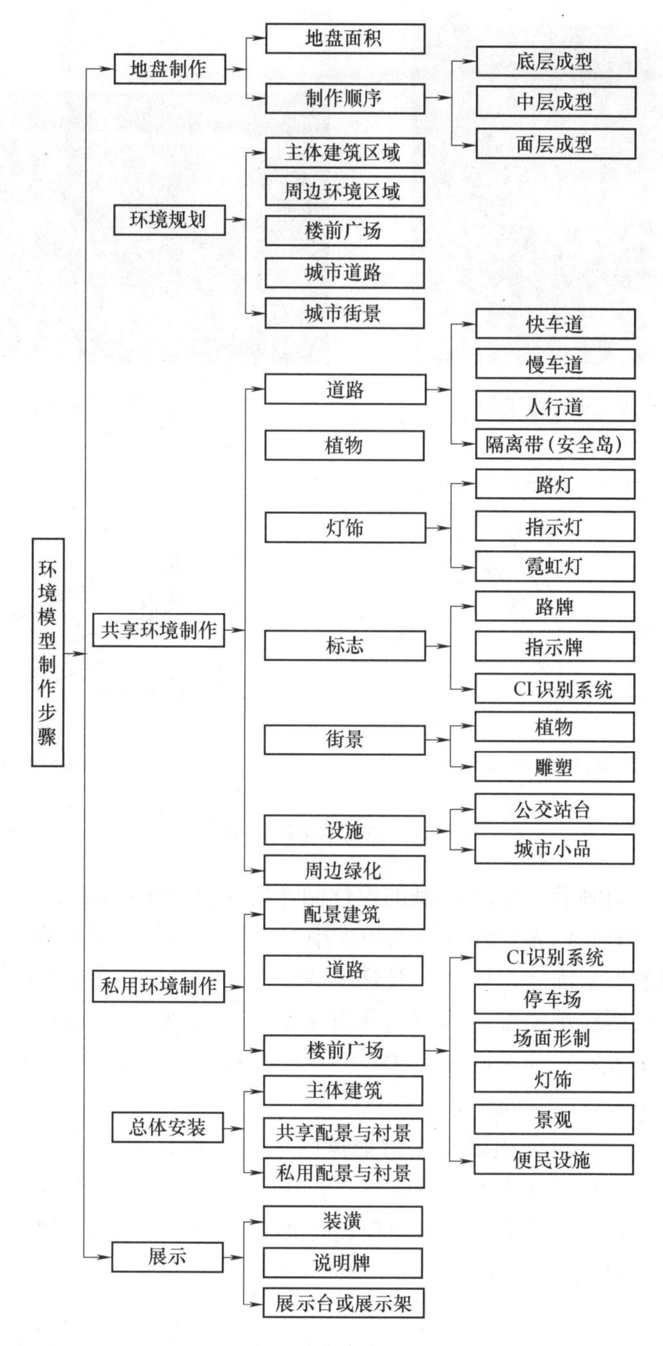

图3-61　办公楼环境模型制作步骤

损坏，便于交通运输、便于保存。三是所选材料要软、硬适度，便于各物件进行黏合、钉合、插合等组装工艺。四是所选材料要能适合模型体量和地形、地貌表现的需要。因此，可以参照纸质模型地盘制作的3种材料组成3层结构。图3-63所示为地盘制作的材料。

2. 地盘制作

（1）地盘结构制作　图3-64所示为地盘结构制作示意图。

图 3-62　办公楼私用环境模型

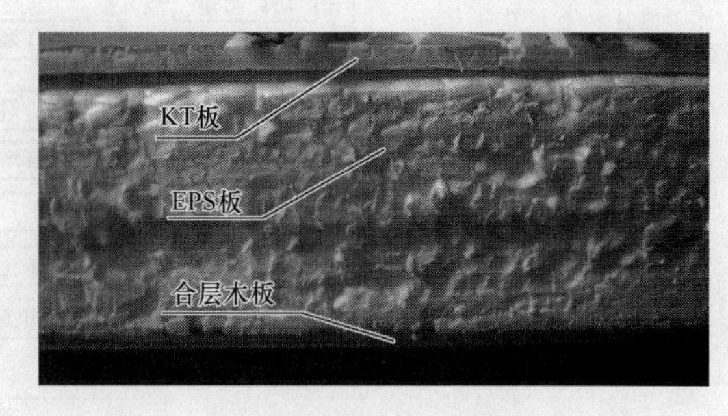

图 3-63　地盘制作的材料

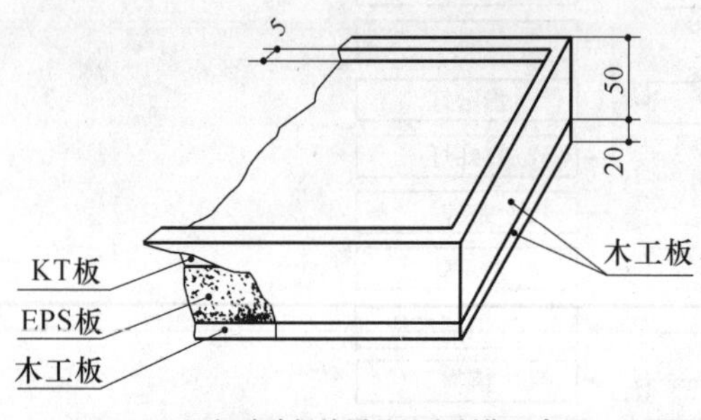

不加玻璃保护罩的地盘制作示意图

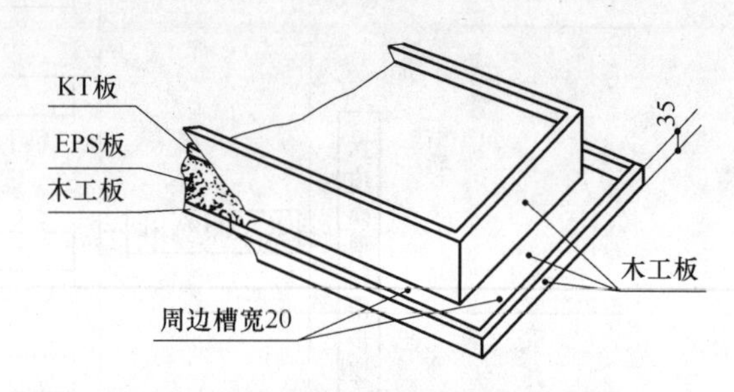

加玻璃保护罩的地盘制作示意图

图 3-64　地盘结构制作示意图

（2）地盘形制设计制作　地盘形制的设计制作要注意两个问题：

一是在制作地盘前，首先要确定其面积大小，一般有两种方法确定：第一种方法是根据所占地面积按比例缩小来确定，比例一般是 1∶300 ~ 1∶500，然后再适量加一些城市共享面积；第二种方法是根据建筑模型的形制与体量来确定，通常以建筑地平面图的左、右、后 3 条周边各放大 100mm 左右，前区域放大 200 ~ 300mm，这样可使地盘显得张弛有序。本例地盘模型设计的面积为 500mm × 500mm（图 3-65）。

二是地盘形制设计。地盘的形制是指地盘的形状，有长方形、正方形和不规则的异形等，在形制的选择上多数是在占地面积制约下，按宽∶长 = 1∶1.5 ~ 1∶5 的长方形来设计，这种形制可给人接近黄金比的视觉感，极少按占地形态设计成边缘不规整形制。图 3-66 所示为 500mm × 500mm 的正方形地盘。

3. 地盘规划

地盘规划设计是指地盘中后区域、中区域和前区域的划分，这 3 大区域基本各占 1/3 位置。

主体建筑模型置于地盘后区域的前端偏右位置，使它雄踞后方，前面是宽、广的开阔地，给人舒畅的视野。楼前广场在中区域，与高、大的主体建筑形成强烈对比，给人一种心灵震撼。共享环境在前区域（后区域和中区域是私用区域），该区域环境受制城市统一规划，制作的随意性、自创性少，但却是一个城市现代信息的载体。图 3-67 所示为地盘规划设计模型。

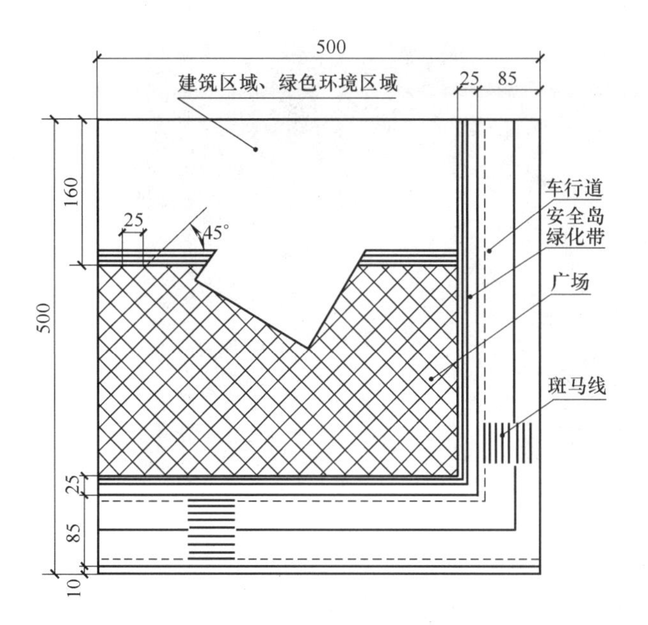

图 3-65　依照建筑平面图放大后的地盘面积

图 3-66　正方形地盘

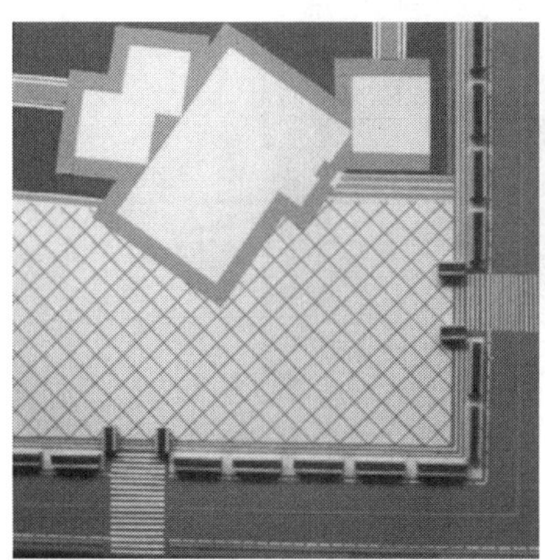

正方形地盘各功能区域规划

建筑模型规划在后区域

绿色环境规划在后区域围建筑模型

俯视地盘后区域摩天大楼群

图 3-67　地盘规划设计模型

侧视地盘后区域高大建筑群与前面区域强烈对比中又具有统一和谐感

地盘中区域是平坦的广场

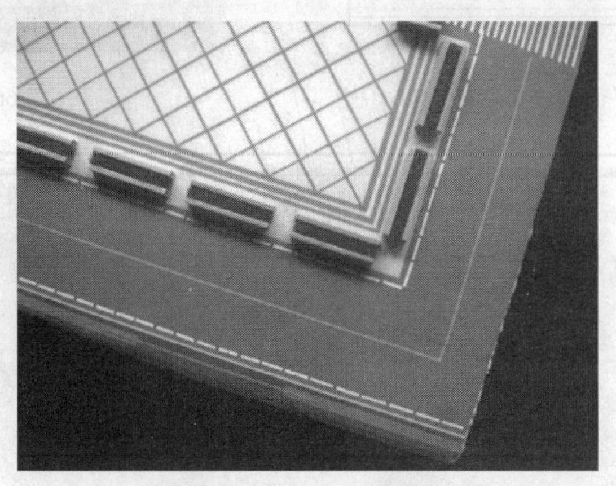

地盘前区域是现代城市公共交通道路区

图 3-67　地盘规划设计模型（续）

三、配景与衬景模型制作

1. 共享环境的配景与衬景制作

（1）道路制作　城市道路的形制、构造、指示灯和各类标志等都有严格的规定。模型制作时，只能用“似与不似”的艺术法则进行。道路制作首先画道路线，按线位选用中灰或深灰即时贴贴满路面，然后用 1 ~ 1.5mm 白色和黄色即时贴长条料，粘贴道路各种线和图形。最后在分道处插合灌木植物，既美化环境又发挥隔离带作用。图 3-68 是采用即时贴制作工艺成型的城市公用车道模型。

图 3-68　城市公用车道模型

（2）隔离栏制作　花坛式道路隔离栏是对

简洁形制的道路产生丰富的形制和美感的重要构件，花坛式隔离栏模型的具体制作步骤如下：

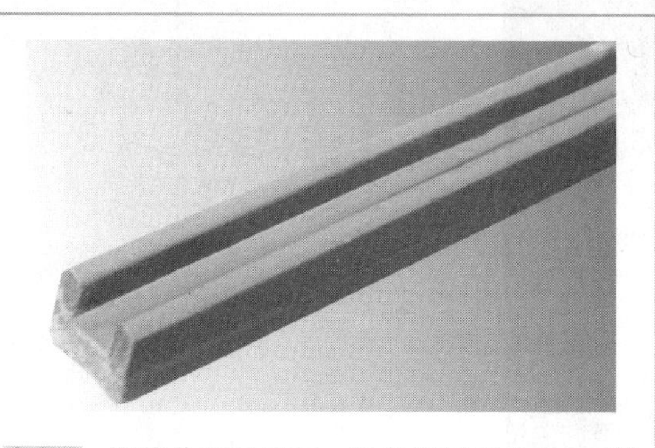

步骤1：制作共用形花坛。用预制厚度1.5mm料勾割4mm×450mm花坛边缘通长料4条，分别垂直搭粘在预制的厚度1.5mm料勾割10mm×450mm花坛底长料2根上，经修整、喷涂浅灰色成两件公用形的“U”形长花坛。

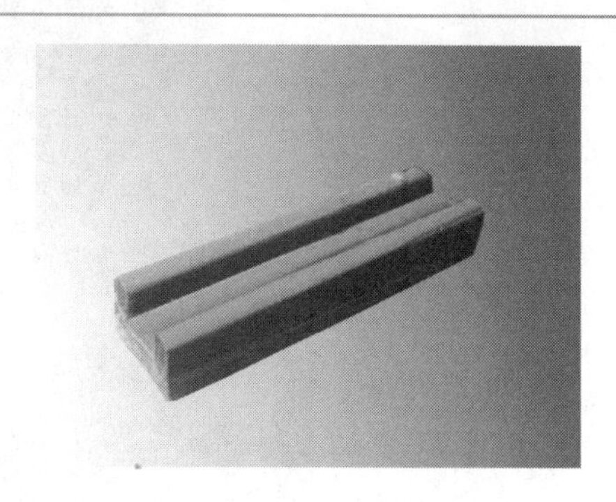

步骤2：制作单件形花坛。将已成型的两件长花坛分别锯截成45mm长的“U”形花坛成型。

步骤3：制作坛内植物。在每个“U”形花坛内挤填绿色长毛地毯条使花坛内花卉成型后，花坛底部覆双面胶，并及时从道路拐弯处压粘成型。

步骤4：整体分布。每件花坛间隔15mm（路灯位置）从道路边黏合到广场入口车道，再让出75mm后顺延黏合成型。

（3）人行道制作　图3-69所示为为了烘托主题建筑的精美，采用简洁形式制作的人行道模型。在大楼周围和车行道边只有绿色、灰色即时贴条粘贴成示意性的人行道。

作为大型地盘中的人行道一般是高出快车道与慢车道，用饰面材料铺成有盲人道的人行道路。由于具有丰富的装饰肌理、纹理，制作工艺也具多样化，现列举如下常用成型工艺。

一是减料法制作。用勾刀或断锯条勾、刮板料面上的造型线料成型。二是增料法制作。是用厚度0.3mm预制若干，盲人道条料和人行道块料有序地粘在人行道路成型。三是喷涂法制作。是将板料上喷涂的深红色或黑色、灰色漆，用勾刀或划针、断锯条勾、划、刮造型线成型。四是先贴与后喷法制作。是在板料上用宽度1mm即时贴条料，粘贴造型线后，喷涂与环境同类色浅色系，待固化后再揭条料成型。五是刻画法制作。即直接在不透明的有机玻璃板上刻画人行道、盲道成型。六是即时贴造型法制作。是在深红色或黑

图 3-69　人行道模型

色、灰色的板料上满贴即时贴，然后用美工刀切裁造型线。七是即时贴覆贴法制作。是用黑色或灰色即时贴满贴板料上，再覆贴各自明度对比的灰色或黑色即时贴，然后用美工刀切、剔表层即时贴的造型线成型。八是示意法制作。即图 3-69 所示的成型工艺。九是移用件法制作。此法多数是移用表面有路面肌理、纹理的美术纸材、粘贴成型。见图 3-70。

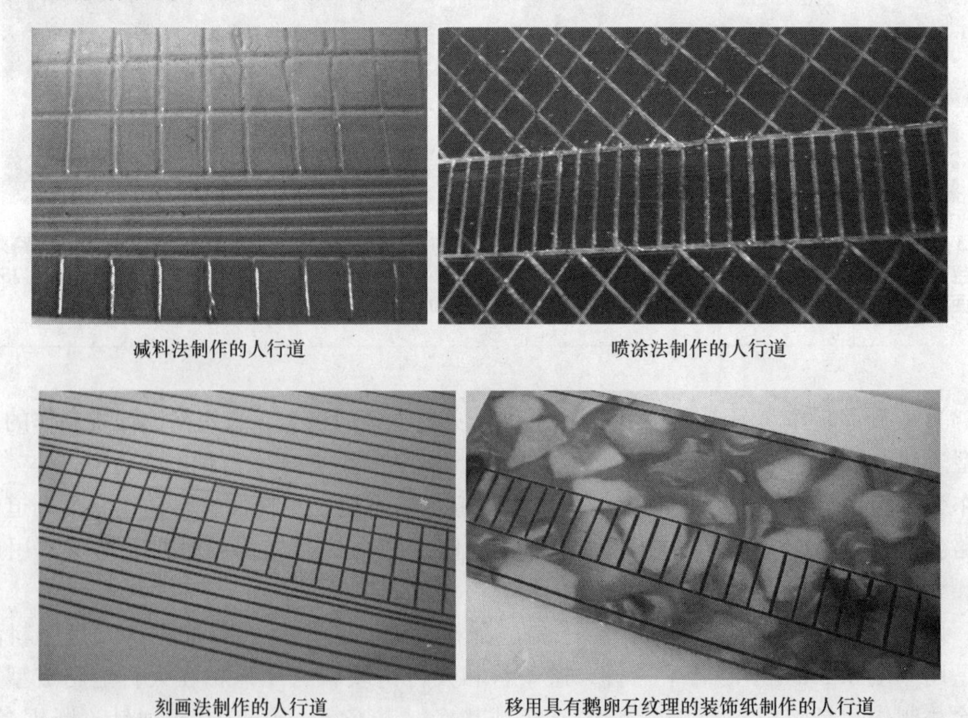

图 3-70　人行道制作模型

（4）灯饰制作　灯饰包括路灯、车行灯和人行指示灯等。因为路灯在地盘中数量多，且有灯杆（柱）、灯头（灯泡、灯罩）、灯杆座等结构，所以，它的制作多为示意性、象征性的形态制作。图3-71中的路灯使用直径2.5mm白色塑料吸管按56~61mm截断后，开叉16mm，底端剪尖4~5mm成型。然后插合在花坛间的15mm位置上。

（5）植物制作　办公楼是以私用环境为重点，对公用环境中的花卉、灌木、乔木草坪等植物，只是采用简略的示意性制作。图3-72所示为车行道两侧植物模型。

图3-71　灯饰制作模型

图3-72　车行道两侧植物模型

（6）衬景制作　公用环境的车行道是“车水马龙”“人流如梭”。图3-73所示的衬景模型为突出公用环境，对众多衬景采用以少取胜手法成型。

图3-73　衬景模型

2. 私用环境的配景与衬景制作

私用环境区域一般在地盘的后区域和中区域，该区域有植物、广场、停车位、景观、休闲椅等配景和衬景物件。此外，还增加了三座体量不等、形态各异，都具有视觉快感的、简洁形态的陪衬大楼。虽然它们都布局在主体建筑模型两侧偏后位置，但是给主体模型营造了更有快感的环境，也给所处城市增添了现代氛围。图3-74所示为私用环境配景与衬景模型的视觉形象。

左侧偏后位置形象

右侧偏后位置形象

图3-74　私用环境配景与衬景模型的视觉形象

俯视形象

平视形象

背视形象

图 3-74　私用环境配景与衬景模型的视觉形象（续）

（1）楼前广场制作　这是一座占地面积大，视觉空间空廓，有广场、植物、停车位、景观、便民设施等构成的多功能区域。这些功能区域与广场成同一场地形制，或与广场成不同场地形制。与广场不同区域的场地形制用画线、隔离杆、隔离带、指示牌，或用不同材质区分。因此，广场的制作工艺可以多种多样。图 3-75 所示为一座与主楼形成强烈对比的简洁而不失大气的现代广场模型。首先在划定广场区域内，按间距 15mm 划出 45°的菱形格线，然后用预制宽度 1.5mm、长 450mm 中灰色即时贴条料若干（60 条以上）按格线粘即时贴条料成型。

图 3-75　现代广场模型

（2）CI 识别系统制作　CI 识别系统是广场所设置的重要配景，它位于办公楼前的基座上，又叫广场地牌。为了立于地面而不失办公楼气质，一般选用优质石料或不锈钢板造型和雕刻。图 3-76 所示是用卵石为载体制作的 CI 识别系统模型。

在原石上用示意性文字、图形粘贴制作的CI识别系统

CI识别系统放在地盘中心主入口区域近大厅位置，给人醒目感

图 3-76　CI 识别系统模型

(3) 停车位制作　为了保持广场形制和后区域的“简”“繁”对比，可以不再对广场前面和建筑物前两处的停车位做明显的形制，只用有序停放的多辆小轿车作为衬景，就会使人感受到停车位形制（图 3-77）。经验表明，这种似做非做、似无已有的特有艺术手法，会产生意想不到的效果。

(4) 景观花坛制作　景观花坛主要指广场雕塑花坛、花卉花坛、喷水池花坛等。可手工用石膏、黏土、有机玻璃等材料成型，也可移用件或选购件成型。图 3-78 所示为移用塑料纤维制作的景观花坛模型。

图 3-77　广场前停车位用多辆小轿车有序停放成型

图 3-78　景观花坛模型

(5) 景观雕塑制作　雕塑有具象和抽象两种形象，模型制作中多用抽象形象作为景观。其制作工艺可以与花坛制作工艺相同。图 3-79 所示为用海绵手撕、喷涂的抽象雕塑模型。

(6) 便民设施的座椅制作　便民设施主要是休闲座椅。由于其结构简便，其制作材料和工艺多样化，一般用石料和仿木质再生料制作。图 3-80 所示为用自然石料制作的休闲座椅模型。

(7) 植物制作　私用环境中的植物比公用环境中的植物要显得量大、品种多。成为不可缺少的制作模型。植物的制作也多选用干化植物和塑料制品，也可以移用纸质植物模型。制作时只要遵照前低后高（前灌木、花卉后乔木）、前疏后密、前少后多、前艳后淡（色彩

图 3-79　抽象雕塑模型

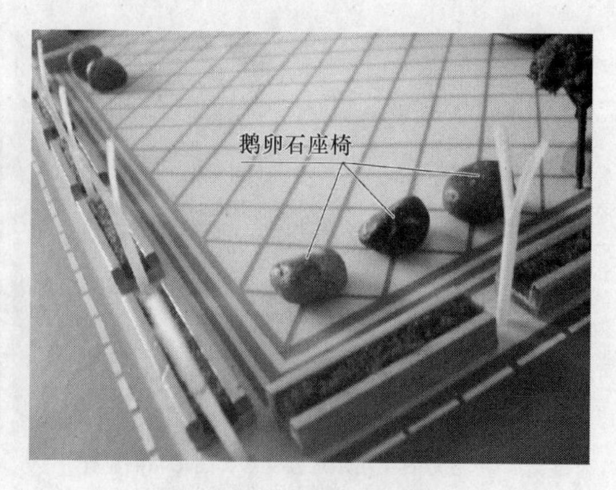

图 3-80　休闲座椅模型

前区域艳丽，后区域平淡）等布局原则，就可以营造城市办公楼优美的绿色环境。图 3-81 所示为私用环境植物布局。

灌木布局

手工制作的植物在大楼后边半藏半露位置布局

图 3-81　私用环境植物布局

（8）衬景制作　衬景是指一些交通工具、人物、动物等。这些按环境空间和建筑体量等为原则从市场选购，然后按定位摆放或粘放。图 3-82 所示是小轿车、人物模型在环境中定位粘放的衬景模型。

在大楼裙楼前停放着市场选购的小轿车模型

裙楼前旁边站立着市场选购的人物模型

图 3-82　衬景模型

四、陪楼建筑塑料模型制作

配景陪楼建筑模型是指主体建筑两侧和背后的邻居楼宇。虽然它们可有可无、可多可少，并不一定真实制作，都是极简单的几何形态和统一的白色或浅灰色，且均低于主体建筑模型，分布在主体建筑模型朝后位置，但是它们能营造环境的浓厚氛围，发挥衬托、烘托主体建筑模型功效的光彩形象。用有机玻璃板料、管料手工制作的三幢几何形态的配景陪楼建筑模型的具体制作步骤如下：

步骤1：主楼右侧 40mm × 40mm × 185mm 的几何形态陪楼用有机玻璃板料制作。

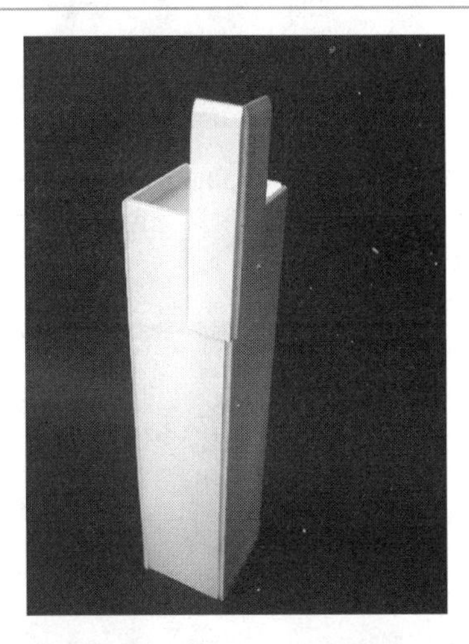

步骤2：安装预制的 18mm × 18mm × 75mm 陪衬大楼高层顶楼后喷涂白色漆。

步骤3：细部表面用中灰色即时贴条料装饰后成型。

步骤4：主楼左侧后方 33mm × 33mm × 245mm 几何形态陪楼用有机玻璃制作。

步骤5：安装预制的两件30mm×8mm×55mm傍顶楼后经喷涂中灰色漆后用湖蓝色、白色即时贴条料装饰成型。

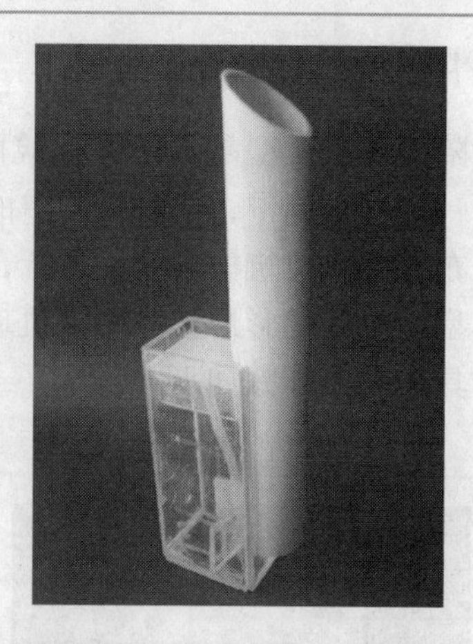

步骤6：主楼左侧后方43mm×30mm×90mm方形楼和直径25mm、高度160mm、斜顶的悬空圆形楼组成几何形态陪楼用有机玻璃板料、管料制作。

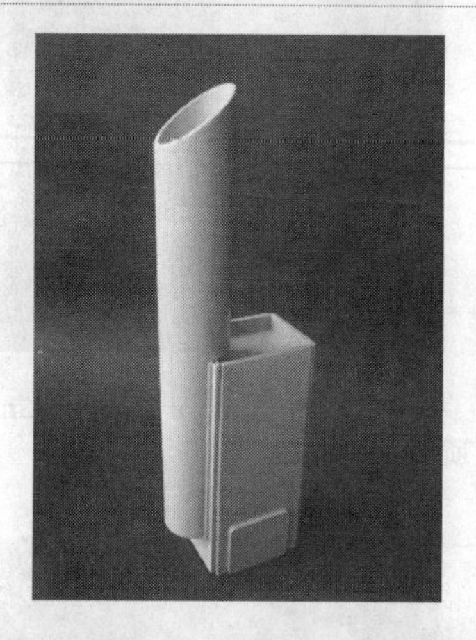

步骤7：增贴门头块料后经喷浅灰色漆后用湖蓝色即时贴条装饰成型。

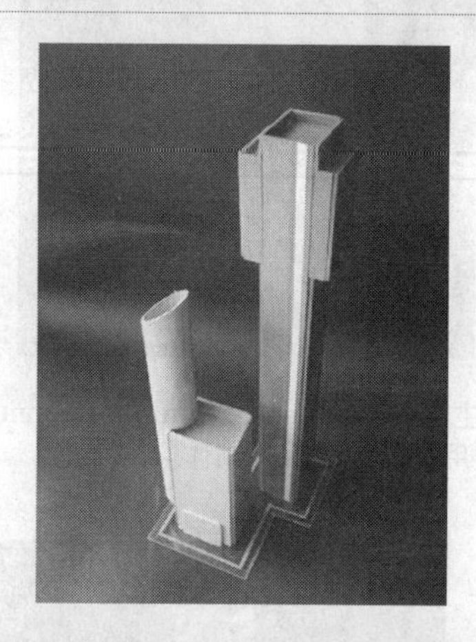

步骤8：左侧两幢陪楼为了直立不倒而用一块错位底座料连接，以此增加安装面，右侧陪楼也如此底座制作。

步骤9：三幢陪衬大楼在主建筑左右两侧定位布局黏合成型。

在共享环境和私用环境制作中，必要的情况下还需要进行城市各个角落的专用标志和公共标志制作。一般它们都有共识图案、文字和专用色彩以及形制，无须再设计。但是这些标志牌的构造、用料、款式等也要考虑办公楼特定的需要进行设计和制作。它们的制作工艺大部分可参照上述景观和配景制作工艺。

第四节　总 体 安 装

总体安装在模型制作的最后阶段，它不但验证已成型的主体和副体模型的各自品质，同时更验证它们相互间在地盘共存后的品质和效果。有的单件模型可能品质很好，可是安装后发现这一单件模型不能和其他模型及环境和谐融合，有可能在色彩、体量、形制、材质等方面不协调。因此，总体安装除了纸质模型中提到的要求外，这里还需要强调几点：

1. 总体布局

在地盘功能区域规划中，只是体现各个物件的平面形态，但是，各个物体的形制、体量，如大小、高低、材质和色彩是否合适，要待制成后才能完全明白。因此，模型制作后期的总体布局（地盘整体布局）就是地盘的立体规划，它体现了模型主体与副体、副体与副体之间的节奏。因此，总体布局时特别要注意三个问题：一是强调环境区域的“六前六后”的布局。即重视前空后实（前空旷空间，后紧缩空间）、前轻后重（轻物在前，重物在后）、前少后多（前区域物件少，后区域物件多）、前低后高（低矮物件在前，高大物件在后）、前副后主（副体模型在前，主体模型在后）、前公后私（前是公共空间，后是私用空间）。二是强调均衡布局。均衡布局需要有一定的艺术修养、艺术审美水准。对称式布局虽比均衡式布局容易安排，但是对称式布局不适合现代氛围的商务办公楼，所以尽量不要采用。三是强调节奏感布局。地盘布局应该是斜向波浪线式的等比递增或递减关系，各物体布局应该有一定差距量，这就等于音乐中的节奏关系，以显示地盘的高低起伏、错综复杂、疏密有致、虚实相间的节奏美感。图3-83所示是总体安装的各物件布局。

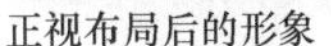

正视布局后的形象

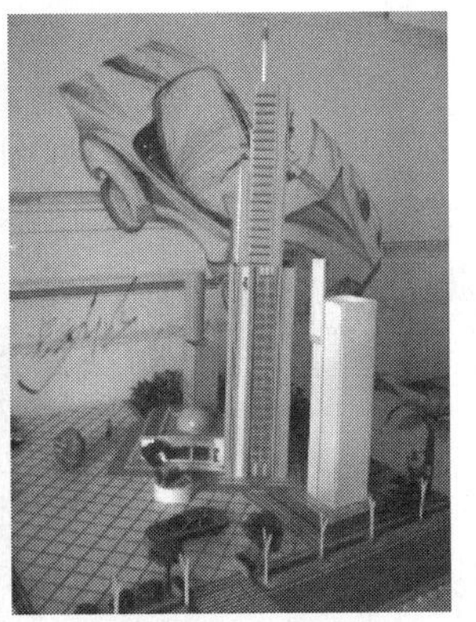

右侧视布局后的形象

图3-83　总体安装的各物件布局

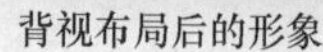

背视布局后的形象

左侧视布局后的形象

俯视布局后的形象

图 3-83　总体安装的各物件布局（续）

2. 安装顺序

在地盘的制作过程中，有些配景和衬景已同时制作完毕，如道路、楼前广场等都已直接在地盘中成型，不需要另外进行安装，只有经过预制的建筑模型和配景、衬景模型需要进行安装。其安装顺序如下：

划线（定位线、试摆放）→备件（紧固件、黏合剂）→配景固定（先固定植物，后固定景物）→建筑模型固定→衬景模型固定→总体调整→展示装潢和展示说明牌安放，如图 3-84 所示。

植物固定

配景小物件（花坛、休闲椅、灯饰等）固定

主楼的定位与安装

图 3-84　安装顺序

陪衬大楼定位与安装　　广场各配景安装

人物制品安装

图 3-84　安装顺序（续）

3. 安装质量

安装的质量直接决定模型的成败。为了保证办公楼模型的质量，总体安装必须达到以下要求：第一，坚固。对于高大、底小的建筑模型安装时需要加大安装接触面。即在各建筑物的地界面增粘一块厚度1mm 透明有机玻璃料，它的边缘形态以各建筑地界面边缘形态为准，周边均放大20mm。这样，不仅使建筑底部面积加大变得更加稳定、牢固，而且有助于建筑底部与地盘的过渡，增加美感。对细杆状的乔木类植物和灯饰，由于安装接触面更少，安装时需要插入 30 ~ 40mm EPS 板内。第二，平整。地盘中所有覆贴材料，包括建筑、配景、衬景的装饰文字、图形、线条、标志以及即时贴等都必须平整、无气泡，达到无翘起、无缝隙、无残破的要求。第三，挺直。地盘中各个物件均须与地盘成角 90°垂直挺拔；摆设规范，无倾斜。如路灯必须间距一致，高低一致，垂直、整齐划一，侧视它们都在一条直线上。第四，清洁。总体安装中，往往会有一些残留物、灰尘、污渍等。因此，安装前需要清除，千万不可依赖于安装后再清除，因为那样有时会越清洗越糟糕。第五，遮掩。一些不可避免的残破、污物、钉铆外露等情况，应巧妙地利用装饰物，如小饰件、细线条、移用件等覆盖遮挡。图 3-85 所示为增粘安装接触面料的安装质量。

4. 安装技术

针对模型材质、体量和地盘面层料的不同，应采用不同的安装技术。总的原则应注意三条：一是同质材料制成的物件，安装时以黏合为主；二是不同性质的材料制成的物件，安装时以钉合为主；三是针对一些特殊面层料，可以综合应用黏合、钉合和插合技术。安装技术的应用如图 3-86 所示。

为主楼地界面增粘安装接触面料

为陪楼地界面增粘安装接触面料

图 3-85 增粘安装接触面料的安装质量

低矮的灌木安装是大头针钉合

建筑安装是双面胶黏合

椰树、路灯安装是直接插合

图 3-86 安装技术的应用

5. 展示制作

制作一件在展示中让人解读的模型，此项工作是必须要做的事。

展示制作包括展示说明牌、展示装潢、展示台、展示架等物件的制作。

（1）展示说明牌制作　需要注意四个问题：一是展示说明牌构成。它由说明牌形制（材料、形态、色彩）、说明牌内容（会有文字、图形、表格、数字）与页面设计等构成。因而成为地盘中第一视觉中心。二是展示制作的材料与工艺。从制作工艺而言，大体有金属标牌制作工艺、塑料平面雕刻制作工艺、印刷或打印制作工艺等。三是展示制作的文字内容。说明牌面积虽不大，但文字内容多，其中有工程名称、规模、投资数额与投资方、施工周期与施工单位、设计院或设计师、监理公司等。这么多文字内容要求被有限的说明牌容纳。四是展示制作的摆放位置。展示说明牌多数摆放在地盘前区域靠近围框处的右侧或左侧。说明牌中文字、数据、图形等让观众在1000～1500mm处被解读。

（2）展示装潢制作　大型展示会展示的模型，需要安装透明保护罩，而办公楼或用于甲、乙双方商讨求共识的展示，透明罩则可有可无。

（3）辅助物件制作　辅助物件的制作有助于模型在展示中品质得到提升，这些辅助物包括展示模型摆放的展示台、展示架。

6. 建筑与环境塑料模型的展示形象

一件品质优秀的模型，是由好的创意和好的制作构成的。更多情况下，精湛的制作技术和工艺对模型的品质和效果起着决定作用。因为创意只是存在于思想中的意念，只有经过制作才使创意变成可见、可触的实体。作为创意的载体，模型制作必须依赖于制作技术。制作的好坏，直接影响创意的成果。

此外，还要看优美的环境规划和其中精美的配景和衬景。因为它们是一个整体，绝对不可顾此失彼。最终还要靠展示来张扬。如将好的创意和好的制作，与好的陪衬物件再结合大自然背景衬托，使模型在展示中更好地得到渲染和张扬，肯定会取得最佳的整体效果。图3-87所示为高品质的办公楼建筑与环境塑料模型形象。

为自然环境衬托的模型正视形象

为自然环境衬托的模型右侧视形象

为自然环境衬托的模型背视形象

为自然环境衬托的模型左侧视形象

为自然环境衬托的模型俯视形象

图3-87　高品质的办公楼建筑与环境塑料模型形象

第四章

形态房和景区房模型制作

第一节　形态房模型制作概述

形态房模型是原型模型（标准模型），简洁、精练的，各界面无多余细部刻画的，纯平面几何形态的建筑模型。它是原形模型的无声语言，能有效地代替原型模型发言。也就是标准模型的缩影、替身。从而，至今价值不衰，备受关注。

一、特点与要求

1. 特点

形态房模型制作有如下九个方面特点：一是具有实用价值。形态房已成为房地产商销售楼盘里和大型工程规划环境里必不可少的模型，设计师在设计过程中，也把形态房模型作为重要表达手段之一。它与标准模型相互辉映，有效地提升环境氛围和展现开发商实力，同时也有效地为客户提供购房信息。设计师也凭借它对设计方案进行有效地认证和修改。形态房模型因有如此高的实用价值而受到关注。二是立体几何形状。板块形态房舍弃了建筑形象中细部和小构件，使各界面成为简洁的平面形态，制作时相同于建筑手工模型，首先使用“各界面底层形态成型法”，因此，由各界面平面形态组成的建筑模型整体形象，在人的视觉中显示出更强的立体几何形象。三是保持原建筑的基本特征。由于形态房模型保持原建筑模型的大块面、主要体量之间比例等简洁的显著特征，使人耐看、易认可，从而信赖它的真实形象。四是成本低。由于形态房模型的量大（楼宇多），外观不复杂，因此制作时省时、省工、省料、省费用，制作成本较低。五是选料广泛、使用单一。是指形态房材料选择可以是众多材料中的任意一种，对材料适应性很强。模型制作可用塑料、木料、石膏、黏土、纸张、自然材料等，但是使用时任选其一即可。六是成型便捷。制作时可手工、机加工、雕刻机加工等方法使模型快速成型。七是工艺自由。制作工艺可板料拼装成型，可块料整体成型或块料分体成型，也可板料与块料互补成型。八是无须装饰。成型后的形态房模型，一般不再对表面进行装饰，更显材质的自然美感。九是陪衬、烘托功能。由于制作的许多形态房都安排在标准模型左、右、背面位置，即非视觉中心区域，但是它能充分发挥陪衬、烘托标准模型的作用，营造楼盘完整、完美氛围。图4-1所示为建筑标准模型与形态房建筑模型共存的楼盘。

2. 要求

形态房模型制作有以下八个方面要求：一是形态房模型在楼盘中必须与建筑标准模型共

存才能产生应有的价值，它不能单独存在，否则将是黯然失色、毫无价值的形态房模型。二是形态房模型的体量必须与建筑标准模型体量一致，它们之间比例必须为1∶1。三是形态房模型制作材料必须与建筑标准模型制作材料同类型。四是形态房模型在楼盘中的数量不能多于建筑标准模型，因为它在楼盘中仅是配角。五是形态房模型是体量的简洁形态，虽然各个立界面和顶界面无凹凸的细部制作，但是必要的构件、附件要有识别性。六是形态房模型表面的色彩一般是形态房模型的材质本色，让形态房主调色有鲜明个性。如果用透明有机玻璃制作的形态房按标准模型色彩喷涂，就成为失败的形态房模型。七是形态房模型的外观必须毫无瑕疵，呈现精美的形态。八是形态房模型品质必须依赖于精湛的制作技术来保证，因此制作技术成为模型品质的第一要素。图4-2所示为形态房模型形象。

图4-1　建筑标准模型与形态房建筑模型共存的楼盘

材质显露的形态房模型

精湛技术的形态房模型

图4-2　形态房模型形象

二、成型工艺与形态创意

1. 块料整体成型工艺

块料整体成型工艺是指将一块大型塑料、木料、石膏等块料直接制作成型，即形态房的各个界面无须任何拼接的成型工艺，也就是减料不增料的工艺。其经济、实用的成型工艺主要有手加工成型工艺和机加工成型工艺。

（1）手加工成型工艺　又称手工雕刻工艺。此工艺选用符合形态房体量的大型块料或者棒料（特殊的用料需要委托材料生产厂家供货），表面经手工锯、锉、磨、抛光等制作工艺成型。其模型的特点是形态整体感强，并无任何拼接缝隙。但是手工操作强度大、成型难度也大。尤其石膏材料在制作过程中易破损。图4-3所示为手加工成型工艺制作的形态房模型。

（2）机加工成型工艺　是指在符合形态房体量的大型块料（石膏块料除外）表面用车床、钻床、刨床、铣床、磨床等常用机床设备进行加工的直接成型工艺。其特点是形态工整，线面挺括，尺寸精确。如果在机加工过程中注机油制作，成型后的形态只需清洗，无须抛光就很光洁、光滑。但是要请有机床操作技能的熟练技工协同制作成型。此外，由于机加工的局限性，有些细部难以制作成型。图 4-4 所示为机加工成型工艺制作的形态房模型。

图 4-3　手加工成型工艺制作的形态房模型

图 4-4　机加工成型工艺制作的形态房模型

2. 块料分体成型工艺

块料分体成型工艺又称积木式搭接工艺。这是因形态房各界面、各组合体的复杂性和多样性（主楼、副楼、群体楼、连接楼等），给块料整体成型产生困难。而采用不同体量块料，分别制作不同界面或分体，这样就能方便地搭接、拼接成型。搭接时可以黏合，也可以摆放不黏合。块料分体成型工艺可以手加工也可以机加工成型。图 4-5 所示为块料分体制作组装成型的形态房模型。

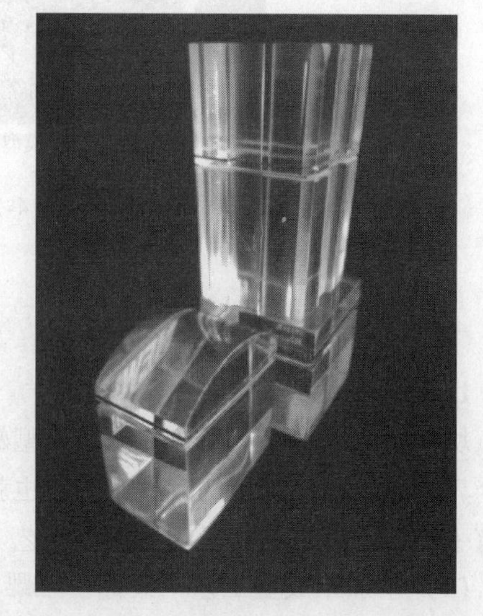

图 4-5　块料分体制作组装成型的形态房模型

3. 板料组装成型工艺

板料组装成型工艺是手加工制作常用的制作工艺，此工艺一般选用厚度 1.5～2.5mm 有机玻璃板、ABS 板或木质合成板、杉木薄板、泡桐薄板（配备氯仿、ABS 胶、骨胶等黏合剂）等。根据模型形态和制作便捷的需要此工艺要注意如下四点：一是板料要经平面雕刻或划线后才能拼接黏合成型；二是板料表面要先塑必要的大构件形态（多为叠合、堆积工艺造型）后，方可组装黏合成型；三是板料直接组装、黏合后，只能在相连的角、边、面处再塑大构件形态成型；四是要黏合无缝、无污渍。图 4-6 所示为板料组装成型的形态房模型。

板料直接组装成型的形态房模型

板料组装无缝、无污渍的形态房模型

图 4-6　板料组装成型的形态房模型

4. 形态创意

形态房的模型制作，一般不需要创意新形态，而是以标准模型为原形，或以委托方认可的设计图为依据，只是对建筑原形进行提炼，进行简洁地再创意，以达到不失原形具备的外形和美感。但要达到与原形同品质、同基本形态、同美感价值，就必须对原形采用更集中、更概括、更夸张、更典型的艺术创意手法。要使再创意获得成功，必须遵从以下创意思路：一是用原形“取”与“舍”手法，即取用原形各界面显著特征的大型、大物件形态，舍去若干小型、小物件形态，对原形各界面表面细部形态“视而不见”，只透视各界面底部形态，或者只见各界面的大型构件边缘形态，从而使建筑标准模型蜕变为纯粹立体几何形的形态房模型。二是对原形要平面化，这是一种视觉心理手法，即原形各界面立体形态分别在心理中被视为“冲压成的平面线形”。模型制作时，使用模型制作图中的正视图，有意识地放弃侧视图、俯视图等。这种心理创意手法，已成为最常见的手法。这种手法成功的关键，取决于创意者心理承受力和心理驾驭形态能力，要通过长期实践，才能锻炼出这种心理能力。三是不要被原形色彩所迷惑。是指不要被原形色彩的固有性、多样性所左右。创意时只取其中单一色彩。更多的是让材料色直接显露。但是此色须与原形色调和，禁止喧宾夺主。图 4-7 所示是原形提炼、简洁的、色彩单一的形态房模型。

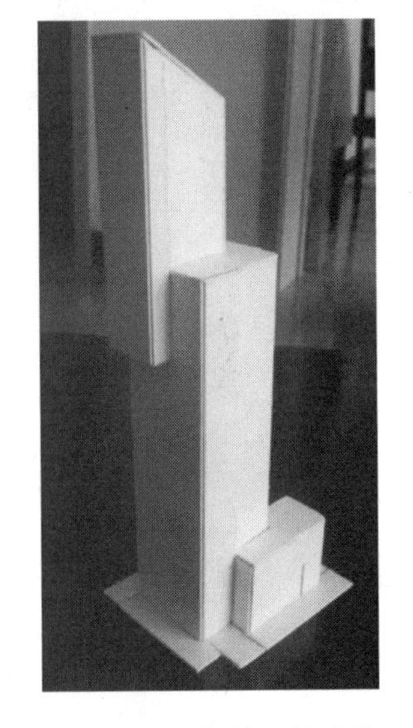
图 4-7　原形提炼、简洁的、色彩单一的形态房模型

第二节　形态房模型制作典型实例

在本典型实例中，将分别介绍形态房塑料模型、木料模型和石膏模型制作的原则和步骤。

一、形态房塑料模型手工制作

根据形态房形制和材料的不同，选择手工制作和机加工制作。

1. 形态再创意表达

这是一幢高层楼设计，初始阶段的形态房模型，是选用透明有机玻璃整料手工制作的形态房建筑模型，现在为了制作便捷和保证质量，事先绘制形态房再创意草图、效果图和模型制作图。图4-8所示为形态房塑料模型制作的形态创意图。

形态房建筑塑料模型创意
可读性草图

徒手水墨技法快速绘制的
形态房创意效果图

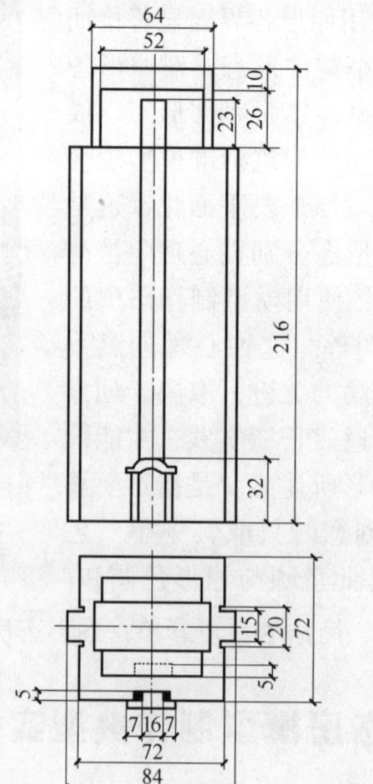

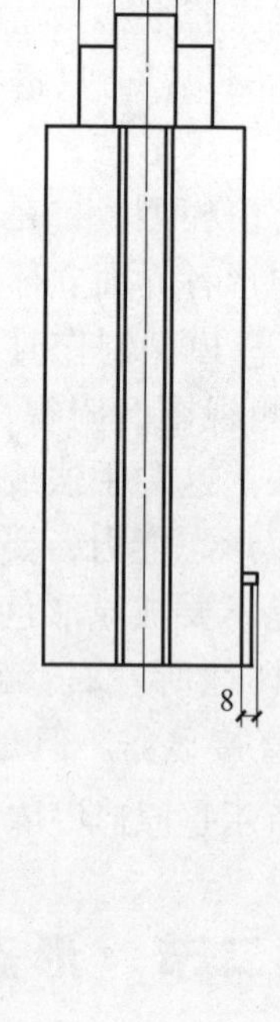

形态房塑料模型制作工程图

图4-8　形象创意图

2. 制作原则

形态房建筑模型制作，要执行“先基准后划线”“先划线后制作”“先大型后小型”“先方形后圆弧形”“先平面后凹凸面”等制作原则。

3. 制作步骤

为了清楚知道制作步骤，现以图解方式说明。

对形态房塑料块料模型成型和楼顶建筑形态制作，需要说明四点：一是楼顶的高矮建筑形态与主楼交界都为尖锐直角；二是矮楼顶建筑形态为正立面；三是主楼正立界面的门头制作做工精细，需要费时、费工、精雕细镂地完成，所以，建议分体预制组装成型；四是磨的工艺，在制作过程中是细砂纸磨，成型后必须是绒布沾牙膏磨，清洗时只能用肥皂液或清洁剂，禁止使用腐蚀性的香蕉水、汽油等。形态房建筑塑料模型块料整体成型的制作步骤如下：

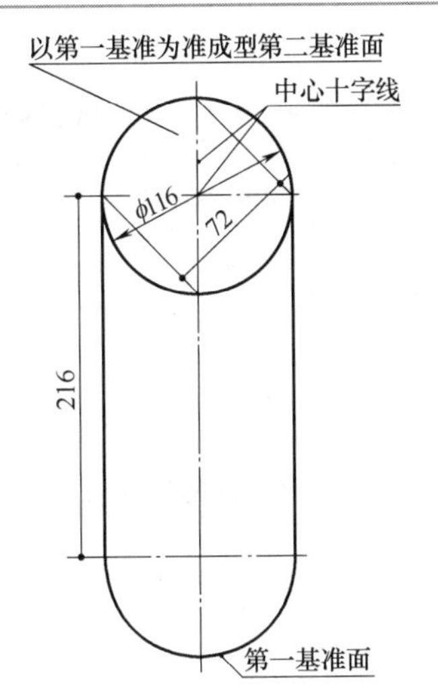

步骤1：整形与基准。按制作图要求预备长216mm以上、直径大于116mm的棒料。用棒料是因为厚度大于116mm的有机玻璃板料市场少有。棒料底部挫、磨平整，成为第一基准面后，控制棒料高度216mm并锉磨平整，使其成为第二基准面。然后两个基准面划出同一中心点且相互垂直的十字线，这个“永不消失”的中心点和中心十字线成为后续所有制作的基准。为了快速、有效制作，及时地划棒料底部和顶部十字线的水平连线和垂直线，并保证两条水平线的间距为72mm，作为形态房宽度线。然后准备第三、第四基准面成型。

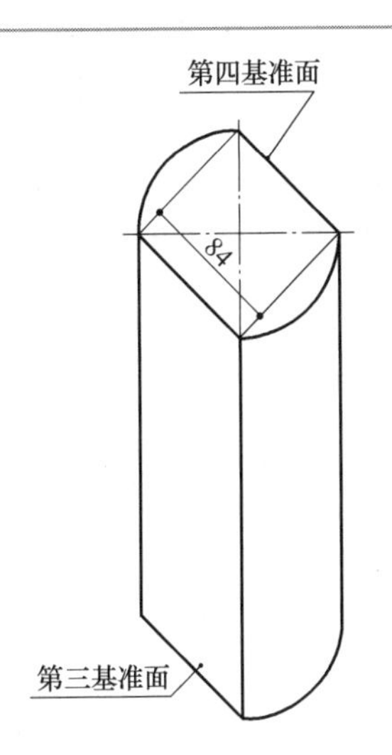

步骤2：棒料前、后平面制作。棒料前、后平面按划线用锯、挫、磨工艺制作，此成型后的两面也成为第三、第四基准面。用台钳夹料，用步骤1的方法划左右水平线和垂直线，并用锯、锉、磨工艺成型，成为第五、第六基准面成型用，并要求这两条水平线距离为84mm，作为形态房长度线。

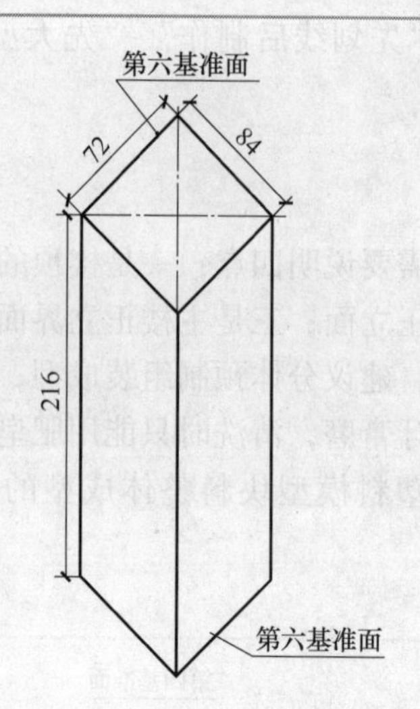

步骤3：棒料左、右两侧平面制作。同样按划线锯、锉、磨工艺成型。成为第五、第六基准面，由此实用的块料成型，即84mm×72mm×216mm的标准块料成型。

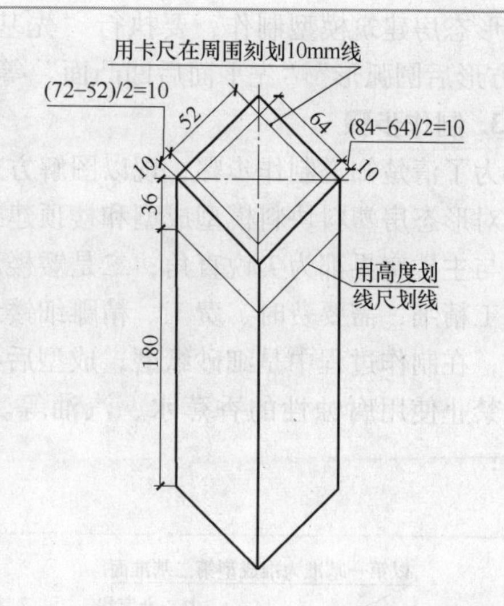

步骤4：楼顶建筑划线制作。顶楼建筑形态划线，是以块料第二基准面为准，用高度划线尺调准216mm－36mm＝180mm尺寸线成为楼顶建筑地界面位置线。同时用卡尺围绕立面刻画（84mm－64mm）/2＝10mm和（72mm－52mm）/2＝10mm线，分别成为楼顶建筑长度和宽度线。

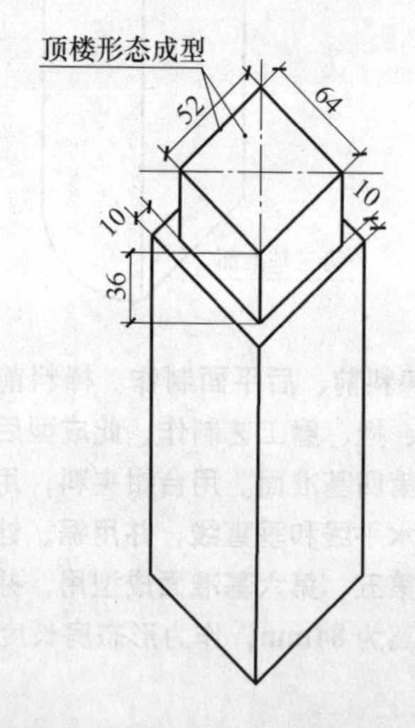

步骤5：顶楼建筑形态成型。用台钳夹料，以及锯、锉、磨等工艺制作成楼顶建筑形态。这里特别要注意的是成型后的阴角必须用整形锉修成尖锐的90°角，禁止“R”角。

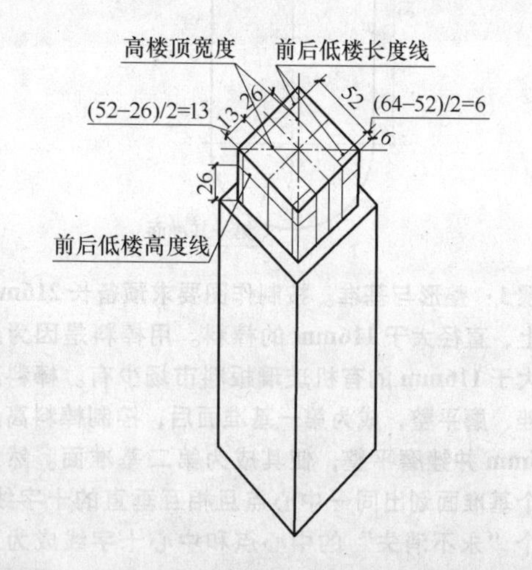

步骤6：楼顶建筑高、矮形态划线。在楼顶建筑形态成型基础上，分别划出矮楼顶形态建筑宽度的尺寸线（64mm－52mm）/2＝6mm（52mm尺寸线是矮楼顶长度）；用同样的划线工艺，划出矮楼宽度线为（52mm－26mm）/2＝13mm（26mm是高楼顶宽度线）。

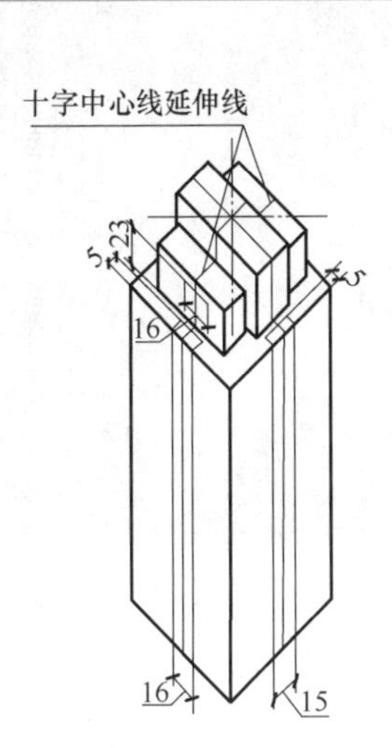

步骤7：楼顶高、矮建筑形态成型与凹凸形划线。并同工艺刻画前后和左、右凹凸形态线。刻画大楼主体前后中心位置凹形态线，其宽度为16mm，深度为5mm。同时刻画左右两侧凸形态分别为高度6mm和宽度15mm的尺寸线，以及凸形态两边的槽形宽度2．5mm、深度1．5mm的尺寸线。刻画出主楼顶的矮形态楼的凹形的长、深、高度分别为16mm、5mm、23mm的尺寸线。

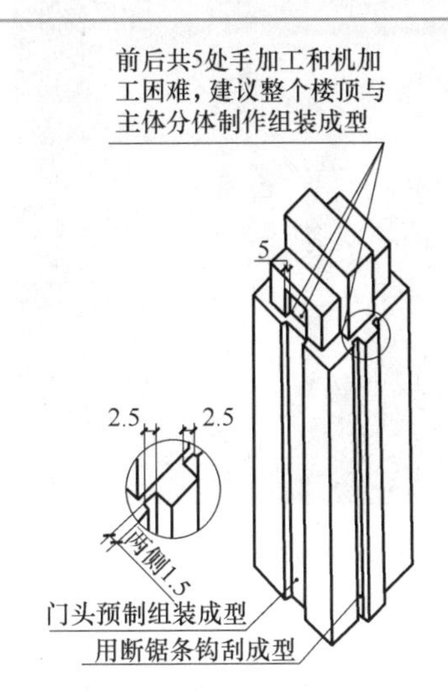

步骤8：门头组装。形态房建筑模型成型，对于门头形态预制后组装成型。如果组装时难以保证无缝和无污渍。可以摆放各自底部与地盘黏合成型。

二、形态房塑料模型机加工制作

1. 整体机加工制作

这是对一幢方形高楼原形进行形态简化的形态房，选用整块透明有机玻璃料，选择机加工，机加工可分为人工控制一般设备机加工和人工编程专用设备机加工。但是，一般设备机加工不一定全部完成形态房模型，如凹形面的4个直角边、宽度1mm凹形线、断头深度、图中模型四周凹凸面和拦腰凹形线深度一致性等，一般铣床（卧铣床、立铣床）都无法加工。因此，有些形态房以机加工为主、手加工为辅，两者结合完成。图4-9所示为塑料块料整体成型的机加工高楼形态房模型，首先将备料用立铣床加工成符合要求的正方体块料。再铣周边凹形面，然后换卧铣床铣周边上下两条1mm拦腰凹形线。要注意三点：一是铣速要慢、进刀要浅，逐步完成；二是机油在加工中由始到终注入；三是需要手工修、手工磨、禁止抛光机磨。

2. 分体机加工制作

这是展馆设计初始阶段探索性的形态房模型，由于形制的复杂多变，选用透明有机玻璃，进行分体成型机加工制作，这也是形态房建筑模型最常用的成型工艺，是为了解决机加工整体成型困难的有效成型工艺。图4-10所示是使用立铣床进行分体成型机加工的形态房塑料模型，加工的工艺和注意点也与图4-9模型基本相同，只是组装黏合时要求表面无缝、无污渍。

图 4-9　塑料块料整体成型的机加工高楼形态房模型

图 4-10　使用立铣床进行分体成型机加工的形态房塑料模型

三、形态房木料模型制作

1. 形态再创意表达

楼盘中商品房的标准模型和形态模型，一般不会用价高、制作周期长、成型工艺难度大的木料制作，只有豪宅别墅、景区休息景观房、古建筑、古民居建筑和少数民族建筑才会使用木料制作。这里制作的形态房木料模型，是以具有现代个性化的别墅设计标准模型为原形，进行再创意的形态房。其形态创意表达是绘制的创意效果图和模型制作图。图 4-11 为形态房木料模型创意表达图。

2. 制作原则

除了“先大型后小型”“先画线后制作”“先平面后凹凸面”等制作原则外，特别要强调的是选料原则，要选用质地松软、纹理丰富、制作便捷和满足厚度尺寸的木质块料、板料，例如可用杉木板、泡桐木板等。

用圆珠笔徒手快速绘制的形态房创意效果图

图 4-11　形态房木料模型创意表达图

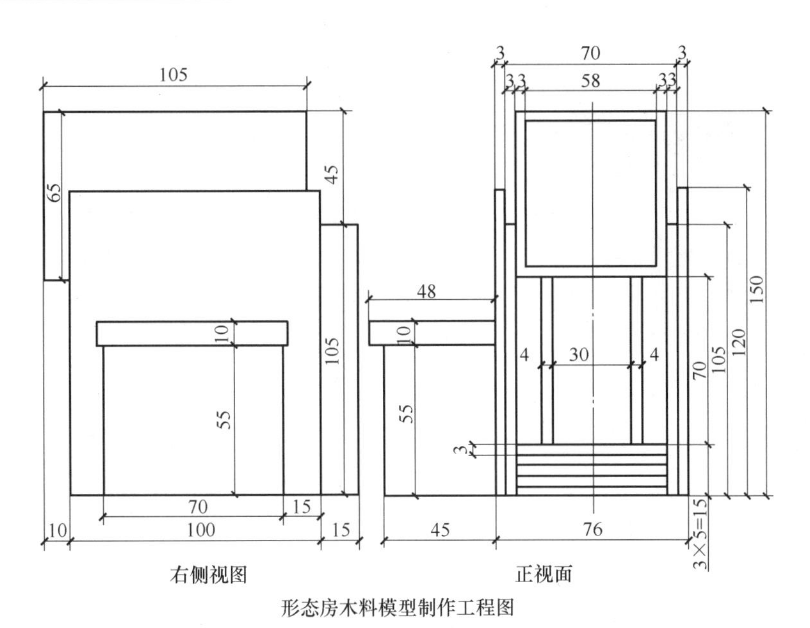

形态房木料模型制作工程图

图 4-11　形态房木料模型创意表达图（续）

3. 制作步骤

制作形态房木料模型一般选用厚度 3mm 的杉木材料，它成型快、组装方便，可一人独立完成，一般不需要多人合作完成。但是对各分体的配合尺寸要求严格，不能有差错，对手工模型制作者来说，也是绝佳的锻炼机会。在制作的整个过程中，要注意四点：一是每块板料断面要细砂纸磨平整后使用；二是前立面黏合在侧立面、侧立面黏合在背立面，顶界面黏合在立界面、立界面围粘地界面，以此减少视觉中的拼接缝；三是使用 UHU 胶或骨胶，并在板料上预固化后黏合；四是要用稀释的清漆（俗称氧干漆）涂 1 ~2 遍。形态房木料模型分体制作的具体步骤如下：

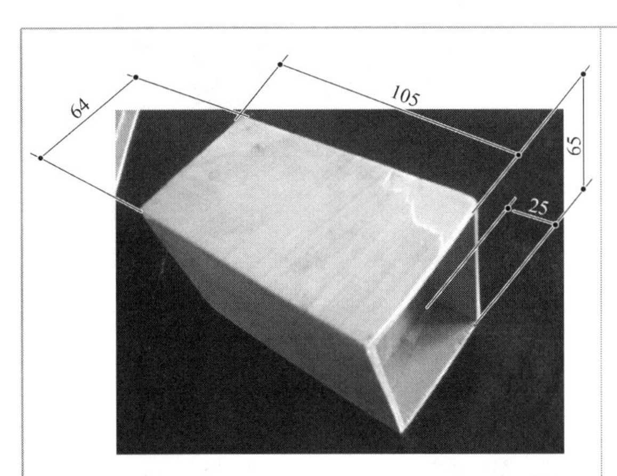

步骤 1：二楼箱式形态房制作。该形态房选用厚度 3mm 板材，按制作图尺寸裁截 6 块板料，然后搭接、黏合成型。

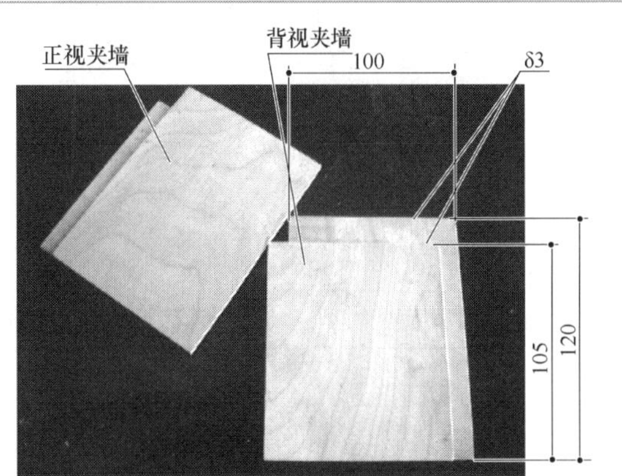

步骤 2：夹墙制作。选用厚度 3mm 板料，按制作尺寸裁截，然后压接黏合成型。

步骤3：夹墙安装。别墅主体箱式形态楼与错位的夹墙对位、黏合组装。组装时要求在夹墙内划出安装位置尺寸线后，在三大件安装位置内满涂 **UHU** 胶，待胶略微固化，再对准线位黏合、压紧、固定。

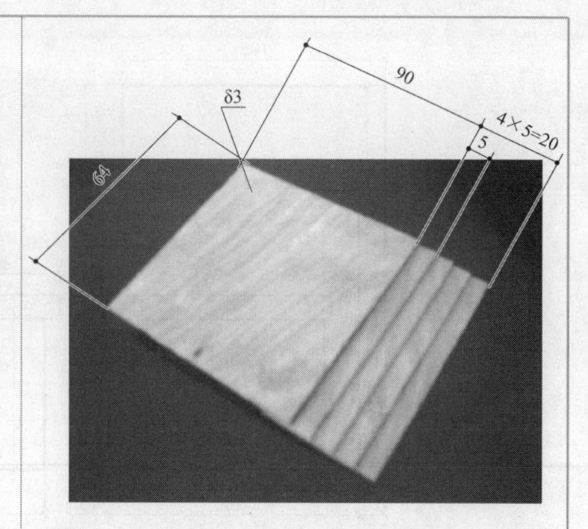

步骤4：台阶制作。别墅主体台阶板料分体制作，选用厚度 **3mm** 板料，按尺寸裁截 **5** 块板料，然后压接、黏合成型。

步骤5：台阶安装。别墅主体台阶与错位构成夹墙对位黏合组装。要求有二级台阶外露。

步骤6：一楼前、后立界面成型。按配制成型法测算尺寸，裁截一楼前、后立界面料分别对位、组装黏合。由于背立界面是与内夹墙平齐，可以不划组装位置线。而正立界面是凹形态，必须划出组装位置线，并在线内预黏合阻沉料，以便正立界面有效对位、黏合成型。

步骤 7：楼前主柱制作。按配制成型法测算尺寸，锯截别墅主体正立界面两根柱料，分别对位、黏合组装。在模型制作过程中，为了表现木料的原汁原味特点，柱体改用干化小树干。

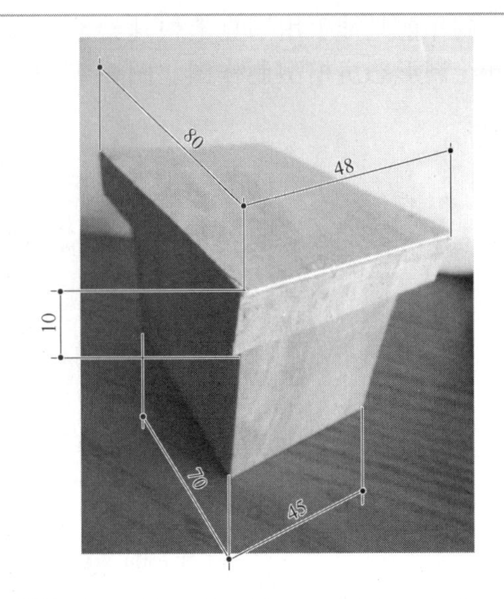

步骤 8：车库制作。别墅副体车库制作。车库由一块底界面、四块立界面、一块平顶界面、四块顶檐料组成，均选用厚度 3mm 板料，制作时要按搭接形式，测算尺寸截料，保证黏合后的尺寸基本符合制作图中标注尺寸。

步骤 9：总体组装。别墅主体与副体组装时要求按制作图划出组装对位线，两大体件在展示时可以黏合，也可以按对位线摆放，以便运输、拆装。

四、形态房石膏模型制作

1. 形态再创意表达

形态房石膏模型是以房地产商销售楼盘中公寓楼模型为原形，经再创意成为简洁的形态。制作前是徒手用马克笔快速绘制形态房效果图，同时参考公寓楼建筑标准模型图，重新绘制形态房模型制作图。图 4-12 所示为形态房石膏模型创意效果图与模型制作工程图。

徒手钢笔淡彩技法绘制的形态房创意效果图

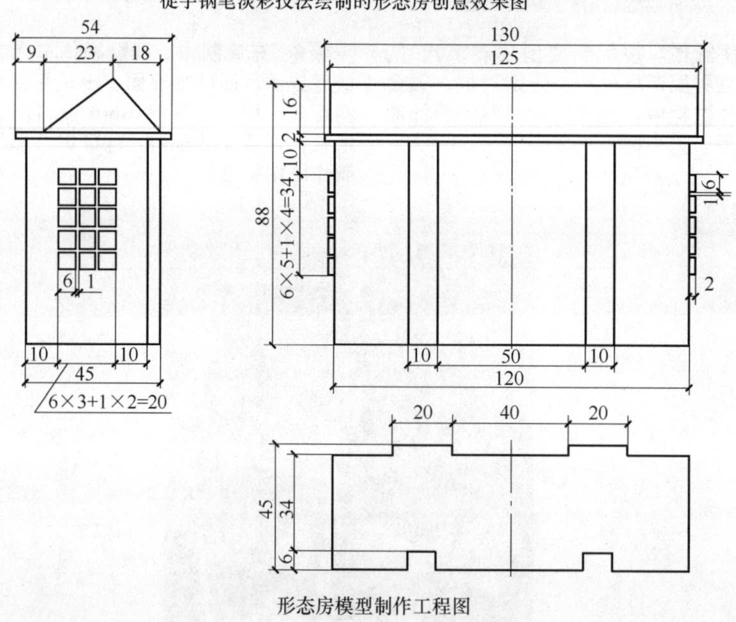

形态房模型制作工程图

图 4-12　形态房石膏模型创意效果图与模型制作工程图

2. 制作原则

除了执行形态房塑料模型制作时提出的五先五后原则外，还应根据石膏模型的特点，提出以下四个重要原则：一是自配自用原则。由于石膏模型需要的原材料是市场上无法买到的石膏块料，只能在专卖店选购医用或艺用石膏粉，所以必须自己调浆、注模、脱模、制造成适合制作模型的块料。二是经验调浆原则。石膏块料成型的第一要点是浆料调配，注意水与石膏粉的配比为 1∶1.2。由于实践中无法用计量器来精确调浆，要想有效、实用地调浆，只有凭调浆的配比经验和调浆的程序经验。调浆时必须遵照先在容器中倒入适量的水，后匀洒石膏粉，见石膏粉完全盖住水表面，然后按搅拌、注浆、待初凝、中凝、终凝时脱模、修整等工艺进行。其中选粉、制注浆膜、粉与水配比、洒粉、搅拌、注浆、凝固、脱模等是理、化科学问题，也是严格的工艺问题，但是这些问题不属于本书所要讲的内容，故而不予细说。三是手工制作原则。石膏模型不适应其他成型工艺。只有手工制作是石膏模型最有效的成型工艺，只要凭锯、刻、锉、刮、削、磨、着色等手工工艺，就能完成形态房石膏模型成型。四是表面修饰原则。成型后的石膏模型要进行表面修饰，如表面的粉粒，只能用刷子清理，然后需要喷涂清水漆，以免粉粒污染。必要时，也可喷涂白色漆，有石膏瓷化的材质感。

3. 制作步骤

石膏块料在制作形态房过程中，容易破损，因此，要按步骤、按注意点进行。制作过程中注意五点：一是磨具要用木工锉、木工砂纸，磨面时禁止沾水磨；二是石膏块料要待数日后真正终凝时使用，如果水与粉比例不正确，永远不能用；三是先切削线位形后切削面位形；四是切削是先浅后深逐步成型，尽量避免破损；五是必须要修补时，修补处先沾水后注浆。形态房石膏模型的具体制作步骤如下：

步骤1：预制块料。要求预制大于 260mm × 180mm × 90mm 摔地都不碎的坚硬石膏块料。

步骤2：工整块料成型。对不规整的块料，按照底面→顶面→两侧面→前后面顺序，用画线、锯、锉、磨、刮、削等工艺，制成 260mm × 180mm × 90mm 的工整实用的块料。

步骤3：顶界面画线。对顶界面、顶檐按制作图样尺寸画线。画线需要红蓝铅笔或2B ~ 4B 软铅笔。

步骤4：顶界面成型。顶界面、顶檐线外 2mm 处锯料，然后用挫、砂纸挫磨至线位成型。

步骤5：顶檐和前、后立界面划线与制作。先屋檐画线。按线切、削、磨周边立界面成型后，正立界面的凹凸形态和背立界面，按制作图尺寸先画线，后用锯、刻、锉、磨等工艺成型。

步骤6：左、右立界面和细部画线与制作。两侧细部凸形态，先画大型线，然后沿线外用锯、刻、锉、磨等工艺成型。使凸形周边平整。此时在凸起的大型面再画细部造型线，再用同工艺成型。

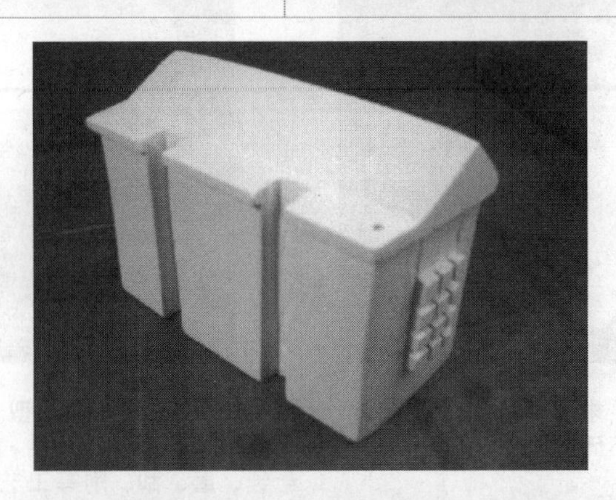

步骤7：表面保护。为防止石膏模型表面粉粒污染，需要表面修饰。表面修饰工艺是喷涂透明漆，它既能保护石膏块料的材质特色，又能保护表面不受污染，粉粒也不会沾手。

第三节　景区房模型制作概述

当今的海边、湖边、森林、竹林、大草原、名山、大川、公园等旅游景区兴建了许许多多散落其间的小屋或别墅，供人们游玩赏景歇息，享受大自然的优美环境。而景区房的制作模型能使人的感官得到第一认知，并使你提前投入景区更美的自然环境、享受更高的生活品质。

一、特点与要求

1. 特点

景区房模型有以下几个特点：一是小屋居多。景区房面积不大，是仅供3～4口人家庭短期使用的小屋。二是原始形态。自然景区的景区房形象都是原始部落式的形态建筑或少数民族式的形态建筑。三是自然材料。景区房模型用材都取之当地特有的自然材料，如：海边小屋用贝壳、森林小屋用木材、竹林小屋用竹子、火山景区小屋用火山石等。有的地方小屋用泥土、干草、石块等自然材料。四是融于自然。大自然的美景环抱着它，也因为使用了自然材料可与自然环境浑然一体，让人们摆脱钢筋、水泥、混凝土营造的“建筑森林”的闷倦感，享受大自然环境原汁原味的自然风光。真是“山水草木路边花，林石翠竹海边舍”，其浓缩的景观犹如一幅美丽的图画。五是建筑结构简单。由于景区房建筑一般都是单层形制，结构简单而实用，投资少而快速搭建成功。六是防护功能好。由于建设在野外，能具备防风、防雨、防震、防动物侵害等防护功能，因此一般建在自然环境的平地、高地。有时会建围栏、地台、排水沟等。七是独幢独户。为体现自然美和隐私性，依地形地貌不规则地散落其间，但是共同构成村庄布局，可以相互呼应，又体现了群居人文和地域文化。八是卡通形制。人造景点现代景区房趋向卡通房形制，但是，卡通形象不是动物、影像人物卡通，多为与周围植物相似的形象卡通，如蘑菇屋、树桩屋等。充分体现出个性化、情趣化的建筑形制。九是便于维修。由于就地取材、体量小、结构简单、投资少、工期短等特点，为经常维修带来方便。

2. 要求

景区房模型制作有以下要求：一是保持小型化形制。景区房要保持小屋、小窗、小门、小坡顶等小型化形制，这不仅是爱惜自然材料、爱护生态环境，而且能让人们亲切感受原生态的一种传统文化，陶冶心境，不希望用与环境不协调的现代立体几何形构成的形制。二是保持形制统一性。要求在一个景区内的景区房，形制统一，不能各自为政，争奇斗艳，给人统一和谐的整体美感，使来自五湖四海的人，过着似乎平等的生活方式。三是重视材料质量。模型制作虽然取之自然材料，但是自然材料要经清洁、干化、防腐等再加工处理后，才可以作为模型制作材料。四是功能简化。要求通过景区房模型，实现基本的、简朴的生活方式。而现代生活所需要的功能被简化，如现代图、文、光、声、电等在模型中无须装饰。五是环境和谐。要求形态房与原生态环境统一和谐，不能污染破坏生态环境。六是质量保证。形态房模型要求用精湛技艺的制作来保证自然材料黏合、安装的坚固，避免在运输过程中变形、脱落、损坏等。

二、成型工艺与选择材料的原则

1. 成型工艺

景区房建筑自然材料模型，一般用手工制作，不用机加工成型。手工制作有两种成型工艺，一是自然材料覆粘工艺，指景区房的各界面的匹配用料，如纸、薄木板、KT 板等材料，在整体成型后，在材料表面覆粘的自然材料，这是很有效、很便捷的成型工艺。相对于其他模型，景区房模型更强调要先在各界面的底部平面形态成型后，再用贴面的自然材料在各表面覆粘。二是用自然材料直接搭接、拼接、粘接、编织、捆扎、钉合、插合、咬合、榫合等不同工艺成型。这种用自然材料做成的模型，原汁原味，表里如一。

2. 选择材料的原则

景区房建筑自然材料模型成型工艺，除了执行纸质模型、塑料模型等材料模型成型工艺的原则外，这里强调选择自然材料的四原则：一是使用当地原生态自然材料；二是使用易寻、易处理、易制作的自然材料；三是使用不变形、不腐烂、不变味、不变色、不污染、不破坏环境的自然材料；四是使用手工操作就能成型的自然材料。

第四节　景区房自然材料模型制作典型实例

一、竹材模型制作

这是一幢竹海深处景区房，根据就地取材的原则，直接选用周围竹枝、竹叶搭接、黏合成与周围环境协调、和谐的小屋，平添几分身临其境、融入自然的感受。

1. 形象创意表达

由于这类建筑是在竹海环境里，应与竹海环境协调。形象创意时首先想到在一望无际的竹林深处，它的建筑形制是优雅的、令人神往的。一般方法是采用原生态竹子材料搭建小屋建筑。图4-13所示是使用毛笔、砚墨，按水墨画兼工带写技法绘制的景区房建筑竹材模型创意效果图。

图4-13　按水墨画兼工带写技法，快速绘制的景区房建筑竹材模型创意效果图

2. 制作步骤

景区房竹材模型是按自然材料覆粘成型工艺制作的。竹屋与环境模型的具体制作步骤如下：

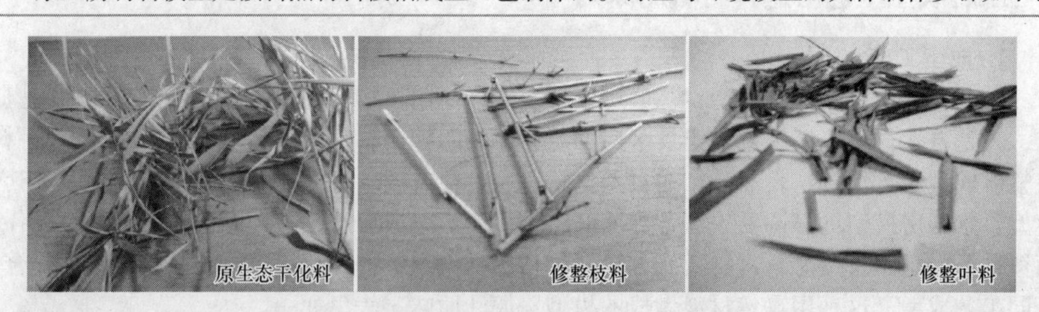

步骤1：备料。选用直径3~4mm若干根已干化的竹枝和其上端造型完整的干化竹叶，为了与翠绿的竹海融为一体，也可用洁净的绿色竹枝、竹叶，清理掉多余的分支后裁截成长度88mm料，并分别从中心切开两半，同时把若干干化的竹叶压平整备用。

步骤 2：立界面内衬架制作。实质是指小屋形态房制作。按设计图选用 KT 板，并预制好门、窗洞后，用大头针和绿色即时贴进行钉合、黏合小屋立界面成型。成型后的立界面由于未有地界面料会变动，需要顶端钉合两块定形料。

步骤 3：立界面安装竹枝。小竹枝安装时相互间不可避免出现缝隙可见底色，因此竹枝安装前，内衬架要满覆与竹枝同色的即时贴。然后选用玻璃胶或 UHU 胶，采用边涂边黏合工艺成型。

步骤 4：顶界面内衬架制作。与立界面内衬架同材同工艺成型。这里注意的是 4 块坡顶料组装时接触面少会变形，需要顶内钉合一块顶棚料。

步骤 5：顶界面铺设竹叶。铺竹叶前也要此内衬架满覆与竹叶同色的即时贴。然后选用玻璃胶或 UHU 胶，从顶檐至顶角顺序采用边涂边黏合工艺成型。

步骤6：顶界面与立界面组装。用玻璃胶和大头针钉合成型。

步骤7：小环境制作（地盘制作）。选用KT板做地盘，表面覆粘绿色即时贴，然后在竹屋位置两侧和背后散落其间插合和摆放同色带叶竹枝，同时制作竹屋前小路，营造竹屋与自然环境浑然一体的原生态的建筑与环境。

步骤8：总体安装。成型竹屋，按地盘定位黏合成型。为了保持总体安装后各物件的稳定、坚固，需要每一物件钉合或黏合。也可安装预制的透明罩来保护。

步骤9：调整。这是任何模型制作的最后一个重要环节，看一看总体是否达到预期效果，是否需要变动。需要修改的就及时进行，直到满意为止。

二、泥土模型制作

土对人类来讲是人安身立命的根本，因此土与人类有着极强的亲和力是与生俱来的，标志了人类文明一大进步的陶器，就是利用土制成的。现在用土来制作游览区的部落村舍景区房，既满足了现代人对土的亲近之情，更满足了人们对原生态的原始生活方式的好奇与体验。选用宜兴紫砂泥为主材，采用紫砂陶艺的泥条成型和泥板成型这两种主要的成型工艺来制作景区房泥土模型。

1. 形象创意表达

部落村舍和环境的形象创意自始至终以土为重点而展开原生态形制，使景区房泥土模型具有情调和韵味，让人能身临其境地体验原始生活的真实感，从而获得一种特有的身心愉悦。图4-14所示为使用毛笔、墨汁，按水墨画大写意技法绘制的景区房泥土模型创意效果图。

图4-14　按水墨画大写意技法绘制的景区房泥土模型创意效果图

2. 制作步骤

由于选用优质的宜兴紫砂泥，为充分体现材料所能带来的艺术美感，制作时综合应用了紫砂陶艺的“泥条成型”和“泥板成型”的成型工艺，景区房泥土模型的具体制作步骤如下：

步骤1：练泥。这里的练泥不涉及石料到泥的制作，只是指选用的泥板料因长期存放已干硬，要将其捶碎放入水中数日，然后脱水取泥料，经锤打、甩、掼，使泥的密度和湿度保持适中备用。一般现购泥板料无须练泥，直接使用。

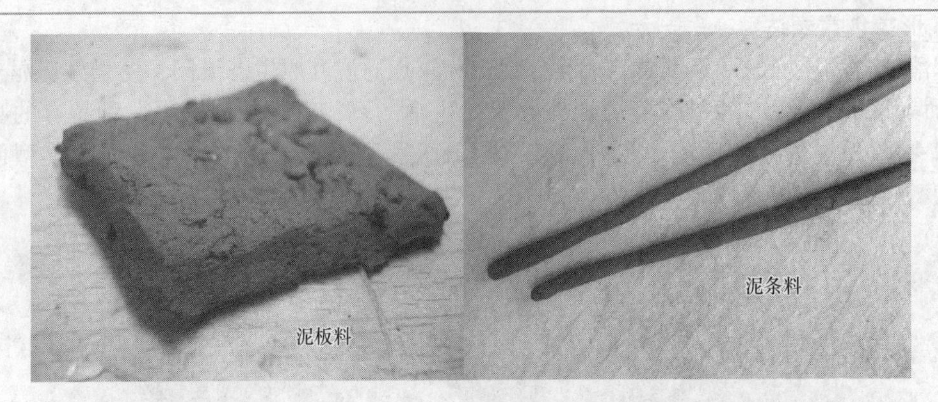

步骤2：拍泥板、搓泥条。这里采用泥条成型工艺，手工制作时控制泥条的直径为4~5mm，长度可长可短。搓泥条时可采用双手配合，掌心搓泥条；也可将泥料放在工作台面上，单手手掌平压搓泥条。要求随用随搓泥条，即用一条搓一条。

步骤3：立界面塑形。按设计要求，由下而上堆粘泥条，不强调整齐划一地堆粘。充分营造很自然的原始形态。

步骤4：开挖门洞和窗洞。开挖门洞和窗洞时，需要用雕塑木刀在泥条未干时轻力小心进行，以免泥条变动使立界面变形。

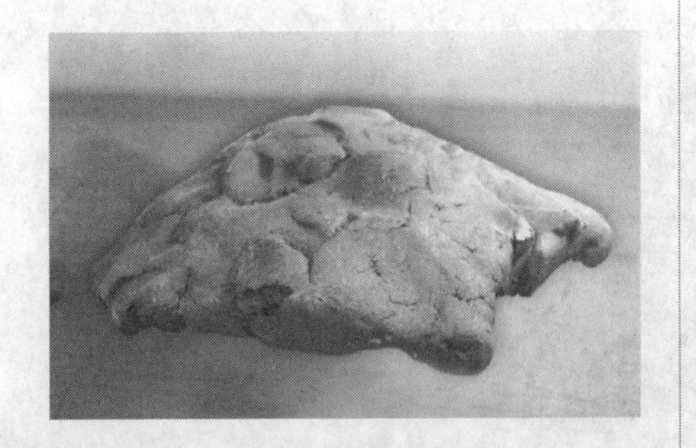

步骤5：顶界面塑形。这里采用泥板成型工艺，先将泥料搓成圆球，经拍打成圆形泥板，再用手工捏制成伞状的屋顶。不强调顶檐的完整形，需要保证手工成型中无意识形态，也就是意想不到的形态，这也是营造原始的、个性化的残缺美形态。

步骤6：顶界面和立界面组装。组装前先用毛笔沾水涂抹立界面上端泥料，增强泥料的黏性以便安装牢固。安装顶界面时，要有意识地考虑视觉效果，又考虑实用性，来决定顶界面在立界面上是正放还是斜放、是大残破处在前还是在后。

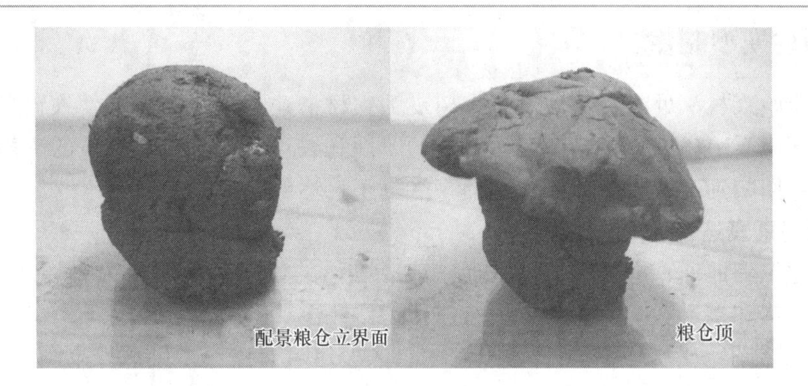

步骤7：配件制作。现列举粮仓制作（那个时代不可能有多余粮食存放的大粮存仓），粮仓立界面是随意性手搓泥，经底部削平成型，粮仓顶界面也是随意性手拍圆形泥板成型。组装时仓顶略为歪斜，更具情趣化。

步骤8：环境泥土模型制作。在木板上用泥土满铺成不平整的地面。山石制作是随意性将泥料捏成有大有小的块料。但是组装时要在主体模型的两侧和背面。

步骤9：后区域组装。按先后区域后前区域、先高大物件后低矮物件等安装原则，进行后区域主体和副体的高大物体组装。为了牢固安装，要求各物体接触面需湿水后安装。

步骤10：前区域组装。小泥球、小路安装。用泥条不规则的短料铺设门前不规则的小路。用数个似灌木、似石头，又都不似的小泥球沿小路一侧粘放。使地盘前区域平板面上有立体感。留有铺料的痕迹和裂缝，以营造真实的生活环境。必要时也可安放小泥料，营造前区域多样形制。

步骤11：调整。这时无须对各物件修改，需要保持原貌。而特别要关心的是各配景之间要大小有别，尤其检查各物件的疏密、高低布局是否具有节奏感。如果有条件，此模型在气窑或电窑烧至900℃就能永保形态稳定不开裂。或者此模型上釉后在窑烧成，将是一个艺术品。

三、树皮模型制作

坐落在原始森林深处，直接取森林中树皮为主材搭建的景区房，能使人置身于大自然怀抱里与绿色环境零距离，直接触摸自然材质的肌理和纹理，嗅觉自然材质的浓郁气息，使人从第二自然界回归到第一自然界中，从而享受真正自然的美。

1. 形象创意表达

当人们意识到地球森林被无情地蚕食，造成可怕的生态环境恶化，更加向往绿色空间，以达到人与自然和谐共处。以这种理念进行形象创意，让旅游者真正享受森林的自然美。图 4-15 所示是徒手使用彩色铅画技法绘制的景区房建筑树皮模型创意效果图。

图 4-15　徒手使用彩色铅画技法绘制的景区房建筑树皮模型创意效果图

2. 制作步骤

森林景区房树皮模型，因树皮厚、大、重，是有别于其他自然材料模型的成型工艺，景区房树皮模型的具体制作步骤如下：

步骤 1：备料。由于树木品种多，且各类树种的树皮质感也各不同，而作为模型用的树皮，受模型体量制约，必须要选择有丰富纹理的、纹理不能太大的、皮层不能太厚的树皮。综合考虑，现选用香樟树、松树干化的树皮制作模型。

步骤 2：清理。先要对从树身剥下已坏死的干化树皮清洁、浸水 4h，再用厚度 8mm 平板玻璃压平整、晾干、剥薄皮层备用。

步骤 3：木屋内衬架和立界面制作。捷便的技术是用 **KT** 板，按设计图在配制成型法指导下，先主屋后侧屋裁截，用大头钉钉合成型。由于内衬架是两屋连体架，并覆面较厚的树皮，因此内衬架内空间需要钉合加强料。然后立界面制作是按逆时针进行裁、锯、剪树皮，待树皮还有湿度时，用大头针钉合，结合使用 **UHU** 胶或玻璃胶黏合成型。

步骤 4：顶界面制作。顶界面制作是先主屋顶界面后侧屋顶界面，成型工艺同立界面。需要注意坡顶无明显拼缝和不能脱落。

步骤 5：整体组装。树皮屋与地盘组装成型。组装前需制作环境模型。首先打破固有的平面地盘，需要在地盘后区域立一块高于主体两倍以上的 **KT** 板，使地盘成“**L**”型，然后在直立面上满粘宽窄不一的树皮和长短不等的树枝，在平面上让出树皮房的位置，并满粘树皮和树枝作铺面。最后再安装树皮屋。营造树皮屋在树林环境中与环境合一的境界。

步骤 6：调整。除了检查总体效果，更要细看树皮拼粘缝，如各立界面转角、两个顶的交接处、门和窗的边，这些地方都会有明显的缝隙、残破等毛病。需要用树皮细条料逐一粘补成型。必要时整个模型喷涂一层清漆，使表面制作浑然一体，质感更加细腻，突出其原汁原味的感觉。

四、棕毛模型制作

这是具有南方地区特色的景区房。

由于棕毛具有丝细且长、有韧性、长期干化而不断裂等特点，所以它成为景区房草屋模型理想的自然材料。这种草屋建筑是游客农家游、山区游、海边游、湖泊游等宿地的最佳选择。

1. 形象创意表达

一般形象创意时，会考虑到由建筑形象决定选择何种实用材料。但是，也会因地理环境、建材条件等状况，由建筑材料决定建筑形制。现根据棕毛特点和制作的便捷要求，创意一幢圆形的景区房建筑，让人在柔软的材料，又在柔软的圆线条里，克服直线棱角的呆板感和刺激感，享受温馨的、柔和的生活环境。图 4-16 所示是使用美工钢笔画技法绘制的景区房建筑棕毛模型形象创意效果图。

图 4-16　使用美工钢笔画技法绘制的景区房建筑棕毛模型形象创意效果图

2. 制作步骤

景区房棕毛模型的具体制作步骤如下：

步骤 1：备料。要求选择已多年生长、树身粗大、树根部多年干化的棕毛，用剪刀从皮层底端剪取。

步骤 2：清理。先进行清水洗涤、晾干，由于模型体量小，需要用手撕开、梳理网状棕毛，使其成为一根根纤维丝备用。

步骤 3：立界面内衬架制作。选用模型卡纸，借用圆管工具预卷圆柱再展开，按设计要求划线，按线裁剪有黏合边的圆周和圆高度料，同时裁截门洞和窗洞，然后再卷成需要的圆立界面，并及时黏合成型。

步骤 4：顶界面内衬架制作。按设计要求划线、剪截圆形料、刻画剔除圆心直径 2 ~ 3mm 的小圆工艺孔和裁截圆半径的多余料，卷成圆锥体黏合成型。通过试装验证顶界面和立界面是否合理搭配。

步骤 5：立界面制作。此项制作有两个便捷方法可选，一是先在圆形立界面涂多量、厚层的黏合剂，如糨糊、胶水、乳胶等，然后按配制成型法剪断棕毛，围绕圆周黏合、压平直至立界面铺粘成型；二是先将棕毛浸胶水、略为压成蓬松的板料、待未完全干透，然后按配制成型法剪块料黏合成型。需要注意的是板料表面要露绒状丝、要松软，禁用表面平整的硬板料，失去棕毛房的特式。

步骤 6：顶界面制作。一般选择立界面成型的方法一制作，但是要求棕毛丝以顶尖端向下成四周放射形式铺设、黏合成型。

步骤 7：安装和修剪。是指顶界面与立界面黏合成型后把多余的、杂乱的棕毛丝剪除，保证各界面表面基本平整、清洁。尤其门、窗要修剪成平整的边。

步骤 8：整体组装。是按先主体后副体顺序进行，先将主体建筑按定位黏合，在主体建筑背区域（即地盘后区域）堆高、堆满散乱的棕毛，主体建筑两侧用长棕毛丝作抛物线状超越屋顶相连接。主体建筑前区域散乱铺粘少量的丝料。构成建筑与环境环绕全部棕毛材质美。更具有深藏不露蜗居的生活情调。

步骤 9：配景制作。同样用棕毛丝料裹成数个适量似麦垛的丝球，在房前两侧按构图需要进行不同距离钉合。

步骤 10：调整，要求从不同角度的近看、远看检查棕毛“乱中有整”“整中有乱”的形式美感，从个人艺术修养进行必要的增料、减料，必要的修剪整齐、手动散乱。尤其是检查丝球位置是否理想。

五、砂石模型制作

石料制品作为建筑主材已习以为常，直接用原生态卵石、碎石块为建筑主材确是少见。只有高山悬崖、海滩礁石、广阔沙漠等自然景区里见到的小石屋，就地取材地选用原生态的石料搭建，具有观赏性、安全性、舒适性和坚固性等特点。

1. 形象创意表达

石料是自然界固有的多品种、多肌理、多纹理的材料，由于其坚硬冰冷的材质，在抚摸时更有自然的真实触感，从而加强了对建筑坚实、质朴的整体印象。创意时要思考如何设计石屋的形制与趣味性相符，如何将石屋的形制融入大自然环抱之中。在石屋中能身临其境地体验到一种震撼，心灵被洗涤的感觉。图 4-17 所示是使用签字笔按线描技法绘制的景区房建筑砂石模型形象创意效果图。

图 4-17　使用签字笔按线描技法绘制的景区房建筑砂石模型形象创意效果图

2. 制作步骤

这是一幢选用细砂石，按自然材料覆粘工艺成型的小石屋。小石屋的具体制作步骤如下：

步骤 1：备料。要求选择清洁、无泥尘、直径 2 ~ 3mm、细腻光滑的圆形鹅卵砂石，或者是晶莹透亮的石英砂。不同颜色的鹅卵石或石英砂可以营造不同季节氛围的石屋和环境。

步骤 2：石屋内衬架制作。可以用黏土塑造内衬架，也可使用三合木板、模型卡纸、KT 板等作为内衬架材料。现是用 KT 板按立界面、顶界面、侧房分体制作后，试组装来验证它们之间体量是否理想搭配。

步骤 3：立界面制作。如果是黏土内衬架，在黏土未干、未硬化时，镶嵌鹅卵石，或先撒石英砂再压紧、压平整。如果内衬架是板材或纸材，其制作技术主要有两种：一是石料沾胶，或与胶混合后覆粘在内衬架上；二是内衬架先涂量多且厚层的胶后再将石料黏合上。现是用第二种工艺。如果还有未满覆砂石，还可再涂胶、再补砂石，直至满意。

步骤 4：顶界面制作。同立界面制作工艺。由于顶界面是坡形，砂石易脱落，需要不断涂胶，不断补料，直至满意。

步骤 5：副体模型制作。是指石屋旁的侧屋制作。它与主体模型一样：制内衬架、架面涂胶、砂石覆粘成型。然后与主体模型组装成整体模型。之间的拼装缝隙，可补粘砂石。

步骤 6：环境模型制作。是选用木质五合板裁截地盘料，然后将与胶搅拌的同质、同色石英砂，自由地铺设板面上，营造纯自然的高低起伏的地形地貌，必要时再手抹、划、捏等使地形地貌更具特色。其中配景是选用干化带叶竹枝、小石头，让它们散落其间，大石片在后区域竖立，营造纯自然的环境模型。

步骤7：整体组装。在环境制作时，配景随之安装成型。此时只将主体建筑定位区域的砂石清理后主体建筑黏合。

步骤8：修补。此模型只能增料不能减料。尤其要细看主体建筑界面砂量不足或露内衬架，需要增料修补。

步骤9：调整。检查砂粒大小、色彩、砂量以及背景石片料是否符合石屋要求。如果礁石海滩石屋需要小碎石块做背景，足量的白色细砂铺地面。如果深山崖前石屋需要高大石片做背景，杂色粗砂铺地面。由于使用白色砂粒中略有杂色砂粒和大小适量石块、石片，使模型在近视中似山崖下的石屋，远看又似海滩石屋。

六、麦秆模型制作

麦秆屋俗称茅草屋，在旧社会农村随处可见，今天在景区里重现，成为纳凉避暑的胜地。

1. 形象创意

想到这是一幢建在原始森林深处高大树杈上的个性化景区房麦秆小屋模型。这种原生态环境、原生态材料和特殊搭建位置的景区房，仿佛间让人穿越时空来到蛮荒时代，切实地体验巢居原始的生活方式，感受刺激的生活趣味，极大地满足了现代人的猎奇心理。如果在野生动物保护区内的高大树杈上建筑此屋，却又满足了探险者的生活追求，具有一定实用价值。图4-18所示是使用中国画工笔白描技法绘制的景区房麦秆模型形象创意效果图。

图 4-18　使用中国画工笔白描技法绘制的景区房麦秆模型形象创意效果图

2. 制作步骤

选用麦田收割后的麦秆，为了与环境色协调，将麦秆染成绿色后制作麦秆小屋模型，具体步骤如下：

步骤 1：立界面内衬架制作。由于此屋结构和形制复杂，以及在树杈上稳固安装很重视内衬架制作，因此细化内衬架制作。用白色 KT 板按设计截料，大针头针钉合成型。	**步骤 2**：地界面内衬架制作。为了使人在空中而有户外活动空间，观看周围景色，需要裁截放大的地界面料，然后安装成型。

 步骤 3：围栏内衬架制作。为了安全制作有出入口的围栏。	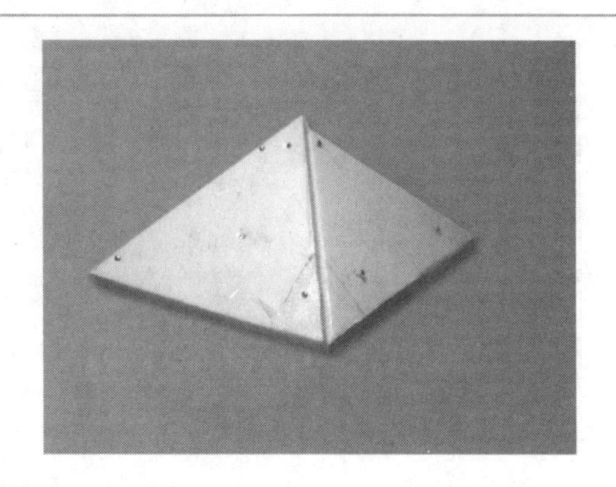 步骤 4：顶界面内衬架制作。同立界面制作工艺。需要注意的是顶檐要超出围栏，利于人在雨天户外活动。
 步骤 5：绿色即时贴覆粘围栏和立面。这是保证麦秆黏合后露出的缝隙均为绿色，也是保护、保证内衬架牢固的工艺。这里要注意的是，即时贴背面要覆双面胶，使即时贴在多边、多角、多窄面处黏合后不翘起。	 步骤 6：即时贴覆粘顶界面。同上述成型工艺。
 步骤 7：安装。是指顶界面定位黏合成型，这是先安装后粘麦秆工艺。也可以立界面和顶界面先粘麦秆后安装。	 步骤 8：麦秆黏合。立界面外表面先用 UHU 胶或强力胶满涂后黏合麦秆。这里要注意的是，立界面必须垂直排列粘贴，顶界面禁止横向粘贴。

步骤 9：整体组装。是将成型后的茅屋，在预选的树杈上使用钉合、胶合、捆扎工艺，使之稳固成型。

步骤 10：修补。仔细检查界面麦秆是否残缺、组装是否平稳、出入口是否方便等问题，进行修改完善。

步骤 11：调整。调整中首先完成一件人上、下的交通工具，即模型与大树组装后，安装供人上下用的树枝捆扎的木梯或绳梯，使用完后可吊起或收起梯子，这也是为了有效地避免野兽的侵害。此外，还要调整周围树林在地盘中深插后的位置，检查是否达到既浓密又具有视野空间，茅屋是否既隐蔽又可让人方便地窥视外界。最终完成一幢至臻完美的茅屋与大自然的模型。

七、不同自然材料制作的不同景区房与环境模型

只要是无毒、无异味、耐腐蚀、不易变形的自然材料，一般均可按照形态创意、备料、清理、内衬架、界面、环境、组装等制作步骤，制作出具有个性化、情趣化的景区房与环境模型。图 4-19 所示的干化茅草景区房模型，是选用麦秆、茅草为主材，按自然材料成型工艺，结合结扎技术成型的少数民族景区房模型。

图 4-20 所示的一次性竹筷景区房模型，是选用一次性竹筷为主材，以搭接粘、咬榫、插内销成型工艺制作的多形制的景区房模型。

图 4-19　干化茅草景区房模型

图 4-20　一次性竹筷景区房模型

图 4-21 所示的木料景区房模型，是选用厚度 5mm 的实木板为主材，使用木工制作工艺，胶黏合成型的景区房模型。

图 4-22 所示的木板景区房模型，是选用合层板，使用裁截黏合工艺制作成型的景区房模型。

图 4-21　木料景区房模型

图 4-22　木板景区房模型

图 4-23 所示的黏土景区房模型，是选用黏土直接手雕成型的景区房模型。

图 4-23　黏土景区房模型

第五章

模型的评价标准与精品赏析

第一节　模型评价标准

对一件模型的评价，应主要看它是否具有现代设计信息载体的价值和应具有的功利价值。这种评价标准在各类模型典型实例中，已有多次、多方面提示，现为了更好地体现评价的科学性和准确性，可以将以下11个统一作为评价标准。

1. 形态正确和尺寸准确的统一

形态正确是指模型的线、面、体的空间位置、占位角度正确，以及材质肌理和纹理等要素的正确。尺寸正确是指模型各个界面的限定尺寸、相互比例关系在允许的公差范围内。只有二者统一，才能防止或避免制作时由于下料、拼接、冷成型或热成型、制作技巧等所带来的失误。所以，只有使用二类工具和精确计算及严格检测，才能保证形态的正确和尺寸的误差降到最低。

图5-1所示为形态和尺寸都经过精心计划和计算的中国古建筑木质模型。从这幢建筑顶界面的细部造型看，每一根顶脊、瓦楞和每一个神兽饰件，它们的粗细、大小、长短、安装位置和坡顶坡度，以及它们与其他各界面体量比例，都要求在精确尺寸前提下制作，否则无法成型。凭借高超技术和精确尺寸，才能保证无歪斜、无残破等毛病，成为视觉中形态正确和尺寸准确的模型。

图5-1　中国古建筑木质模型

2. 视觉形态工整和审美心理的统一

人们对模型工整、光洁、挺括、线面清晰、转折鲜明、无划痕、无毛刺、无高低不平、无拼接痕迹、无黏合疤痕等方面进行评价和肯定，是人们心理审美的直接感受，即视觉上感觉舒畅，表明这是一件成功的模型。

图 5-2 所示为形态工整、视觉美感的别墅建筑与环境纸质模型，由于人们对物体的形和色的美感认识，除了物体本身的作用外，还源于个人的生理、心理感受。因此，这件实例模型虽然使用的是厚度小于 1mm 的模型卡纸为主材制作而成，但是由于创意的独到，配合制作技术的精良，在整件模型成型后，给人心理上以线面清晰、制作工整、外形挺括，各个物件形态干净利索，布局富有节奏感，整体色调和谐统一又不乏亮点的对比的感受，让观赏者在欣赏的过程中得到美的享受。

3. 安装严密和结构牢固的统一

一件成功、实用的模型在运输和储存方面有着便捷、安全、可靠、不易破损和易保存等功效。要做到以上几点，就必须精心制作，严密安装。

图 5-3 所示为一幢形制多变，场景中物件众多，总体安装紧密、牢固的民用建筑与环境纸质模型。模型顶界面中有体量不等、方向不一、交错安装的多个顶。立界面中有面积、位置、造型不同的阳台，也有功能、形式不同的门、窗等物件，组装时要无缝隙、无残破。环境中众多不同的配景物件在地盘中布局要合理、各就各位，安装时要求严密、牢固，以保证在展示、存放和运输过程中不变形、不受损、不脱落、不晃动。

图 5-2　别墅建筑与环境纸质模型

图 5-3　民用建筑与环境纸质模型

4. 表面装饰和表面质感特征的统一

由于模型的外观是第一直觉，最能提高人们的兴趣点，体现出模型的价值，所以要求模型表面的色彩、文字、图形、符号、装饰件、功能件、材质肌理和纹理等能得到充分表现，做到表面装饰与质感特征的统一。

图 5-4 所示为大型展示厅塑料模型。此模型外观和内空间个性化的形制、鲜明的识别装饰，让人一目了然地知道此建筑模型是展示会所用。表面装饰技术的应用，让人更加明确是大型旅游项目展示会建筑模型，由此可以看出表面装饰的重要性。因此，模型表面必须进行装饰，否则将有失模型的价值。装饰技术既有助于模型功能展示，也有助于对模型功能的更深理解。特别是建筑模型，如果形制不变，而文字、图形、色彩、肌理、纹理等装饰技术有

了变化，就会对模型产生不同的认识。

5. 通用材料、环保材料的选择和形态易成型的统一

模型制作时，只有理性地选择实用、质美、经济、易购、易加工的常用材料和对环境无破坏的代用材料、复合再生材料，同时选用通用工具和自制实用工具，才能凭借手工技巧完成一件上佳的模型作品。

图 5-5 所示为使用通用材料、环保材料和易成型材料制作的景区房黏土模型。整个小屋、地形地貌以及环境里的各个配景模型均用黏土手工制作成型。目前我们面临“资源枯竭”“环境污染”等问题，选择通用材料、环保材料、可回收再利用材料，就可以较好应对这些问题，提高设计思想和制作实践中的环保意识。

图 5-4　大型展示厅塑料模型

图 5-5　景区房黏土模型

6. 模型形象立体感和形式感的和谐统一

建筑模型是以不同体量的点、线、面构成对称或均衡形式的立体形象，只有立体感与形式感的统一，才能给人们一种耳目一新、动与静互补的和谐美感享受。因此纵观古今世界庄重的、纪念性、永恒性的建筑（宫殿、庙堂、纪念碑等）都是中心对称形式的立体形象。一些自由活动空间建筑（酒店、商厦、别墅等）多数是均衡形式的立体形象。

图 5-6 所示为一座永恒性的高层建筑有机玻璃形态模型。其整体是由上、下两层大几何立体形态，以完全对称形式构成。使人对简洁和挺拔的大楼有更强的立体感和形式感。

图 5-6　高层建筑有机玻璃形态模型

7. 模型比例、尺寸与人机关系的统一

建筑模型的比例是按建筑实际尺寸，以倍比缩小，这种比例是体现了尺寸数据关系，而数据的各个数值又多以人体构成和运动范围、体能和活动规律、人的生理和心理感受来确定的。因此，人机工程学是检测模型的比例、尺寸是否合理、完美的重要内容之一，同时也已成为量化的科学依据。

图 5-7 所示为教学楼建筑与环境塑料模型。其中建筑的长、宽、高，各界面的复杂构件体量，以及环境里的各类配景，必须严格遵守比例和人机关系，尺寸需要精确计算，才能制作出如此有真实感的具有视觉冲击力的模型。如果模型比例、尺寸、人机因素有一点失误，模型的评价就会大大降低。

图 5-7　教学楼建筑与环境塑料模型

8. 模型光色和环境氛围的统一

建筑模型的主调色与环境色需要互动，而环境色彩对模型的烘托，能突显模型的美感。一件成功模型的光色应与环境氛围光色构成统一与对比的色调，营造建筑模型与环境模型共存和谐的色调。

图 5-8 所示为室内设计的微型模型。其中各物件分别是由小布头、小木条、小木块包纸、小器皿和画报剪贴构成。尤其是这些构件固有色与人为施加色，必须按照光照下的亮部、暗部、阴影、反射色彩变化关系制作，这样才会既使模型各构件固有色鲜明易见，又使它们之间的组合具有真实、美妙的光色效应。

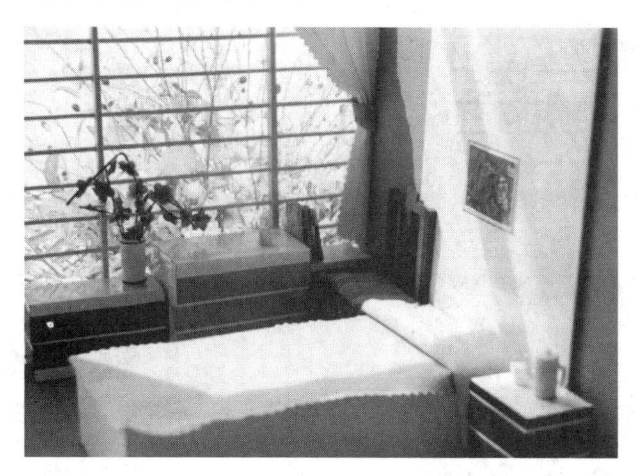

图 5-8　室内设计的微型模型

9. 模型“真”和“美”思辨的统一

建筑模型的“真”是一种心灵上的“真”，绝不是依样画葫芦，况且哲学家言：世界上没有两片相同的树叶。因此模型的“真”具有比现实的真实更典型、更概括、更夸张、更集中、更富于个性的审美特征。因为模型的“真”和“美”涵盖了多层次内容，含有技术、工艺、材料、材质、形态、色彩、形式感、人机关系，甚至社会等诸方面的因素，尤其是人的生理、心理因素。建筑模型表现的是“似与不似”的艺术境界，要在“实中有虚”“虚中有实”中，让人有自我参与和想象的空间，同时在心理上获得自我满足感。

图5-9所示为办公大楼建筑与环境塑料模型。要使模型具有高大雄伟、气势磅礴的“真”和“美”的感受，需要在制作过程中既不刻意追求模型的形态“神似”，也不刻意追求形态“形似”。只有模型达到“形神兼备”的境界，这件模型才真正具有“真”和“美”的品质。

10. 模型制作步骤和制作实践的统一

这是模型最重要的评价标准之一，模型制作步骤是制作实践的指南，有直接指导性作用。实践证明忽视制作步骤是不可能制作出一件精美的模型的。作为有经验、技艺高超的模型制作师，既按步骤顺序渐进，又是对制作步骤“活用”而不是“死用”。只有这种制作思想、制作实践，模型的制作步骤才能真正发挥作用。

图5-10所示的别墅建筑与环境纸质模型，制作时一定遵循了模型制作前制定的制作步骤：形象题材→创意表达→别墅模型制作（按地界面成型、立界面成型、顶界面成型顺序）→地盘制作→配景、衬景制作→整体组装七个大步骤，以及每个大步骤中细化的若干小步骤。制作实践过程中根据制作进程、经验、质量等因素，对制作步骤，尤其是细化的小步骤“活学活用”，才能获得如此高品质的模型。

11. 模型形象创意与模型制作品质的统一

这是真正意义上的模型评价。模型形象创意决定模型制作品质，模型制作品质弥补、充实、完善模型形象创意。就是说模型品质依赖模型形象创意，模型形象创意需要模型品质来表现。只有二者最佳状态的统一，才能体现出模型的最高品质。

图5-9 办公大楼建筑与环境塑料模型

图5-10 别墅建筑与环境纸质模型

第二节　建筑与环境模型精品赏析

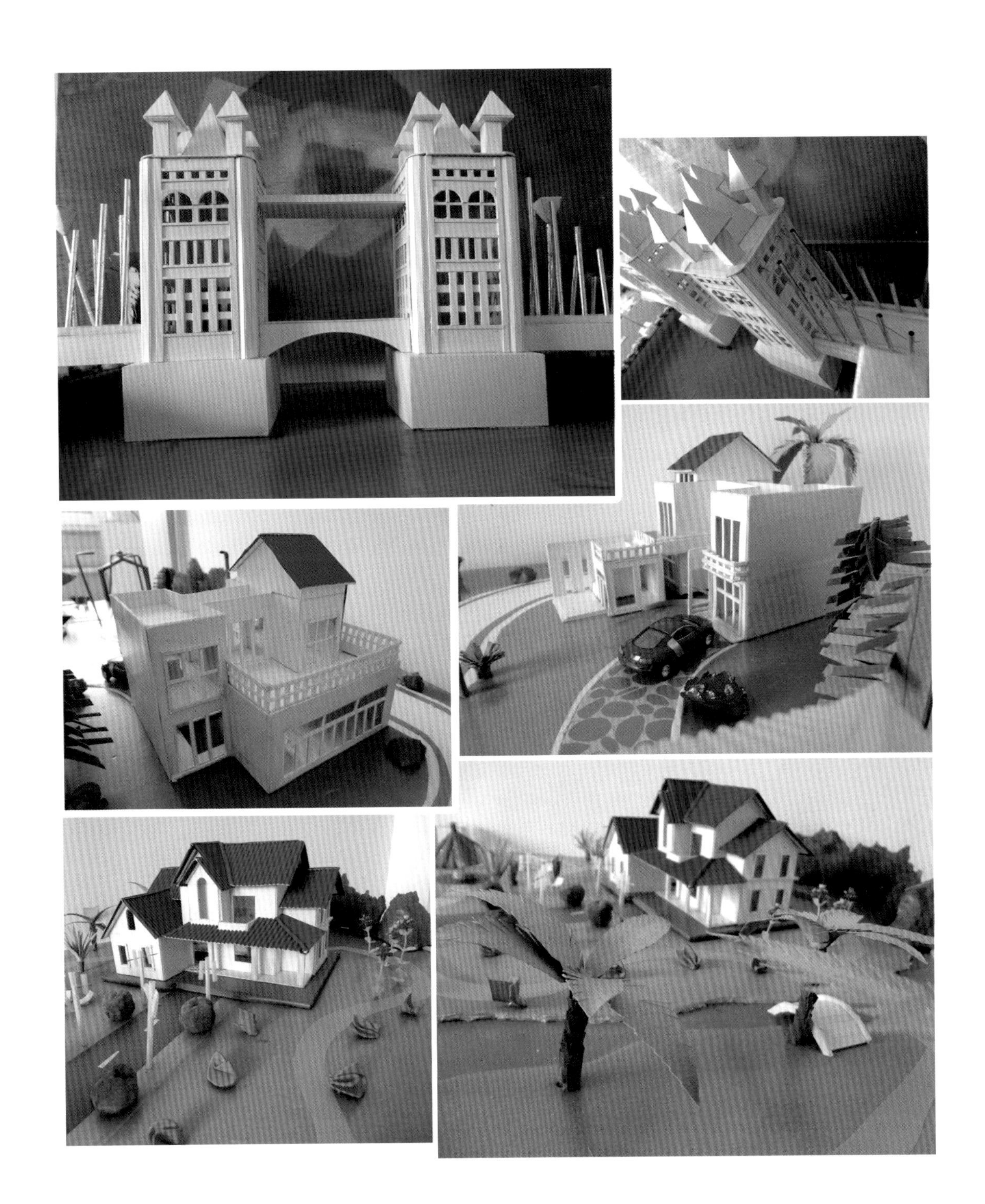

NIQU

ONAL
ONAL

Mobildows
CMOS